U0168696

《现代数学基础丛书》编委会

现代数学基础丛书　185

拓扑与变分方法及应用

李树杰　张志涛　编著

科学出版社

北京

内 容 简 介

非线性泛函分析是现代数学的重要方向, 包括拓扑方法、变分方法、半序方法以及应用等多方面内容. 作为数学专业的研究生教材, 本书主要介绍拓扑方法、变分方法的发展历史、基本理论、前沿研究进展及应用, 主要内容包括: 非线性算子性质、隐函数定理、连续性方法、Lyapunov-Schmidt 约化方法、单调性方法、拓扑度理论、分歧理论、不动点理论以及这些理论对非线性偏微分方程、积分方程解的存在性、性质、全局结构的应用; 极小化方法、特征值问题、Ekeland 变分原理、临界点理论中的形变定理、山路定理、环绕定理等极大极小方法和 Nehari 流形方法、指标理论、Morse 理论等, 以及临界点理论在非线性椭圆方程及 Schrödinger 方程(组)解的存在性、性质等方面的应用.

希望本书对数学专业研究生、数学领域科研工作者和高校数学教师有所裨益.

图书在版编目 (CIP) 数据

拓扑与变分方法及应用/李树杰, 张志涛编著. —北京: 科学出版社, 2021.4
(现代数学基础丛书; 185)
ISBN 978-7-03-068642-8

I. ①拓⋯ II. ①李⋯ ②张⋯ III. ①拓扑 ②变分法 IV. ①O189 ②O176

中国版本图书馆 CIP 数据核字 (2021) 第 072930 号

责任编辑: 李 欣 李 萍/责任校对: 彭珍珍
责任印制: 吴兆东/封面设计: 陈 敬

科 学 出 版 社 出版
北京东黄城根北街 16 号
邮政编码: 100717
http://www.sciencep.com
北京凌奇印刷有限责任公司印刷
科学出版社发行 各地新华书店经销
*
2021 年 4 月第 一 版 开本: 720 × 1000 1/16
2024 年 7 月第三次印刷 印张: 14 1/4
字数: 287 000
定价: 98.00 元
(如有印装质量问题, 我社负责调换)

《现代数学基础丛书》序

对于数学研究与培养青年数学人才而言，书籍与期刊起着特殊重要的作用．许多成就卓越的数学家在青年时代都曾钻研或参考过一些优秀书籍，从中汲取营养，获得教益．

20 世纪 70 年代后期，我国的数学研究与数学书刊的出版由于"文化大革命"的浩劫已经破坏与中断了 10 余年，而在这期间国际上数学研究却在迅猛地发展着．1978 年以后，我国青年学子重新获得了学习、钻研与深造的机会．当时他们的参考书籍大多还是 50 年代甚至更早期的著述．据此，科学出版社陆续推出了多套数学丛书，其中《纯粹数学与应用数学专著》丛书与《现代数学基础丛书》更为突出，前者出版约 40 卷，后者则逾 80 卷．它们质量甚高，影响颇大，对我国数学研究、交流与人才培养发挥了显著效用．

《现代数学基础丛书》的宗旨是面向大学数学专业的高年级学生、研究生以及青年学者，针对一些重要的数学领域与研究方向，作较系统的介绍．既注意该领域的基础知识，又反映其新发展，力求深入浅出，简明扼要，注重创新．

近年来，数学在各门科学、高新技术、经济、管理等方面取得了更加广泛与深入的应用，还形成了一些交叉学科．我们希望这套丛书的内容由基础数学拓展到应用数学、计算数学以及数学交叉学科的各个领域．

这套丛书得到了许多数学家长期的大力支持，编辑人员也为其付出了艰辛的劳动．它获得了广大读者的喜爱．我们诚挚地希望大家更加关心与支持它的发展，使它越办越好，为我国数学研究与教育水平的进一步提高做出贡献．

杨 乐
2003 年 8 月

前　　言

非线性泛函分析是现代数学的重要方向, 包括拓扑方法、变分方法、半序方法以及应用研究等方面. 作为数学专业的研究生教材, 本书主要介绍拓扑方法、变分方法, 需要实分析、泛函分析、微分方程、拓扑、代数拓扑等基础课程的前期准备, 作者曾在中国科学院数学与系统科学研究院、中国科学院大学、首都师范大学、哈尔滨师范大学讲授.

本书主要介绍拓扑方法、变分方法的发展历史、基本理论、前沿研究及应用: 拓扑度理论是研究非线性算子定性理论的重要工具, 最早是由代数拓扑学引入的概念, 后来利用分析的方法引入. 在有限维空间 Brouwer 度理论基础上, 20 世纪 30 年代 J. Leray 与 J. Schauder 发展建立起来无穷维空间 Leray-Schauder 度理论, 证明了许多著名的不动点定理, 从而获得非线性微分方程、积分方程解的存在性. 变分方法是从 Johann Bernoulli(约翰·伯努利) 1696 年公开提出最速降线 (brachistochrone curve) 问题开始的, 18 世纪是变分法的草创时期, 建立了极值应满足的 Euler 方程并据此解决了大量具体问题. 19 世纪人们把变分法广泛应用到数学物理中去, 建立了极值函数的充分条件. 1900 年 Hilbert 在巴黎国际数学家大会讲演中提到的 23 个著名数学问题就有 3 个与变分方法有关, 20 世纪 70 年代以来发展起来的以 Ambresetti 和 Rabinowitz 建立的山路定理为代表的极大极小方法是现代变分理论的重要内容, 而大范围变分法 (Morse 理论) 则是 20 世纪变分法发展的标志. 另外, 隐函数定理方法是非线性分析中的基本方法, 它包含了隐函数定理、反函数定理、连续性方法、约化方法、横截理论与 Sard 定理以及分歧理论的很多内容, 这一大类方法由于不需要紧性条件而被人们广泛使用. 隐函数定理同 Sard 定理的联合已不限于解决局部性问题, 鉴于这一方法的重要性, 我们在本书中补充了这一领域近年来的一些文献. 单调算子理论可视为非光滑情形下隐函数定理方法的一种发展, 从 20 世纪 60 年代开始单调算子及其相应的非线性半群理论在非线性微分方程理论中有着广泛应用.

本书主要内容包括非线性算子性质、隐函数定理、连续性方法、Lyapunov-Schmidt 约化方法、单调性方法、拓扑度理论、分歧理论、不动点理论以及这些理论对非线性偏微分方程、积分方程解的存在性、性质、全局结构的应用; 极小化方法、特征值问题、Ekeland 变分原理、临界点理论中的形变定理、山路定理、环绕定理等极大极小方法和 Nehari 流形方法、指标理论、Morse 理论等, 以及临界点理论在非线性椭圆方程及 Schrödinger 方程组解的存在性、性质等方面的应用.

希望本书对数学研究生、数学科研工作者和高校数学教师有所裨益, 由于作者水平有限, 书中难免有疏漏之处, 敬请指正.

本书的出版获得中国科学院数学与系统科学研究院出版基金的资助, 得到中国科学院大学的支持, 在此一并表示感谢.

李树杰

中国科学院数学与系统科学研究院

张志涛

中国科学院数学与系统科学研究院

中国科学院大学

江苏大学

2021 年 1 月 1 日

目　　录

第 1 章　非线性算子的基本性质

1.1　Sobolev 空间、嵌入定理和不等式

设 $\Omega \subset \mathbb{R}^n (n \geqslant 1)$ 是一有界区域. 对 $p \geqslant 1$, $L^p(\Omega)$ 是 Ω 上的 p 幂可积可测函数构成的 Banach 空间, $L^p(\Omega)$ 的范数定义为

$$\|u\|_p = \|u\|_{L^p(\Omega)} = \left(\int_\Omega |u|^p \, dx \right)^{1/p}. \tag{1.1.1}$$

$p = \infty$, $L^\infty(\Omega) = \{f : \Omega \to \mathbb{R}$ 可测, 存在常数 C, 使得 $|f(x)| \leqslant C$ 在 Ω 上几乎处处成立$\}$, 即 Ω 上几乎处处有界的可测函数集合, 以范数 $\|u\|_{L^\infty(\Omega)} = \inf\{C, |u| \leqslant C$ 在 Ω 上几乎处处成立$\}$ 构成 Banach 空间.

Hölder 不等式: 对满足 $\dfrac{1}{p} + \dfrac{1}{q} = 1$ 的 p, q, 对任意 $u \in L^p(\Omega), v \in L^q(\Omega)$, 有

$$\int_\Omega uvdx \leqslant \|u\|_p \|v\|_q. \tag{1.1.2}$$

Hölder 不等式是利用 Young 不等式推导出来的:

$$ab \leqslant \frac{a^p}{p} + \frac{b^q}{q}, \quad \forall a \geqslant 0, \quad b \geqslant 0.$$

当 $p = q = 2$ 时, 这是 Schwarz 不等式.

推广的 Hölder 不等式:

设 $u_i \in L^{p_i}(\Omega), i = 1, 2, \cdots, m, \dfrac{1}{p_1} + \dfrac{1}{p_2} + \cdots + \dfrac{1}{p_m} = 1$,

$$\int_\Omega u_1 \cdots u_m dx \leqslant \|u_1\|_{p_1} \cdots \|u_m\|_{p_m}. \tag{1.1.3}$$

Minkowski 不等式:

$$\|f + g\|_{L^p} \leqslant \|f\|_{L^p} + \|g\|_{L^p}, \quad \forall f, g \in L^p(\Omega). \tag{1.1.4}$$

当 $p = 2$ 时, 这是 Cauchy 不等式.

定义 1.1.1 (弱导数)　设 u 是 Ω 上的局部可积函数, α 是多重指标. 我们称局部可积函数 v 是 u 的 α 阶弱导数, 如果它满足

$$\int_\Omega \varphi v dx = (-1)^{|\alpha|} \int_\Omega u D^\alpha \varphi \; dx, \quad \forall \varphi \in C_0^{|\alpha|}(\Omega).$$

我们记 $v = D^\alpha u$, v 在几乎处处意义下是唯一确定的. 对于一个非负整数向量 $\alpha = (\alpha_1, \cdots, \alpha_n)$, 我们记微分算子

$$D^\alpha = \frac{D^{|\alpha|}}{\partial x_1^{\alpha_1} \cdots \partial x_n^{\alpha_n}},$$

其中 $|\alpha| = \alpha_1 + \cdots + \alpha_n$.

一个函数称为弱可导的, 如果它的所有一阶弱导数存在. 一个函数称为 k 次弱可导的, 如果它的所有直到 k 阶 (包括 k 阶) 弱导数都存在. 我们记 k 次弱可导的函数构成的线性空间为 $W^k(\Omega)$. 显然 $C^k(\Omega) \subset W^k(\Omega)$. 对于 $p \geqslant 1$ 和非负整数 k, 令

$$W^{k,p}(\Omega) = \{u \in W^k(\Omega); D^\alpha u \in L^p(\Omega), \, \forall \alpha, |\alpha| \leqslant k\}, \quad\quad (1.1.5)$$

定义范数

$$\|u\|_{W^{k,p}(\Omega)} = \left(\int_\Omega \sum_{|\alpha| \leqslant k} |D^\alpha u|^p \; dx \right)^{1/p},$$

则 $W^{k,p}(\Omega)$ 是一个 Banach 空间. 我们有等价范数

$$\|u\|_{W^{k,p}(\Omega)} = \sum_{|\alpha| \leqslant k} \|D^\alpha u\|_p.$$

定义 1.1.2　设 E_1, E_2 是两个赋范线性空间, 我们称 E_1 嵌入 E_2, 如果:
(1) E_1 是 E_2 的子空间,
(2) 存在恒同算子 $I : E_1 \to E_2$ 和常数 C, 使得

$$I(u) = u, \quad \|I(u)\|_{E_2} \leqslant C\|u\|_{E_1}.$$

若 $1 \leqslant p_1 \leqslant p_2 \leqslant \infty$, $u \in L^{p_2}(\Omega)$, 则 $u \in L^{p_1}(\Omega)$, 即

$$L^{p_2}(\Omega) \hookrightarrow L^{p_1}(\Omega).$$

$W_0^{k,p}(\Omega)$ 是 $C_0^k(\Omega)$ 在 $W^{k,p}(\Omega)$ 上取闭包得到的另一个 Banach 空间. 当 $1 \leqslant p < \infty$ 时, $W^{k,p}(\Omega)$, $W_0^{k,p}(\Omega)$ 是可分的; 当 $1 < p < \infty$ 时是自反的

(例如: 对于 $W^{k,p}(\Omega)$, 定义嵌入映射 $i: W^{k,p}(\Omega) \to \prod_{|\alpha| \leqslant k} L^p(\Omega)$ 为 $i: u \to \{D^\alpha u, |\alpha| \leqslant k\}$. 这是一个闭的映射, $i(W^{k,p}(\Omega))$ 是 $\prod_{|\alpha| \leqslant k} L^p(\Omega)$ 的闭线性子空间, 因为 $\prod_{|\alpha| \leqslant k} L^p(\Omega)(1 < p < \infty)$ 是自反的, 由 Pettis 定理知当 $1 < p < \infty$ 时 $W^{k,p}(\Omega)$ 是自反的).

当 $p = 2$ 时, $W^{k,2}(\Omega), W_0^{k,2}(\Omega)$ 分别记作 $H^k(\Omega), H_0^k(\Omega)$, 都是 Hilbert 空间, 具有内积

$$(u,v)_k = \int_\Omega \sum_{|\alpha| \leqslant k} D^\alpha u D^\alpha v \, dx.$$

$W_{\text{loc}}^{k,p}(\Omega)$ 是局部空间, 为包含所有 $W^{k,p}(\Omega')(\Omega' \subset\subset \Omega)$ 中的函数构成的空间.

定理 1.1.3　空间 $C^\infty(\Omega) \cap W^{k,p}(\Omega)$ 在 $W^{k,p}(\Omega)$ 中稠密.

定理 1.1.4 (Sobolev 嵌入定理 (Sobolev imbedding theorem))

$$W_0^{1,p}(\Omega) \longrightarrow \begin{array}{l} \nearrow \quad L^{np/(n-p)}(\Omega), \quad p < n, \\ L^\varphi(\Omega), \qquad \varphi = \exp(|t|^{n/(n-1)}) - 1, p = n, \\ \searrow \quad C^\lambda(\bar\Omega), \qquad \lambda = 1 - \dfrac{n}{p}, p > n, \end{array}$$

其中 $L^\varphi(\Omega)$ 指 Orlicz 空间.

定理 1.1.5 (庞加莱不等式 (Poincaré inequality))　对于 $u \in W_0^{1,p}(\Omega), 1 \leqslant p < \infty$, 存在常数 $C(\Omega)$ 使得

$$\|u\|_p \leqslant C(\Omega) \|Du\|_p,$$

或等价地有

$$\left(\int_\Omega |u|^p dx \right)^{\frac{1}{p}} \leqslant C(\Omega) \left(\int_\Omega |\nabla u|^p dx \right)^{\frac{1}{p}}. \tag{1.1.6}$$

证明　设 $u \in \mathcal{D}(\Omega)$, 并在 Ω 外补设 $u \equiv 0$, 则

$$u(x) = \int_{-\infty}^{x_1} \frac{\partial}{\partial x_1} u(t, x_2, \cdots, x_n) dt.$$

应用 Hölder 不等式得

$$\left(\int_\Omega |u(x)|^p dx \right)^{\frac{1}{p}} \leqslant C(\Omega) \left(\int_\Omega \left| \frac{\partial u}{\partial x_1} \right|^p dx \right)^{\frac{1}{p}},$$

其中 $C(\Omega)$ 依赖于 Ω 的直径. ∎

由 [58], 对于 $u \in W_0^{1,p}(\Omega), 1 \leqslant p < \infty$, 有估计

$$\|u\|_p \leqslant \left(\frac{1}{\omega_n} |\Omega| \right)^{1/n} \|Du\|_p \quad (\omega_n = \mathbb{R}^n \text{ 中单位球的体积}).$$

推论 1.1.6　对于有界的 Ω, 若 $u \in W_0^{m,p}(\Omega)$, 则有常数 $C(\Omega, m)$, 使得

$$\|u\|_{W^{m,p}} \leqslant C(\Omega, m) \sum_{|\alpha|=m} \left(\int_\Omega |\partial^\alpha u(x)|^p dx \right)^{\frac{1}{p}}.$$

对于高阶弱可微的具有紧支集的函数空间 $W_0^{k,p}(\Omega)$, 我们有

$$W_0^{k,p}(\Omega) \quad
\begin{array}{l}
\nearrow \quad L^{np/(n-kp)}(\Omega), \quad kp < n, \\[2mm]
\searrow \quad C^m(\bar{\Omega}), \qquad 0 \leqslant m < k - \dfrac{n}{p}.
\end{array}$$

对于 $W^{k,p}(\Omega)$, 若 Ω 满足一致内锥条件 (即存在一个固定的锥 K_Ω 使得每个 $x \in \Omega$ 是某个与 K_Ω 全等的锥 $K_\Omega(x) \subset \bar{\Omega}$ 的顶点), 则

$$W^{k,p}(\Omega) \quad
\begin{array}{l}
\nearrow \quad L^{np/(n-kp)}(\Omega), \quad kp < n, \\[2mm]
\searrow \quad C_B^m(\Omega), \qquad 0 \leqslant m < k - \dfrac{n}{p},
\end{array}$$

其中 $C_B^m(\Omega) = \{u \in C^m(\Omega) | D^\alpha u \in L^\infty(\Omega), |\alpha| \leqslant m\}$.

定理 1.1.7 (紧嵌入定理 (compactly imbedded theorem))　空间 $W_0^{1,p}(\Omega)$ 紧嵌入 $L^q(\Omega)$, 当 $q < np/(n-p)$, $p < n$ 时; $W_0^{1,p}(\Omega)$ 紧嵌入 $C^0(\bar{\Omega})$, 当 $p > n$ 时.

推广以上定理有以下嵌入

$$W_0^{k,p}(\Omega) \quad
\begin{array}{l}
\nearrow \quad L^q(\Omega), \quad kp < n, q < \dfrac{np}{n-kp} \\[2mm]
\searrow \quad C^m(\bar{\Omega}), \quad 0 \leqslant m < k - \dfrac{n}{p}
\end{array}$$

是紧的.

对于 $\mathbb{R}^n$, 定义

$$H^1(\mathbb{R}^n) := \{u \in L^2(\mathbb{R}^n) : \nabla u \in L^2(\mathbb{R}^n)\},$$

其内积定义为

$$(u, v)_1 := \int_{\mathbb{R}^n} (\nabla u \cdot \nabla v + uv) dx$$

相应范数为

$$\|u\|_1 := \left(\int_{\mathbb{R}^n} (|\nabla u|^2 + u^2) dx \right)^{1/2},$$

它是 Hilbert 空间.

本节以下设 Ω 是 $\mathbb{R}^n$ **中一开子集**, $\mathcal{D}(\Omega) := \{u \in C^\infty(\Omega) : \text{supp } u \subset \Omega$ 是紧子集 $\}$, 空间 $H_0^1(\Omega)$ 是 $\mathcal{D}(\Omega)$ 在 $H^1(\mathbb{R}^n)$ 中的闭包.

设 $n \geqslant 3$, $2^* := 2n/(n-2)$; 记 $2^* = \infty$ 当 $n = 1, 2$ 时. Hilbert 空间

$$\mathcal{D}^{1,2}(\mathbb{R}^n) := \{u \in L^{2^*}(\mathbb{R}^n) : \nabla u \in L^2(\mathbb{R}^n)\},$$

内积为 $\displaystyle\int_{\mathbb{R}^n} \nabla u \cdot \nabla v \, dx$, 范数为 $\left(\displaystyle\int_{\mathbb{R}^n} |\nabla u|^2 dx\right)^{1/2}$.

空间 $\mathcal{D}_0^{1,2}(\Omega)$ 是 $\mathcal{D}(\Omega)$ 在 $\mathcal{D}^{1,2}(\mathbb{R}^n)$ 中的闭包.

定理 1.1.8 (Sobolev 嵌入定理)   以下嵌入是连续的:

$$H^1(\mathbb{R}^n) \hookrightarrow L^p(\mathbb{R}^n), \quad 2 \leqslant p < \infty, n = 1, 2,$$
$$H^1(\mathbb{R}^n) \hookrightarrow L^p(\mathbb{R}^n), \quad 2 \leqslant p \leqslant 2^*, n \geqslant 3,$$
$$\mathcal{D}^{1,2}(\mathbb{R}^n) \hookrightarrow L^{2^*}(\mathbb{R}^n), \quad n \geqslant 3.$$

特别地, Sobolev 不等式成立:

$$S \left(\int_{\mathbb{R}^n} |u(x)|^{\frac{2n}{n-2}} dx\right)^{\frac{n-2}{n}} \leqslant \int_{\mathbb{R}^n} |\nabla u(x)|^2 dx \quad (n \geqslant 3), \tag{1.1.7}$$

其中 Sobolev 常数为

$$S := \inf_{u \in \mathcal{D}^{1,2}(\mathbb{R}^n), |u|_{2^*}=1} |\nabla u|_2^2 > 0. \tag{1.1.8}$$

定理 1.1.9 (Rellich 嵌入定理 (Rellich imbedding theorem))   若 $|\Omega| < \infty$, 则嵌入 $H_0^1(\Omega) \hookrightarrow L^p(\Omega), 1 \leqslant p < 2^*$ 是紧的.

显然 $H_0^1(\Omega) \subset \mathcal{D}_0^{1,2}(\Omega)$.

若 $|\Omega| < \infty$, Poincaré 不等式蕴含着 $H_0^1(\Omega) = \mathcal{D}_0^{1,2}(\Omega)$; 而且 Dirichlet 边值条件下 Laplace 算子第一特征值可达, 即 $-\Delta u = \lambda u, u|_{\partial\Omega} = 0$ 第一特征值

$$\lambda_1(\Omega) = \inf_{u \in H_0^1(\Omega), \|u\|_2=1} \int_\Omega |\nabla u|^2 dx > 0,$$

且由极大值原理知相应的第一特征函数 $\phi(x) > 0, \forall x \in \Omega$.

对于 Sobolev 不等式(1.1.8), 由 Aubin-Talenti[146] 可知

$$U(x) := \frac{[n(n-2)]^{(n-2)/4}}{[1 + |x|^2]^{(n-2)/2}} \tag{1.1.9}$$

是达到极小值 $S(n \geqslant 3)$ 的一个函数.

对 $\mathbb{R}^n$ 中的任意开子集 Ω,

$$S(\Omega) := \inf_{u \in \mathcal{D}^{1,2}(\Omega), |u|_{2^*}=1} |\nabla u|_2^2 = S, \tag{1.1.10}$$

$S(\Omega)$ 没有函数达到除非 $\Omega = \mathbb{R}^n$.

由 [21, 定理 4.7.8] 和 [19], $U(x)$ 达到(1.1.8)的极小值 S 当且仅当 $U(x)$ 具有形式

$$U(x) := \frac{[n(n-2)\theta]^{(n-2)/4}}{[\theta^2 + |x-y|^2]^{(n-2)/2}}, \quad \forall \theta > 0, \quad \forall y \in \mathbb{R}^n. \tag{1.1.11}$$

定理 1.1.10[21,Corollary 4.7.2] (Strauss)　设 $H_r^1(\mathbb{R}^n)$ 是 $H^1(\mathbb{R}^n)$ 中径向对称函数构成的子空间. 嵌入 $H_r^1(\mathbb{R}^n) \hookrightarrow L^p(\mathbb{R}^n)$ 是紧的, 当 $2 < p < 2^*, n \geqslant 2$ 时.

附注 1.1.11　关于 Sobolev 空间和嵌入定理, 可见 [58], [146] 等.

以下我们讨论 Gagliardo-Nirenberg interpolation inequality (参见 [166]), 这是 Sobolev 空间估计函数的弱导数的一个内插不等式, 在椭圆方程理论中有特别重要的意义.

定理 1.1.12 (Gagliardo-Nirenberg inequality)　设函数 $u : \mathbb{R}^n \to \mathbb{R}, 1 \leqslant q$, $r \leqslant \infty, m$ 是一自然数. 设实数 α 和自然数 j 满足

$$\frac{1}{p} = \frac{j}{n} + \left(\frac{1}{r} - \frac{m}{n}\right)\alpha + \frac{1-\alpha}{q},$$

$$\frac{j}{m} \leqslant \alpha \leqslant 1.$$

我们有

(1) 对于任意函数 $u \in L^q(\mathbb{R}^n)$, 若其 m 阶弱导数属于 $L^r(\mathbb{R}^n)$, 则其 j 阶弱导数属于 $L^p(\mathbb{R}^n)$;

(2) 存在常数 $C := C(m,n,j,q,r,\alpha)$ 使得

$$\|D^j u\|_p \leqslant C\|D^m u\|_r^{\alpha} \cdot \|u\|_q^{1-\alpha}.$$

特殊情况: ① 若 $j = 0, mr < n, q = \infty$, 需要假设 $u(x) \to 0$ $(|x| \to \infty)$ 或对某 $s > 0, u \in L^s(\mathbb{R}^n)$; ② 若 $1 < r < \infty$, 且 $m - j - n/r$ 是非负整数, 需要假设 $\alpha \neq 1$.

对于定义在有界 Lipschitz 连续的区域 $\Omega \subset \mathbb{R}^n$ 上的函数 $u : \Omega \to \mathbb{R}$, 差值不等式为

$$\|D^j u\|_p \leqslant C_1\|D^m u\|_r^{\alpha} \cdot \|u\|_q^{1-\alpha} + C_2\|u\|_s,$$

其中 $s > 0$ 是任意数, C_1, C_2 依赖于区域 Ω 和 m,n,j,q,r,α.

注: 当 $\alpha = 1$ 时, 此不等式蕴含 Sobolev 嵌入定理 (特别地, $r = 1$ 是允许的).

对于 Ω 是 k-可延拓的有界区域, 我们有以下结论.

定义 1.1.13 设整数 $k > 0$, 开集 $\Omega \subset \mathbb{R}^n$, 称 Ω 是 k-可延拓的, 如果 $\forall p \geqslant 1$, 存在线性连续映射 $T : W^{k,p}(\Omega) \to W^{k,p}(\mathbb{R}^n)$ 使得 $Tu|_\Omega = u, \forall u \in W^{k,p}(\Omega)$.

如果 Ω 是一个具有一致 C^k 光滑边界的有界开区域, 则 Ω 是 k-可延拓的[149].

定理 1.1.14 (Gagliardo-Nirenberg inequality) 设 $1 < p < n$, Ω 是 1-可延拓的有界开集. 若 $u \in W^{1,p}(\Omega) \cap L^s(\Omega)$, 则

$$\forall r \in \left[s, \frac{np}{n-p}\right],$$

必有 $u \in L^r(\Omega)$, 且

$$\|u\|_{L^r} \leqslant C_\alpha \|\nabla u\|_{L^p}^{1-\alpha} \|u\|_{L^s}^\alpha, \tag{1.1.12}$$

其中 C_α 是一常数, 而

$$\frac{1}{r} = \alpha \left(\frac{1}{p} - \frac{1}{n}\right) + \frac{1-\alpha}{s}.$$

证明 $r \in \left[s, \frac{np}{n-p}\right]$, $\frac{1}{r} = \alpha\left(\frac{1}{p} - \frac{1}{n}\right) + \frac{1-\alpha}{s} \Rightarrow \alpha \in [0,1]$. 由嵌入定理, 我们有 $u \in L^q(\Omega) \cap L^s(\Omega)$, 其中

$$\frac{1}{q} = \frac{1}{p} - \frac{1}{n}.$$

再由 Hölder 不等式得

$$\left(\int_\Omega |u|^r dx\right)^{\frac{1}{r}} = \left(\int_\Omega |u|^{\alpha r} \cdot |u|^{(1-\alpha)r} dx\right)^{\frac{1}{r}}$$
$$\leqslant \left(\int_\Omega |u|^q dx\right)^{\frac{\alpha}{q}} \left(\int_\Omega |u|^s dx\right)^{\frac{1-\alpha}{s}}$$
$$\leqslant C_\alpha \|\nabla u\|_{L^p}^\alpha \|u\|_{L^s}^{1-\alpha}.$$

1.2 非线性算子的例子

我们首先从线性算子 $-\Delta u := -\sum_{i=1}^n D_{ii}u$ 的研究引出非线性算子, 这里 $Du = (D_1 u, D_2 u, \cdots, D_n u), D_i u = \frac{\partial u}{\partial x_i}, D_{ij} u = \frac{\partial^2 u}{\partial x_i \partial x_j}$.

设 $\Omega \subset \mathbb{R}^n$ 是有界光滑区域, $f \in L^2(\Omega)$, 考虑满足 Dirichlet 边界条件的线性方程

$$\begin{cases} -\Delta u(x) = f(x), & x \in \Omega, \\ u(x) = 0, & x \in \partial\Omega. \end{cases} \tag{1.2.1}$$

证明 (1.2.1) 的解的存在性有许多方法, 近代微分方程的基本手法是: 先证其存在唯一弱解, 再应用正则化理论证明古典解的存在性, 所以我们通常关心方程弱解的存在性.

我们称 $u \in H_0^1(\Omega)$ 是方程 (1.2.1) 的弱解, 若 u 满足

$$\int_\Omega \nabla u \cdot \nabla v dx = \int_\Omega f v dx, \quad \forall v \in H_0^1(\Omega). \tag{1.2.2}$$

方程 (1.2.1)的古典解都是弱解, 因为如果 $u \in C^2(\overline{\Omega})$ 并且满足 (1.2.1), 则有

$$\int_\Omega -\Delta u \cdot v dx = \int_\Omega f v dx, \quad \forall v \in C^2(\overline{\Omega}), \quad v|_{\partial\Omega} = 0.$$

由 Green 公式得

$$\int_\Omega -\Delta u \cdot v dx = \int_\Omega \nabla u \cdot \nabla v dx - \int_{\partial\Omega} \frac{\partial u}{\partial n} v dx$$
$$= \int_\Omega \nabla u \cdot \nabla v dx,$$

即得

$$\int_\Omega \nabla u \cdot \nabla v dx = \int_\Omega f v dx, \quad \forall v \in C^2(\overline{\Omega}), \quad v|_{\partial\Omega} = 0.$$

由于集合 $\{v \in C^2(\Omega)| \ v|_{\partial\Omega} = 0\}$ 在 $H_0^1(\Omega)$ 中稠密, $\forall v \in H_0^1(\Omega)$, 由 $u \in H_0^1(\Omega)$ 及 $f \in L^2(\Omega)$ 得到 (1.2.2) 成立.

(1.2.1) 的弱解存在性证明: 根据 Poincaré 不等式

$$\left| \int_\Omega f v dx \right| \leqslant \left(\int_\Omega |f|^2 dx \right)^{1/2} \left(\int_\Omega |v|^2 dx \right)^{1/2} \leqslant C\|f\|_2 \|v\|_{H_0^1}, \tag{1.2.3}$$

这里 $(u,v)_{H_0^1} := \int_\Omega \nabla u \cdot \nabla v dx, \forall u, v \in H_0^1(\Omega)$. (1.2.3) 式表明, $\forall v \in H_0^1(\Omega)$

$$v \mapsto \int_\Omega f v dx$$

是 $H_0^1(\Omega)$ 上的线性连续泛函. 应用 Riesz 表示定理[12,Theorem 5.5], 存在 $u_0 \in H_0^1(\Omega)$, 使得

$$(u_0, v)_{H_0^1} = \int_\Omega \nabla u_0 \cdot \nabla v dx = \int_\Omega f v dx, \quad \forall v \in H_0^1(\Omega).$$

因而 u_0 是一个弱解.

(1.2.1) 的弱解唯一性证明: 若假设 $u_0, \bar{u}_0$ 都是弱解, 则

$$(u_0 - \bar{u}_0, v)_{H_0^1} = 0, \quad \forall v \in H_0^1(\Omega),$$

即得 $u_0 = \bar{u}_0$. ∎

当然我们也可以用求泛函极小的方法证明 (1.2.1) 的弱解存在性, 见例 6.1.25.

如果 (1.2.1) 中右端的 f 依赖于 u, 即为 $f(u)$, 考虑方程

$$\begin{cases} -\Delta u(x) = f(u(x)), & x \in \Omega, \\ u(x) = 0, & x \in \partial\Omega, \end{cases} \quad (1.2.4)$$

其中 $f(u) : \mathbb{R}^1 \to \mathbb{R}^1$ 是一个非线性连续映射.

这就是一个非线性问题, $(-\Delta)^{-1}f : C_0(\bar{\Omega}) \to C_0(\bar{\Omega})$ 是一个非线性算子, 其中 $C_0(\bar{\Omega})$ 是 Ω 上具有紧支集的连续函数空间.

1.3 非线性算子的连续性和有界性

设 X, Y 是两个实的 Banach 空间, θ 通常指 Banach 空间零元素, $D \subset X$, 算子 $A : D \to Y$.

定义 1.3.1 设 $x_0 \in D$, 如果对任给的 $\varepsilon > 0, \exists \delta > 0$, 使当 $x \in D$ 并且 $\|x - x_0\| < \delta$ 时, 有 $\|Ax - Ax_0\| < \varepsilon$, 则称 A 在 x_0 点是**连续**的.

如果 A 在 D 中每一点都连续, 则称 A 在 D 上是连续的.

当上述的 δ 只与 ε 有关 (与 x_0 无关) 时, 称 A 在 D 上是**一致连续**的.

易见, A 在点 x_0 连续的充要条件是: 对任给的 $x_n \in D, x_n \to x_0$, 都有 $Ax_n \to Ax_0$ (当 $n \to \infty$ 时).

定义 1.3.2 如果 A 把 D 中的有界集映成 Y 中的有界集, 则称 A 是 D 上的**有界算子**.

附注 1.3.3 对于线性算子, 连续性与有界性是等价的, 对于非线性算子不成立.

定义 1.3.4 如果对任意 $\{x_n\} \subset D, x_n \to x_0$ (强收敛), 都有 $Ax_n \rightharpoonup Ax_0$ (弱收敛), 我们称 A 在 x_0 处是次连续的;

如果对任意 $\{x_n\} \subset D, x_n \rightharpoonup x_0$ (弱收敛), 都有 $Ax_n \to Ax_0$ (强收敛), 我们称 A 在 x_0 处是弱连续的;

如果 A 在 D 的每一点处都是次连续的 (弱连续的), 则称 A 在 D 中是次连续的 (弱连续的).

考虑下述的复合函数算子: 设 $\Omega \subset \mathbb{R}^n$ 是 Lebesgue 可测集, $f(x,u) : \Omega \times \mathbb{R}^1 \to \mathbb{R}^1$. 如果 $u(x)$ 是定义在 Ω 上的函数, 则 $f(x, u(x))$ 也是定义在 Ω 上的函数. 称映射

$$\mathbb{f} : u(x) \mapsto f(x, u(x))$$

为 **Nemytski 算子**.

定义 1.3.5   设 Ω 是 $\mathbb{R}^n$ 中的可测集, $f : \Omega \times \mathbb{R}^1 \to \mathbb{R}^1$, 若 f 满足:

(1) 对几乎所有的 $x \in \Omega$, $f(x, u)$ 关于 u 是连续的;

(2) 对每一个 u, $f(x, u)$ 是 x 的 Lebesgue 可测函数,

则称 f 满足 **Carathéodory 条件**.

引理 1.3.6   设 Ω 是 $\mathbb{R}^N$ 的一个开子集, $1 \leqslant p < \infty$. 如果 $v_n \to u$(在 L^p 中), 则存在 $\{v_n\}$ 的子列 $\{w_n\}$ 和 $g \in L^p(\Omega)$, 使得在 Ω 上几乎处处有 $w_n(x) \to u(x)$ 和 $|u(x)| \leqslant g(x)$, $|w_n(x)| \leqslant g(x)$.

证明   不失一般性, 设 $v_n(x) \to u(x)$, 几乎处处在 Ω 上. 则由 $v_n \to u$(在 L^p 中) 知存在 v_n 的子列 $\{w_n\}$, 使

$$\|w_{j+1} - w_j\|_p \leqslant 2^{-j}, \quad \forall j \geqslant 1.$$

这里 $\|\cdot\|_p$ 表示 $L^p(\Omega)$ 的范数. 定义

$$g(x) := |w_1(x)| + \sum_{j=1}^{\infty} |w_{j+1}(x) - w_j(x)|,$$

显然 $|w_n(x)| \leqslant g(x)$, 于是 $|u(x)| \leqslant g(x)$.   ■

定理 1.3.7   若 $m(\Omega) < \infty$, $1 \leqslant p, r < \infty$, f 满足 Carathéodory 条件, 且有

$$|f(x, u)| \leqslant C(1 + |u|^{p/r}), \tag{1.3.1}$$

则对每个 $u \in L^p(\Omega)$, $f(\cdot, u) \in L^r(\Omega)$, 且算子 $\mathbb{f} : u \mapsto f(x, u)$ 是从 $L^p(\Omega)$ 到 $L^r(\Omega)$ 连续的和有界的.

证明   由 $u(x)$ 的可测性, 我们知道存在一列简单函数 $\{u_n(x)\}$ 几乎处处收敛于 $u(x)$. 由定义 1.3.5 中 (2) 知, $f(x, u_n(x))$ 关于 x 可测. 由定义 1.3.5 中 (1) 知, $f(x, u_n(x)) \to f(x, u(x))$ 几乎处处成立. 故 $f(x, u(x))$ 可测.

由 $u \in L^p(\Omega)$ 知, $|f(x, u)|^r \leqslant C^r(1 + |u|^{p/r})^r \leqslant C^r \{2 \max\{1, |u|^{p/r}\}\}^r = 2^r C^r(1 + |u|^p) \in L^1(\Omega)$. 于是 $f(\cdot, u) \in L^r(\Omega)$. 假设 $u_n \to u$ 在 $L^p(\Omega)$ 中, 考虑 $\{u_n\}$ 的任一子列 $\{v_n\}$, 令 $\{w_n\}$ 和 g 是由引理 1.3.6 给定的, 因为

$$|f(x, w_n) - f(x, u)|^r \leqslant 2^r C^r(1 + |g|^{p/r})^r \in L^1(\Omega),$$

由 Lebesgue 控制收敛定理, $f(x, w_n) \to f(x, u)$ 在 $L^r(\Omega)$ 中. 由 $\{v_n\}$ 的任意性, 有 $f(x, u_n) \to f(x, u)$ 在 $L^r(\Omega)$ 中. 由 $\|f(x, u)\|_r \leqslant \|C\|_r + C\|u\|_p^p$ (Minkowski 不等式) 知, $\mathbb{f}$ 还是有界的.   ■

下面更一般的结果, 证明见 [61].

定理 1.3.8   若算子 $\mathbb{f}$ 映 $L^{p_1}(\Omega)(p_1 \geqslant 1)$ 入 $L^{p_2}(\Omega)(p_2 \geqslant 1)$, 则 $\mathbb{f}$ 必连续.

定理 1.3.9 若算子 f 映 $L^{p_1}(\Omega)(p_1 \geqslant 1)$ 入 $L^{p_2}(\Omega)(p_2 \geqslant 1)$, 则 f 必有界.

定理 1.3.10 算子 f 映 $L^{p_1}(\Omega)(p_1 \geqslant 1)$ 入 $L^{p_2}(\Omega)(p_2 \geqslant 1)$ 的充分必要条件是: $\exists b > 0, a(x) \geqslant 0, a(x) \in L^{p_2}(\Omega)$ 使得

$$|f(x, u)| \leqslant a(x) + b|u|^{p_1/p_2} \quad (x \in \Omega, -\infty < u < +\infty). \tag{1.3.2}$$

1.4 非线性算子的可微性

设 X, Y 是 Banach 空间.

定义 1.4.1 设 $U \subset X$ 是开集, $x_0 \in U$, 我们称 $A : U \to Y$ 在 x_0 点处是 **Fréchet 可微**的 (**F 可微**), 如果存在 $B \in L(X, Y)$, 即存在从 X 到 Y 的有界线性算子 B, 使得

$$\|A(x) - A(x_0) - B(x - x_0)\|_Y = o(\|x - x_0\|_X). \tag{1.4.1}$$

B 称为 A 在 x_0 处的 **Fréchet 导算子** (简称 **F 导算子**), 记为 $A'(x_0)$.

如果 A 在 U 中每一点 F 可微, $x \to A'(x)$ 作为从 U 到 $L(X, Y)$ 的映射在 x_0 点是连续的, 则说 A 在 x_0 点是**连续可微**的. 如果 A 在 U 的每点都是连续可微的, 则称 A 在 U 上是连续可微的, 记为 $A \in C^1(U, Y)$.

类似于多元函数的微分运算, 我们有

(1) 如果 A 在 x_0 点 F 可微, 则 $A'(x_0)$ 是唯一确定的.

(2) 如果 A 在 x_0 点 F 可微, 则 A 一定在 x_0 点连续.

(3) (链规则) 设 $U \subset X, V \subset Y$ 是开集, A_1 在 x_0 点 F 可微, A_2 在 $A_1(x_0)$ 点 F 可微, 这里 $U \xrightarrow{A_1} V \xrightarrow{A_2} Z$, 则 $(A_2 \circ A_1)'(x_0) = A_2' \circ A_1(x_0) \cdot A_1'(x_0) = A_2'(A_1(x_0)) \cdot A_1'(x_0)$.

(4) 若 $A \in L(X, Y)$, 则对任意 $x_0 \in X$, $A'(x_0) = A$; 常算子的 Fréchet 导算子为 θ.

定义 1.4.2 设 $A : D \to Y$, 且 D 包含 X 中某球的外部 (即 $\exists R > 0$, 使 $\forall x \in X, \|x\| > R$ 都有 $x \in D$). 若存在 $B \in L(X, Y)$ 使

$$\lim_{\|x\| \to \infty} \frac{\|Ax - Bx\|}{\|x\|} = 0. \tag{1.4.2}$$

则称算子 A 在无穷远 ∞ 处 **Fréchet 可微**, B 称为 A 在 ∞ 处的 **Fréchet 导算子**, 记为 $A'(\infty)$, 即 $A'(\infty) = B$,

$$\lim_{\|x\| \to \infty} \frac{\|Ax - A'(\infty)x\|}{\|x\|} = 0.$$

当 $A'(\infty)$ 存在时, A 称为渐近线性的.

定义 1.4.3　设 $A:U\to Y$ ($U\subset X$ 是开集), $x_0\in U$, 我们称 A 在 x_0 点是 **Gâteaux 可微** (或 **G 可微**) 的, 如果 $\forall h\in X, \exists dA(x_0,h)\in Y$, 使得

$$\|A(x_0+th)-A(x_0)-tdA(x_0,h)\|_Y=o(t),\quad 当\ t\to 0\ 时 \tag{1.4.3}$$

对一切 $x_0+th\in U$ 成立. 称 $dA(x_0,h)$ 是 A 在 x_0 处 (沿方向 h) 的 **Gâteaux 微分** (或 **G 微分**), 即 $dA(x_0,h)=\lim\limits_{t\to 0}\dfrac{A(x_0+th)-A(x_0)}{t}$.

如果 Gâteaux 微分可以表示为 $dA(x_0,h)=Bh, B\in L(X,Y)$, 则称 A 在 x_0 处具有**有界线性的 Gâteaux 微分**, B 称为 A 在点 x_0 处的 **Gâteaux 导算子** (简称 G 导算子), 记为 $A'(x_0)$.

如果 f 在 x_0 点 G 可微, 我们有

$$\left.\frac{d}{dt}f(x_0+th)\right|_{t=0}=df(x_0,h).$$

由定义知下述性质成立:

(1) 如果 f 在 x_0 点 G 可微, 则 $df(x_0,h)$ 是唯一确定的.

(2) $df(x_0,th)=tdf(x_0,h),\forall t\in\mathbb{R}^1$.

(3) 如果 f 在 x_0 是 G 可微的, 则 $\forall h\in X,\forall y^*\in Y^*$, 函数 $\phi(t)=\langle y^*,f(x_0+th)\rangle$ 在 $t=0$ 可微, 且有 $\phi'(0)=\langle y^*,df(x_0,h)\rangle$.

(4) 设 $f:U\to Y$ 在 U 中每一点是 G 可微的, 线段 $\{x_0+th|t\in[0,1]\}\subset U$, 则

$$\|f(x_0+h)-f(x_0)\|_Y\leqslant\sup_{0<t<1}\|df(x_0+th,h)\|_Y.$$

证明　令 $\phi_{y^*}(t)=\langle y^*,f(x_0+th)\rangle,t\in[0,1],\forall y^*\in Y^*$. 则 $|\langle y^*,f(x_0+h)-f(x_0)\rangle|=|\phi_{y^*}(1)-\phi_{y^*}(0)|=|\phi'_{y^*}(t^*)|=|\langle y^*,df(x_0+t^*h,h)\rangle|$ 对某个 $t^*\in(0,1)$(依赖于 y^*) 成立. 由 Hahn-Banach 定理得到所需结论. 事实上, 若 $f(x_0+h)-f(x_0)\neq 0$, 则由 Hahn-Banach 定理知存在 $y_0^*,\|y_0^*\|=1$, 使得

$$\langle y_0^*,f(x_0+h)-f(x_0)\rangle=\|f(x_0+h)-f(x_0)\|.$$

故

$$\|f(x_0+h)-f(x_0)\|\leqslant\|y_0^*\|\cdot\|df(x_0+t^*h,h)\|\leqslant\sup_{0<t<1}\|df(x_0+th,h)\|_Y.\ \blacksquare$$

(5) 如果 f 在 x_0 点 F 可微, 则 f 在 x_0 点是 G 可微的, 且有

$$df(x_0,h)=f'(x_0)h,\quad\forall h\in X.$$

反之不然, 但我们有如下定理.

定理 1.4.4 假设 $f: U \to Y$ 是 G 可微的, 且对一切 $x \in U$, 存在 $A(x) \in L(X, Y)$, 满足

$$df(x, h) = A(x)h, \quad \forall h \in X,$$

如果映射 $x \mapsto A(x)$ 在 x_0 点是连续的, 则 f 在 x_0 点是 F 可微的, 且有 $f'(x_0) = A(x_0)$.

证明 不失一般性, 假设 $\{x_0 + th | t \in [0,1]\}$ 在 U 中, 由 Hahn-Banach 定理, $\exists y^* \in Y^*, \|y^*\| = 1$, 使得 $\|f(x_0 + h) - f(x_0) - A(x_0)h\|_Y = \langle y^*, f(x_0 + h) - f(x_0) - A(x_0)h \rangle$. 令 $\phi(t) = \langle y^*, f(x_0 + th) \rangle$, 由中值定理, $\exists \xi \in (0,1)$, 使得

$$\begin{aligned}
\|f(x_0 + h) - f(x_0) - A(x_0)h\|_Y &= |\phi(1) - \phi(0) - \langle y^*, A(x_0)h \rangle| \\
&= |\phi'(\xi) - \langle y^*, A(x_0)h \rangle| \\
&= |\langle y^*, df(x_0 + \xi h, h) - A(x_0)h \rangle| \\
&= |\langle y^*, [A(x_0 + \xi h) - A(x_0)]h \rangle| = o(h),
\end{aligned}$$

即 $f'(x_0) = A(x_0)$. ∎

应用

例 1.4.5 考虑由 m 个 n 元函数 $f_i(x_1, \cdots, x_n), i = 1, \cdots, m$ 确定的算子 $A: \mathbb{R}^n \to \mathbb{R}^m$: $y = A(x), x = (x_1, \cdots, x_n), y = (y_1, \cdots, y_m), y_i = f_i(x_1, \cdots, x_n), i = 1, \cdots, m$. 设每个 f_i 都在点 $x^{(0)} = \left(x_1^{(0)}, \cdots, x_n^{(0)}\right)$ 的某邻域内具有连续的一阶偏导数, 于是当 $h = (h_1, \cdots, h_n), \|h\|$ 充分小时, 利用中值定理, 有

$$\begin{aligned}
A(x^{(0)} + h) - A(x^{(0)}) &= (f_1(x_1^{(0)} + h_1, \cdots, x_n^{(0)} + h_n) - f_1(x_1^{(0)}, \cdots, x_n^{(0)}), \\
&\quad \cdots, f_m(x_1^{(0)} + h_1, \cdots, x_n^{(0)} + h_n) - f_m(x_1^{(0)}, \cdots, x_n^{(0)})) \\
&= \left(\sum_{i=1}^n \left.\frac{\partial f_1}{\partial x_i}\right|_{x^{(0)} + \theta_1 h} \cdot h_i, \cdots, \sum_{i=1}^n \left.\frac{\partial f_m}{\partial x_i}\right|_{x^{(0)} + \theta_m h} \cdot h_i\right),
\end{aligned}$$

由 $\frac{\partial f_s}{\partial x_i}$ 的连续性易知 A 在 $x^{(0)}$ 处 Fréchet 可微, 且 $A'(x^{(0)})$ 由下式表示:

$$A'(x^{(0)})h = \left(\sum_{i=1}^n \left.\frac{\partial f_1}{\partial x_i}\right|_{x^{(0)}} \cdot h_i, \cdots, \sum_{i=1}^n \left.\frac{\partial f_m}{\partial x_i}\right|_{x^{(0)}} \cdot h_i\right).$$

即线性算子 $A'(x)$ 是由矩阵 $\left(\frac{\partial f_s}{\partial x_i}\right)_{1 \leqslant s \leqslant m, 1 \leqslant i \leqslant n}$ 所确定的线性变换: $z = A'(x)h$, $z = (z_1, \cdots, z_m)$, 相当于

$$\begin{pmatrix} z_1 \\ \vdots \\ z_m \end{pmatrix} = \begin{pmatrix} \dfrac{\partial f_1}{\partial x_1} & \cdots & \dfrac{\partial f_1}{\partial x_n} \\ \vdots & & \vdots \\ \dfrac{\partial f_m}{\partial x_1} & \cdots & \dfrac{\partial f_m}{\partial x_n} \end{pmatrix} \begin{pmatrix} h_1 \\ \vdots \\ h_n \end{pmatrix}.$$

定理 1.4.6　设 $\Omega \subset \mathbb{R}^n$, $f : \Omega \times \mathbb{R}^1 \to \mathbb{R}^1$ 和 $f'_\xi(x,\xi)$ 是 Carathéodory 函数. 如果 $|f'_\xi(x,\xi)| \leqslant b(x) + a|\xi|^r$, 这里 $b \in L^{\frac{2n}{n+2}}(\Omega), a > 0$ 和 $r = \dfrac{n+2}{n-2}$ (当 $n \leqslant 2$ 时不需要此限制), 则泛函

$$\phi(u) = \int_\Omega f(x, u(x))dx$$

在 $H^1(\Omega)$ 中是 F 可微的且有 F 导算子, 满足 $\langle \phi'(u), h \rangle = \int_\Omega f'_\xi(x, u(x))h(x)dx$. 这里 $\langle \cdot, \cdot \rangle$ 是 $H^1(\Omega)$ 的内积.

证明　由 Sobolev 嵌入定理知, $i : H^1(\Omega) \hookrightarrow L^{\frac{2n}{n-2}}(\Omega)$ 是连续的, 于是对偶映射 $i^* : L^{\frac{2n}{n+2}}(\Omega) \to (H^1(\Omega))^*$ 是连续的. 由定理 1.3.10 知, $f'_\xi(x, \cdot) : L^{\frac{2n}{n-2}}(\Omega) \to L^{\frac{2n}{n+2}}(\Omega)$ 是连续的, 因此由定义知 ϕ 的 G 微分

$$d\phi(u, h) = \int_\Omega f'_\xi(x, u(x))h(x)dx, \quad \forall h \in H^1(\Omega)$$

是从 $H^1(\Omega)$ 到 $(H^1(\Omega))^*$ 的连续映射. 由定理 1.4.4 得 ϕ 在 $H^1(\Omega)$ 上是 F 可微的. ∎

1.5　非线性算子的高阶导算子

设 X, Y 是 Banach 空间, $U \subset X$ 是开集, $x_0 \in U$, f 在 x_0 的二阶导算子定义为 $f'(x_0)$ 在 x_0 点的导算子. 因为 $f' : U \to L(X, Y)$, 所以 $f''(x_0)$ 在 $L(X, L(X, Y))$ 中. 但是如果把有界双线性映射空间与 $L(X, L(X, Y))$ 视为相同, 并验证 $f''(x_0)$ 作为双线性映射是对称的, 则我们可以等价地定义二阶导算子 $f''(x_0)(\cdot, \cdot) : X \times X \to Y$, 满足

$$\left\| f(x_0 + h) - f(x_0) - f'(x_0)h - \frac{1}{2}f''(x_0)(h, h) \right\| = o(\|h\|^2), \quad \forall h \in X, \quad \|h\| \to 0.$$
$$\tag{1.5.1}$$

则 $f''(x_0)$ 称为 f 在 x_0 点的**二阶导算子**.

同样可以定义 m 阶导算子 $f^{(m)}(x_0) : \underbrace{X \times \cdots \times X}_{m\uparrow} \to Y$ 是满足下述条件的

m-线性映射

$$\left\| f(x_0 + h) - \sum_{j=0}^{m} \frac{f^{(j)}(x_0)\overbrace{(h, \cdots, h)}^{j\uparrow}}{j!} \right\| = o(\|h\|^m),$$

当 $h \in X, \|h\| \to 0$ 时, 则称 f 是在 x_0 点 **m 次可微的**.

下面验证线性映射的对称性.

定理 1.5.1 设 $f : U \to Y$ 是在点 $x_0 \in U$ m 次可微的, 则对 $(1, \cdots, m)$ 的任何置换 π, 我们有

$$f^{(m)}(x_0)(h_1, \cdots, h_m) = f^{(m)}(x_0)(h_{\pi(1)}, \cdots, h_{\pi(m)}).$$

证明 只证 $m = 2$ 的情形. 即

$$f''(x_0)(\xi, \eta) = f''(x_0)(\eta, \xi), \quad \forall \xi, \eta \in X.$$

事实上, $\forall y^* \in Y^*$, 考虑函数

$$\phi(t, s) = \langle y^*, f(x_0 + t\xi + s\eta) \rangle,$$

它在 $t = s = 0$ 处二次可微, 于是

$$\frac{\partial^2}{\partial t \partial s} \phi(0, 0) = \frac{\partial^2}{\partial s \partial t} \phi(0, 0).$$

因为当 $|t|, |s|$ 充分小时, $f'(x_0 + t\xi + s\eta)$ 连续, 有

$$\left. \frac{\partial}{\partial s} \phi(t, \cdot) \right|_{s=0} = \langle y^*, f'(x_0 + t\xi)\eta \rangle,$$

于是

$$\left. \frac{\partial^2}{\partial t \partial s} \phi(t, s) \right|_{t=s=0} = \langle y^*, f''(x_0)(\xi, \eta) \rangle.$$

类似地,

$$\left. \frac{\partial^2}{\partial s \partial t} \phi(t, s) \right|_{t=s=0} = \langle y^*, f''(x_0)(\eta, \xi) \rangle. \qquad \blacksquare$$

定理 1.5.2 (Taylor 公式) 设 $f : U \to Y$ 是 $m + 1$ 次连续可微的, 设线段 $\{x_0 + th | t \in [0, 1]\} \subset U$, 则

$$f(x_0 + h) = \sum_{j=0}^{m} \frac{1}{j!} f^{(j)}(x_0)(h, \cdots, h)$$

$$+ \frac{1}{m!} \int_0^1 (1 - t)^m f^{(m+1)}(x_0 + th)(h, \cdots, h) dt.$$

证明 $\forall y^* \in Y^*$, 考虑函数

$$\phi(t) = \langle y^*, f(x_0 + th) \rangle.$$

由 Hahn-Banach 定理和对单变量函数的 Taylor 公式,

$$\phi(1) = \sum_{j=0}^{m} \frac{1}{j!} \phi^{(j)}(0) + \frac{1}{m!} \int_0^1 (1-t)^m \phi^{(m+1)}(t) dt.$$

即得所需的 Banach 空间之间映射的 Taylor 公式. ∎

例 1.5.3 若 $X = \mathbb{R}^m$, $Y = \mathbb{R}^1$. 如果 $f : X \to Y$ 是二次连续可微的, 则

$$f'(x) = \left(\frac{\partial f}{\partial x_1}, \frac{\partial f}{\partial x_2}, \cdots, \frac{\partial f}{\partial x_n} \right), \quad f''(x) = H_f(x) = \left(\frac{\partial^2 f(x)}{\partial x_i \partial x_j} \right)_{i,j=1,2,\cdots,n}.$$

附注 1.5.4 若 $\exists Q \in L(E_1 \times E_1 \to E_2)$, 满足

$$\|A'(x_0 + h)k - A'(x_0)k - Qhk\| \leqslant \|k\| \|h\| \cdot \alpha(h), \tag{1.5.2}$$

其中 $\alpha(h) \to 0$ 当 $\|h\| \to 0$ 时, 那么 $A''(x_0)$ 存在, 并且 $A''(x_0) = Q$.

证明 由 (1.5.2) 知 (利用线性算子范数定义),

$$\|A'(x_0 + h) - A'(x_0) - Qh\| \leqslant \|h\| \alpha(h), \tag{1.5.3}$$

因此

$$\lim_{\|h\| \to 0} \frac{\|A'(x_0 + h) - A'(x_0) - Qh\|}{\|h\|} = 0, \tag{1.5.4}$$

故 $A''(x_0)$ 存在, 并且 $A''(x_0) = Q$. ∎

例 1.5.5 考虑由 m 个 n 元函数 $f_i(x_1, \cdots, x_n), i = 1, \cdots, m$ 确定的算子 $A : \mathbb{R}^n \to \mathbb{R}^m$, $y = A(x)$, $x = (x_1, \cdots, x_n)$, $y = (y_1, \cdots, y_m)$, $y_i = f_i(x_1, \cdots, x_n)$, $i = 1, \cdots, m$. 设每个 f_i 都在点 $x^{(0)} = \left(x_1^{(0)}, \cdots, x_n^{(0)} \right)$ 的某邻域内具有连续的二阶偏导数, 于是由 1.4 节中的结论, 当 $h = (h_1, \cdots, h_n)$, 且 $\|h\|$ 充分小时, 对 $k = (k_1, \cdots, k_n)$, 利用中值定理, 并注意例 1.4.5,

$$A'(x^{(0)}) = \left(\frac{\partial f_i}{\partial x_j} \bigg|_{x^{(0)}} \right) = \begin{pmatrix} \dfrac{\partial f_1}{\partial x_1} \bigg|_{x^{(0)}} & \cdots & \dfrac{\partial f_1}{\partial x_n} \bigg|_{x^{(0)}} \\ \vdots & & \vdots \\ \dfrac{\partial f_m}{\partial x_1} \bigg|_{x^{(0)}} & \cdots & \dfrac{\partial f_m}{\partial x_n} \bigg|_{x^{(0)}} \end{pmatrix}, \tag{1.5.5}$$

则有

$$A'\left(x^{(0)} + h\right)k - A'\left(x^{(0)}\right)k$$

$$= \left(\sum_{i=1}^{n}\left(\left.\frac{\partial f_1}{\partial x_i}\right|_{x^{(0)}+h} - \left.\frac{\partial f_1}{\partial x_i}\right|_{x^{(0)}}\right)k_i, \cdots, \sum_{i=1}^{n}\left(\left.\frac{\partial f_m}{\partial x_i}\right|_{x^{(0)}+h} - \left.\frac{\partial f_m}{\partial x_i}\right|_{x^{(0)}}\right)k_i\right)$$

$$= \left(\sum_{i,j=1}^{n}\left.\frac{\partial^2 f_1}{\partial x_i \partial x_j}\right|_{x^{(0)}+\theta_i^{(1)}h} k_i h_j, \cdots, \sum_{i,j=1}^{n}\left.\frac{\partial^2 f_m}{\partial x_i \partial x_j}\right|_{x^{(0)}+\theta_i^{(m)}h} k_i h_j\right), \quad (1.5.6)$$

其中 $0 < \theta_i^{(s)} < 1$ $(s = 1, \cdots, m; i = 1, \cdots, n)$. 由 $\dfrac{\partial^2 f_s}{\partial x_i \partial x_j}$ 的连续性, 利用 (1.5.2) 易知 $A''\left(x^{(0)}\right)$ 存在, 且具有表达式

$$A''\left(x^{(0)}\right)hk = \left(\sum_{i,j=1}^{n}\left.\frac{\partial^2 f_1}{\partial x_i \partial x_j}\right|_{x^{(0)}} h_j k_i, \cdots, \sum_{i,j=1}^{n}\left.\frac{\partial^2 f_m}{\partial x_i \partial x_j}\right|_{x^{(0)}} h_j k_i\right). \quad (1.5.7)$$

由于 $\dfrac{\partial^2 f_s}{\partial x_i \partial x_j} = \dfrac{\partial^2 f_s}{\partial x_j \partial x_i}$, 故

$$A''\left(x^{(0)}\right)hk = \left(\sum_{i,j=1}^{n}\left.\frac{\partial^2 f_1}{\partial x_i \partial x_j}\right|_{x^{(0)}} h_i k_j, \cdots, \sum_{i,j=1}^{n}\left.\frac{\partial^2 f_m}{\partial x_i \partial x_j}\right|_{x^{(0)}} h_i k_j\right), \quad (1.5.8)$$

即 $A''\left(x^{(0)}\right)$ 由二阶导数所组成的三维阵 $\left(\dfrac{\partial^2 f_s}{\partial x_i \partial x_j}\right)$ $(i = 1, \cdots, n; j = 1, \cdots, n; s = 1, \cdots, m)$ 表示, 3 个参数分别为 i, j, s, 且

$$A''\left(x^{(0)}\right) : \mathbb{R}^n \times \mathbb{R}^n \to \mathbb{R}^m.$$

例 1.5.6 设 $X = C^1(\overline{\Omega}, \mathbb{R}^N)$, $Y = \mathbb{R}^1$. 设 $g \in C^2(\overline{\Omega} \times \mathbb{R}^N, \mathbb{R}^1)$. 当 $u \in X$ 时, 定义泛函 $X \to \mathbb{R}^1$:

$$f(u) = \frac{1}{2}\int_\Omega |\nabla u|^2 dx + \int_\Omega g(x, u(x))dx. \quad (1.5.9)$$

由定义有

$$f'(u)\phi = \int_\Omega [\nabla u(x)\nabla \phi(x) + g'_u(x, u(x))\phi(x)]dx, \quad \forall \phi \in X$$

和

$$f''(u)(\phi, \psi) = \int_\Omega [\nabla \psi(x)\nabla \phi(x) + g''_{uu}(x, u(x))\phi(x)\psi(x)]dx, \quad \forall \phi, \psi \in X.$$

若进一步 g''_{uu} 满足增长条件

$$|g''_{uu}(x,u)| < a\left(1 + |u|^{\frac{4}{n-2}}\right), \quad a > 0, \quad \forall u \in \mathbb{R}^N,$$

则 f 在 $H_0^1(\Omega, \mathbb{R}^N)$ 上是二次连续可微的, 且 $f''(u) = \mathrm{I} + (-\Delta)^{-1}g''_{uu}(\cdot, u(\cdot))$, 其作为从 $H_0^1(\Omega, \mathbb{R}^N)$ 到自身的算子是自伴的. 或者等价地说, $-\Delta + g''_{uu}(x, u(x))$ 在 $L^2(\Omega, \mathbb{R}^N)$ 意义下是自伴的, 其定义域是 $H^2 \cap H_0^1(\Omega, \mathbb{R}^N)$.

1.6　非线性算子的全连续性

设 X, Y 是实 Banach 空间, $D \subset X$, 算子 $A : D \to Y$.

定义 1.6.1　如果 A 将 D 中任何有界集 S 都映为 Y 中的相对紧集 (即闭包 $\overline{A(S)}$ 是 Y 中的紧集), 则称 A 是将 D 映入 Y 中的**紧算子**.

如果算子 A 是连续的, 又是紧的, 则称 A 是**全连续**的.

显然紧算子一定是有界的.

定理 1.6.2　设 $A_n : D \to Y$ $(n = 1, 2, \cdots)$ 全连续, $A : D \to Y$. 如果对于 D 中任何有界集 S, 当 $n \to \infty$ 时, $\|A_n x - Ax\|$ 都一致收敛于 0(关于 $x \in S$), 则 $A : D \to Y$ 是全连续算子.

证明　(1) 先证 A 是连续的: 设 $x_n \to x_0$, 则 $S = \{x_0, x_1, \cdots\}$ 是 D 中的有界集. 于是由定理条件知对任意 $\varepsilon > 0$, 存在自然数 k, 使得

$$\|A_k x_n - Ax_n\| < \frac{\varepsilon}{3} \quad (n = 0, 1, 2, \cdots). \tag{1.6.1}$$

由 A_k 的连续性知, 存在自然数 N, 使得当 $n > N$ 时,

$$\|A_k x_n - A_k x_0\| < \frac{\varepsilon}{3}. \tag{1.6.2}$$

于是当 $n > N$ 时, 有

$$\|Ax_n - Ax_0\| \leqslant \|Ax_n - A_k x_n\| + \|A_k x_n - A_k x_0\| + \|A_k x_0 - Ax_0\|$$
$$< \frac{\varepsilon}{3} + \frac{\varepsilon}{3} + \frac{\varepsilon}{3} = \varepsilon.$$

于是 $Ax_n \to Ax_0$, 即 A 连续.

(2) 再证 A 是紧算子. 设 S 是 D 中的任一有界集, $\forall \varepsilon > 0$, 由假设, 可取定一个 n_0, 使得 $\|A_{n_0}x - Ax\| < \varepsilon, \forall x \in S$. 故 $A_{n_0}(S)$ 是 $A(S)$ 的一个 ε 网. 因为 A_{n_0} 全连续, 所以 $A_{n_0}(S)$ 是相对紧的, 因此 $A(S)$ 也是相对紧的.∎

定理 1.6.3　设 D 是 X 中的有界集, $A : D \to Y$, 则下述命题等价:

(1) $A : D \to Y$ 全连续;

(2) $\forall \varepsilon > 0, \exists Y$ 的有限维子空间 Y_ε 以及有界连续算子 $A_\varepsilon : D \to Y_\varepsilon$, 使得

$$\|Ax - A_\varepsilon x\| < \varepsilon, \quad \forall x \in D.$$

证明 (1)⇒(2). $\forall \varepsilon > 0$, 由于 $A(D)$ 是 Y 中的相对紧集, 故存在 $y_i \in A(D), i = 1, 2, \cdots, n$, 使得 $\{y_1, \cdots, y_n\}$ 构成 $A(D)$ 的有限 ε 网. 定义 $\lambda_i : Y \to \mathbb{R}^1$ 如下: $\lambda_i(y) = \max\{\varepsilon - \|y - y_i\|, 0\}, i = 1, \cdots, n$. 则 $\lambda_i(y)$ 是 Y 上的非负连续函数. 令 $\lambda(y) = \sum_{i=1}^{n} \lambda_i(y)$, 则 $\lambda(y)$ 在 Y 上连续, 且 $\lambda(Ax) > 0, \forall x \in D (Ax$ 与某个 y_i 距离小于 ε).

令 $Y_\varepsilon = \mathrm{span}\{y_1, \cdots, y_n\}$, $A_\varepsilon x = \dfrac{1}{\lambda(Ax)} \sum_{i=1}^{n} \lambda_i(Ax) y_i, \forall x \in D$. 于是 Y_ε 是 Y 的有限维子空间, 且 $A_\varepsilon : D \to Y_\varepsilon$. 显然 A_ε 连续, 注意, 当 $\lambda_i(Ax) \neq 0$ 时, $\|Ax - y_i\| < \varepsilon$, 因此

$$\|Ax - A_\varepsilon x\| = \left\| \frac{1}{\lambda(Ax)} \sum_{i=1}^{n} \lambda_i(Ax)(Ax - y_i) \right\|$$

$$\leqslant \frac{1}{\lambda(Ax)} \sum_{i=1}^{n} \lambda_i(Ax) \|Ax - y_i\| < \varepsilon, \quad \forall x \in D.$$

注意由于 A 是有界算子, 所以 A_ε 也是有界的.

(2)⇒(1). 由于 Y_ε 是有限维空间, 所以 $A_\varepsilon : D \to Y_\varepsilon$ 是全连续的. 由定理 1.6.2, A 也是全连续的. ∎

附注 1.6.4 算子是全连续的充分必要条件是它可以用有限维有界连续算子 (即值域是有限维空间的有界连续算子) 逼近.

下面更进一步的结果, 参见 [61].

定理 1.6.5 若 $D \subset X$ 是开集, $A : D \to Y$ 全连续, 并且在 $x_0 \in D$ 处 Fréchet 可微, 则 $A'(x_0) : X \to Y$ 全连续.

证明 由于 $A'(x_0)$ 是线性算子, 故只需证 $A'(x_0)$ 将 X 中单位球 $S = \{x | x \in X, \|x\| \leqslant 1\}$ 变成 Y 中的列紧集 $A'(x_0)(S)$. 假定 $A'(x_0)(S)$ 不是列紧的, 则 $\exists \varepsilon_0 > 0$ 及 $h_i \in S (i = 1, 2, \cdots)$ 使

$$\|A'(x_0) h_i - A'(x_0) h_j\| \geqslant \varepsilon_0 \quad (i \neq j). \tag{1.6.3}$$

由 $A'(x_0)$ 的定义及 D 是开集, 可知 $\exists \tau > 0$, 使当 $\|h\| \leqslant \tau < 1$ 时, 恒有 $x_0 + h \in D$, 且

$$\|A(x_0 + h) - Ax_0 - A'(x_0) h\| \leqslant \frac{\varepsilon_0}{3} \|h\|. \tag{1.6.4}$$

于是当 $i \neq j$ 时, 有

$$\|A(x_0 + \tau h_i) - A(x_0 + \tau h_j)\|$$
$$= \| [A(x_0 + \tau h_i) - Ax_0 - A'(x_0)(\tau h_i)]$$

$$- \left[A \left(x_0 + \tau h_j \right) - A x_0 - A' \left(x_0 \right) \left(\tau h_j \right) \right]$$

$$+ \tau \left[A' \left(x_0 \right) h_i - A' \left(x_0 \right) h_j \right] \|$$

$$\geqslant \tau \| A' \left(x_0 \right) h_i - A' \left(x_0 \right) h_j \|$$

$$- \| A \left(x_0 + \tau h_i \right) - A x_0 - A' \left(x_0 \right) \left(\tau h_i \right) \|$$

$$- \| A \left(x_0 + \tau h_j \right) - A x_0 - A' \left(x_0 \right) \left(\tau h_j \right) \|$$

$$\geqslant \tau \varepsilon_0 - \frac{\varepsilon_0}{3} \| \tau h_i \| - \frac{\varepsilon_0}{3} \| \tau h_j \|$$

$$> \frac{\tau \varepsilon_0}{3}. \tag{1.6.5}$$

即 $\{A(x_0 + \tau h_i)\}$ 不含收敛子列, 与 A 的全连续性矛盾.   ∎

定理 1.6.6 若 $A : D \to Y$ 全连续, 并且 D 包含 X 中某球的外部, 且 A 在 ∞ 处 Fréchet 可微, 则 $A'(\infty) : X \to Y$ 全连续.

证明 与定理 1.6.5 的证明类似. 若 $A'(\infty)$ 不全连续, 则 $\exists \varepsilon_0 > 0$ 及 $h_i \in E_1$, $\|h_i\| \leqslant 1 (i = 1, 2, \cdots)$, 使

$$\| A'(\infty) h_i - A'(\infty) h_j \| \geqslant \varepsilon_0 \quad (i \neq j). \tag{1.6.6}$$

易知存在 N, 当 $i \geqslant N$ 时, $\sigma = \inf \|h_i\| > 0$ (因为若 $\inf \|h_i\| = 0$, 则存在子列 $h_{i_k} \to \theta$. 由 $A'(\infty)$ 的连续性知, $\| A'(\infty) h_{i_k} - A'(\infty) h_{i_s} \| \to 0$, 当 $k, s \to \infty$ 时, 此与 (1.6.6) 式矛盾).

由定义 $\lim\limits_{\|x\| \to +\infty} \dfrac{\| Ax - A'(\infty) x \|}{\|x\|} = 0$, $\exists \rho > 0$, 使当 $\|x\| \geqslant \rho \sigma$ 时, 恒有 $\| Ax - A'(\infty) x \| < \dfrac{\varepsilon_0}{3} \|x\|$. 当 $i \neq j$, $i, j \geqslant N$ 时, $\|\rho h_i\| \geqslant \rho \sigma$, $\|\rho h_j\| \geqslant \rho \sigma$,

$$\| A (\rho h_i) - A (\rho h_j) \|$$

$$= \| \left[A (\rho h_i) - A'(\infty) (\rho h_i) \right] - \left[A (\rho h_j) - A'(\infty) (\rho h_j) \right] + \rho \left[A'(\infty) h_i - A'(\infty) h_j \right] \|$$

$$\geqslant \rho \| A'(\infty) h_i - A'(\infty) h_j \| - \| A (\rho h_i) - A'(\infty) (\rho h_i) \| - \| A (\rho h_j) - A'(\infty) (\rho h_j) \|$$

$$\geqslant \rho \varepsilon_0 - \frac{\rho \varepsilon_0}{3} \| h_i \| - \frac{\rho \varepsilon_0}{3} \| h_j \|$$

$$\geqslant \frac{\rho \varepsilon_0}{3}. \tag{1.6.7}$$

即 $\{A(\rho h_i)\}$ 无收敛子列, 注意到 $\{\rho h_i\}$ 有界, 此与 A 的全连续性矛盾.   ∎

定理 1.6.7 (全连续算子延拓定理) 设 X, Y 是 Banach 空间, $D \subset X$ 是闭集, $A : D \to Y$ 全连续. 则必存在全连续算子 $\tilde{A} : X \to Y$, 使当 $x \in D$ 时 $\tilde{A}(x) = A(x)$, 且 $\tilde{A}(X) \subset \overline{\mathrm{co}} A(D)$, 其中 $\overline{\mathrm{co}} A(D)$ 是 $A(D)$ 在 Y 中的凸闭包.

证明略.

1.7 抽象函数的积分

设 E 是 Banach 空间, 我们把自变量取实数值, 而值域在 Banach 空间 E 中的算子 $x(t):[a,b] \to E$ 称为抽象函数.

定义 1.7.1 设 $x(t):[a,b] \to E$ 是抽象函数, 对 $[a,b]$ 的任一分法 $T:a = t_0 < t_1 < \cdots < t_{n-1} < t_n = b$ 做积分和 $\sigma = \sum\limits_{i=1}^{n} x(\xi_i)\Delta t_i$, 其中 $\xi_i \in [t_{i-1},t_i]$ 是任取的, $\Delta t_i = t_i - t_{i-1}(i=1,\cdots,n)$. 如果存在 $I \in E$, 使得当 $d(T) = \max\limits_{i} \Delta t_i \to 0$ 时, $\|\sigma - I\| \to 0$, 则称 $x(t)$ 在 $[a,b]$ 上 **Riemann 可积**, 元素 I 称为 $x(t)$ 在 $[a,b]$ 上的 **Riemann 积分**, 记为 $\displaystyle\int_a^b x(t)dt$.

与数学分析中相同, 可以证明以下定理.

定理 1.7.2 如果 $x(t)$ 在 $[a,b]$ 上连续, 则 $x(t)$ 在 $[a,b]$ 上 Riemann 可积. 下述不等式成立:

$$\left\| \int_a^b x(t)dt \right\| \leqslant \int_a^b \|x(t)\|dt, \tag{1.7.1}$$

$$f\left(\int_a^b x(t)dt \right) = \int_a^b f(x(t))dt, \quad \forall f \in E^*. \tag{1.7.2}$$

抽象函数自然有前述的可微性定义, 注意, $x(t)$ 的导函数 $x'(t)$ 还是一个抽象函数.

定理 1.7.3 (1) 如果 $x'(t)$ 在 $[a,b]$ 上存在且连续, 则 Newton-Leibniz 公式成立

$$\int_a^b x'(t)dt = x(b) - x(a). \tag{1.7.3}$$

(2) 如果 $x(t)$ 在 $[a,b]$ 连续, 在 (a,b) 可微, 则必存在 $\xi \in (a,b)$, 使得 $\|x(b) - x(a)\| \leqslant (b-a)\|x'(\xi)\|$.

(3) 设 $x(t)$ 在 $[a,b]$ 连续, 令 $y(t) = \displaystyle\int_a^t x(s)ds$, $t \in [a,b]$, 则 $y(t)$ 在 $[a,b]$ 上可微, 且 $y'(t) = x(t), t \in [a,b]$.

证明 (1) 任取 $f \in E^*$, 考察 $[a,b]$ 上的实函数 $g(t) = f(x(t))$, 易知 $g'(t) = f(x'(t)), t \in [a,b]$. 故 $g'(t)$ 在 $[a,b]$ 上连续. 由数学分析中的 Newton-Leibniz 公式知, $\displaystyle\int_a^b g'(t)dt = g(b) - g(a)$. 再由 (1.7.2) 得到

$$f\left(\int_a^b x'(t)dt \right) = \int_a^b f(x'(t))dt = f(x(b) - x(a)).$$

由 $f \in E^*$ 的任意性, 得 (1.7.3).

(2) 取 $f \in E^*$, 使得 $\|f\| = 1$, 且 $f(x(b) - x(a)) = \|x(b) - x(a)\|$. 令 $g(t) = f(x(t))$, 则由数学分析中的中值定理知, 存在 $\xi \in (a, b)$, 使得

$$
\begin{aligned}
\|x(b) - x(a)\| &= g(b) - g(a) = g'(\xi)(b - a) \\
&= f(x'(\xi))(b - a) \leqslant \|f\| \|x'(\xi)\|(b - a) \\
&= \|x'(\xi)\|(b - a).
\end{aligned}
$$

(3) 设 $t \in [a, b]$, 任给 $\varepsilon > 0$, 由 $x(s)$ 的连续性知, 存在 $\delta > 0$, 使得当 $|s - t| < \delta$ 时, 有 $\|x(s) - x(t)\| < \varepsilon$. 于是当 $0 < |\Delta t| < \delta$ 时, 由可微性

$$
\begin{aligned}
\left\| \frac{y(t + \Delta t) - y(t)}{\Delta t} - x(t) \right\| &= \left\| \frac{1}{\Delta t} \int_t^{t + \Delta t} [x(s) - x(t)] ds \right\| \\
&\overset{(1.7.1)}{\leqslant} \frac{1}{|\Delta t|} \int_t^{t + \Delta t} \|x(s) - x(t)\| ds \\
&< \frac{1}{|\Delta t|} \int_t^{t + \Delta t} \varepsilon ds = \varepsilon.
\end{aligned}
$$

于是 $y'(t) = x(t)$. ∎

如果 f 从 X 到 Y 是 C^1 映射 (在凸开集 U 上), 则对任意 $x_1, x_2 \in U$, 有下述积分中值定理:

$$
\begin{aligned}
f(x_2) - f(x_1) &= \int_0^1 \frac{d}{dt} f(tx_2 + (1 - t)x_1) dt \\
&= \int_0^1 f_x'(tx_2 + (1 - t)x_1) dt \cdot (x_2 - x_1). \quad (1.7.4)
\end{aligned}
$$

这可从 (1.7.3) 式推出.

附注 1.7.4　　本章相关内容参见 [21], [58], [61], [146], [149], [150] 等.

第 2 章   隐函数定理和连续性方法

2.1   隐函数定理

定理 2.1.1 (隐函数定理 (implicit function theorem))   设 X, Y, Z 是 Banach 空间, $U \subset X \times Y$ 是点 (x_0, y_0) 的一个开邻域. 设 $f \in C(U, Z)$ 关于 y 有 F 偏导算子 $f_y(x, y) := f_y'(x, y)$, 且 $f_y \in C(U, L(Y, Z))$. 假设 f 还满足

(1) $f(x_0, y_0) = 0$;

(2) $f_y^{-1}(x_0, y_0) \in L(Z, Y)$,

则对于方程 $f(x, y) = 0$, 存在 $r, r_1 > 0$ 和唯一的 $y = u(x) \in C(B_r(x_0), B_{r_1}(y_0))$, 使得

(1) $B_r(x_0) \times B_{r_1}(y_0) \subset U$;

(2) $u(x_0) = y_0$;

(3) $f(x, u(x)) = 0, \forall x \in B_r(x_0)$.

进一步, 若 $f \in C^1(U, Z)$, 则 $u \in C^1(B_r(x_0), Y)$, 且

$$u'(x) = -f_y^{-1}(x, u(x)) \circ f_x(x, u(x)), \quad \forall x \in B_r(x_0), \tag{2.1.1}$$

其中 $B_r(x_0) = \{x \in X : \|x - x_0\| < r\}, B_{r_1}(y_0) = \{y \in Y : \|y - y_0\| < r_1\}$.

证明   (1) 若令

$$g(x, y) = f_y^{-1}(x_0, y_0) \circ f(x + x_0, y + y_0),$$

则我们可以假设 $x_0 = y_0 = 0, Z = Y$ 和 $f_y(0, 0) = I_Y$.

(2) 我们寻求

$$f(x, y) = 0, \quad \forall x \in B_r(0)$$

的解 $y = u(x) \in B_{r_1}(0)$.

令 $R(x, y) = y - f(x, y)$, 则化成寻求 $R(x, \cdot), \forall x \in B_r(0)$ 的不动点.

对 $R(x, \cdot)$ 应用压缩映射原理. 首先我们有压缩映射:

$$\|R(x, y_1) - R(x, y_2)\| = \|y_1 - y_2 - [f(x, y_1) - f(x, y_2)]\|$$

$$= \left\| y_1 - y_2 - \int_0^1 f_y(x, ty_1 + (1-t)y_2) dt \cdot (y_1 - y_2) \right\|$$

$$\leqslant \int_0^1 \|I_Y - f_y(x, ty_1 + (1-t)y_2)\| dt \cdot \|y_1 - y_2\|.$$

因为 $f_y : U \to L(X, Y)$ 是连续的, 故存在 $r, r_1 > 0$, 使得

$$\|R(x, y_1) - R(x, y_2)\| < \frac{1}{2}\|y_1 - y_2\|, \tag{2.1.2}$$

$\forall (x, y_i) \in B_r(0) \times B_{r_1}(0), i = 1, 2.$

其次验证 $R(x, \cdot) : \overline{B}_{r_1}(0) \to \overline{B}_{r_1}(0)$. 事实上, 由 (2.1.2)知

$$\|R(x, y)\| \leqslant \|R(x, 0)\| + \|R(x, y) - R(x, 0)\| \leqslant \|f(x, 0)\| + \frac{1}{2}\|y\|.$$

又对充分小的 $r > 0$, 使

$$\|f(x, 0)\| < \frac{1}{2}r_1, \quad \forall x \in \overline{B}_r(0), \tag{2.1.3}$$

于是得到 $\|R(x, y)\| \leqslant r_1, \forall (x, y) \in B_r(0) \times B_{r_1}(0)$. 于是 $\forall x \in \overline{B}_r(0)$, 存在唯一的 $y \in \overline{B}_{r_1}(0)$, 满足 $R(x, y) = y$, 即 $f(x, y) = 0$. 用 $u(x)$ 表示解 y.

(3) 我们证明 $u \in C(B_r, Y)$. 因为

$$\begin{aligned}
\|u(x) - u(x')\| &= \|R(x, u(x)) - R(x', u(x'))\| \\
&= \|R(x', u(x')) - R(x', u(x)) + R(x', u(x)) - R(x, u(x))\| \\
&\leqslant \frac{1}{2}\|u(x) - u(x')\| + \|R(x, u(x)) - R(x', u(x))\|,
\end{aligned}$$

于是

$$\|u(x) - u(x')\| \leqslant 2\|R(x, u(x)) - R(x', u(x))\|. \tag{2.1.4}$$

注意到 $R \in C(U, Y)$, 我们有 $u(x') \to u(x)$(当 $x' \to x$ 时).

(4) 如果 $f \in C^1(U, Y)$, 我们证明 $u \in C^1$. 首先由 (2.1.4) 我们得到

$$\begin{aligned}
\|u(x) - u(x')\| &\leqslant 2\|f(x, u(x)) - f(x', u(x))\| \\
&\leqslant 2\int_0^1 \|f_x(tx + (1-t)x', u(x))\|dt \cdot \|x - x'\|.
\end{aligned}$$

因此

$$\|u(x + h) - u(x)\| = O(\|h\|), \quad \text{当} \|h\| \to 0 \text{ 时}.$$

由

$$f(x + h, u(x + h)) = f(x, u(x)) = 0$$

得

$$f(x + h, u(x + h)) - f(x, u(x + h)) + [f(x, u(x + h)) - f(x, u(x))] = 0$$

及

$$f_x(x, u(x+h))h + o(\|h\|) + f_y(x, u(x))(u(x+h) - u(x)) + o(\|h\|) = 0,$$

因此

$$u(x+h) - u(x) + f_y^{-1}(x, u(x)) \circ f_x(x, u(x+h))h = o(\|h\|),$$

即 $u \in C^1$ 且

$$u'(x) = -f_y^{-1}(x, u(x)) \circ f_x(x, u(x)). \tag{2.1.5}$$

进一步结果如下.

附注 2.1.2 在上述隐函数定理条件下, 如果 $f \in C^p(U, Z), p > 1$, 则 $u \in C^p(B_r(x_0), Y)$. 事实上, 若 $f \in C^2(U, Z)$, 则 (2.1.5) 的右边属于 C^1, 故 $u \in C^2$, 由归纳法可证 (见 [111]).

推论 2.1.3 [111] 设 $f \in C^p, p \geqslant 1$ 是 $x_0 \in X$ 的一个邻域到 Y 的映射, 满足 $y_0 = f(x_0)$, $f_x(x_0) : X \to Y$ 是一个同构 (isomorphism), 则存在一个球 $B_r(y_0) = \{\|y - y_0\| < r\}$, 在球上方程 $f(x) = y$ 有唯一的 C^p 解

$$x = u(y), \quad f(u(y)) = y, \quad x_0 = u(y_0).$$

证明 令 $F(x, y) = f(x) - y = 0, Z = Y$, 利用隐函数定理即得. ∎

Hadamard 全局延拓上述推论得到如下结论.

定理 2.1.4 [111] (Monodromy Type) 设 X, Y 是 Banach 空间, $f : X \to Y$ 是 C^1 映射. 假设 $\forall x \in X, f_x^{-1}(x)$ 存在而且范数有一个固定的界. 则 $f : X \to Y$ 是满的同胚映射.

证明 略. ∎

以下形式的隐函数定理也经常用到.

定理 2.1.5 [111] 设 X, Y, Z 是 Banach 空间, $f(x, y) \in C^p, p \geqslant 1$ 是 $X \times Y$ 中 $(0, 0)$ 的一个邻域到 Z 的映射, 满足

(i) $f(0, 0) = 0$;

(ii) range $f_x(0, 0) \equiv R f_x(0, 0) = Z$;

(iii) $\ker f_x(0, 0) = X_1$ 在 X 中有一个闭的余子空间 X_2, 即 $X = X_1 \oplus X_2$, 则对于每一个 $x_1 \in X_1, \|x_1\| \leqslant \delta$ 和 $y \in Y, \|y\| \leqslant r, \delta, r > 0$ 适当小, 方程 $f(x_1 + x_2, y) = 0$ 存在唯一的 C^p 解 $x_2 = u(x_1, y)$, 且 $u(0, 0) = 0$.

证明 令 $\widetilde{Y} = X_1 \times Y$, i.e., $\widetilde{y} = (x_1, y)$, 则 $G(x_2, \widetilde{y}) \equiv f(x_1 + x_2, y)$ 映 $X_2 \times \widetilde{Y}$ 中 $(0, 0)$ 的一个邻域到 Z, 应用隐函数定理即得. ∎

附注 2.1.6   在定理 2.1.1 中的第一部分, X 可以是拓扑空间, 因为这一部分既没用到线性算子也没用到范数.

定理 2.1.7 (反函数定理 (inverse function theorem))   设 $V \subset Y$ 是一开集, $g \in C^1(V, X)$. 假设 $y_0 \in V$ 和 $g'^{-1}(y_0) \in L(X, Y)$, 则存在 $\delta > 0$, 使得 $B_\delta(y_0) \subset V$, 且 $g : B_\delta(y_0) \to g(B_\delta(y_0))$ 是微分同胚, 进而

$$(g^{-1})'(x_0) = g'^{-1}(y_0), \quad x_0 = g(y_0). \tag{2.1.6}$$

证明   令 $f(x, y) = x - g(y), f \in C^1(X \times V, X)$. 对 f 用隐函数定理, 存在 $r > 0$ 和唯一的 $u \in C^1(B_r(x_0), B_r(y_0))$, 满足

$$x = g \circ u(x). \tag{2.1.7}$$

因为 g 连续, 故 $\exists \delta \in (0, r)$, 使得 $g(B_\delta(y_0)) \subset B_r(x_0)$, 因此 $g : B_\delta(y_0) \to g(B_\delta(y_0))$ 是一个微分同胚.

由(2.1.7)知 $u'(x_0) = (g^{-1})'(x_0)$, 而由 (2.1.1) 得到 $u'(x_0) = g'^{-1}(y_0) \circ I$, 故 (2.1.6) 成立.   ∎

回忆线性开映射定理: 若 $T \in L(X, Y)$ 是一个满射, 则 T 是开映射. 由隐函数定理的思想, 我们有一个非线性形式的 Banach 开映射定理.

定理 2.1.8 (开映射定理)   设 X, Y 是 Banach 空间, $\delta > 0$, $y_0 \in Y$. 若 $g \in C^1(B_\delta(y_0), X)$, $g'(y_0) : Y \to X$ 是一个开映射, 则 g 在 y_0 的一个邻域是开映射 (局部开映射: 存在 y_0 的一个邻域 U 使得 $g(U)$ 是 $g(y_0)$ 的邻域).

证明   我们欲证明 $\exists \delta_1 \in (0, \delta), r > 0$, 使得

$$B_r(g(y_0)) \subset g(B_{\delta_1}(y_0)). \tag{2.1.8}$$

不失一般性, 我们假定 $y_0 = 0$, $g(y_0) = 0$.

令 $A = g'(0)$. 因为 A 是满的, 故 $\exists C > 0$, 使得

$$\inf_{z \in \ker A} \|y - z\|_Y \leqslant C\|Ay\|_X, \quad \forall y \in Y. \tag{2.1.9}$$

事实上, 令 $Z = \ker A, \tilde{A} : Y/Z \to X$ 既单又满, 由 Banach 逆算子定理, $\tilde{A}$ 有有界逆 $\tilde{A}^{-1} : X \to Y/Z, \tilde{A}^{-1}x = \tilde{y} \in Y/Z, \|\tilde{A}^{-1}x\| \leqslant C\|x\|$. 于是由商空间范数定义[62], $\forall y \in Y, \inf_{z \in Z} \|y - z\| = \|\tilde{y}\| \leqslant C\|A\tilde{y}\| = C\|Ay\|$.

选 $\delta_1 \in (0, \delta)$ 和 $r > 0$, 满足

$$\|g'(y) - A\| \leqslant \frac{1}{2(C + 1)}, \quad \forall y \in B_{\delta_1}(0) \tag{2.1.10}$$

和

$$r < \frac{\delta_1}{2^2(C+1)}.$$

记 $R(y) = g(y) - Ay$, $R(0) = 0$, 于是 $\forall x \in B_r(0)$, 把存在 $y \in B_{\delta_1}(0)$ 满足 $g(y) = x$ 的问题化成解下述方程

$$Ay = x - R(y). \tag{2.1.11}$$

用迭代法解它. 先取 $h_0 = 0$. 设 $h_n \in B_{\delta_1}(0)$ 已取好, 由 (2.1.9) 我们找到 h_{n+1}, 满足

$$Ah_{n+1} = x - R(h_n) \tag{2.1.12}$$

和

$$\|h_{n+1} - h_n\| \leqslant (C+1)\|A(h_{n+1} - h_n)\|. \tag{2.1.13}$$

事实上, 对于 $x - R(h_n) \in X$, 由 A 是满射, 故存在 $h'_{n+1} \in Y$ 使得 $Ah'_{n+1} = x - R(h_n)$. 不妨设 $Ah'_{n+1} \neq Ah_n$, 否则 h_n 已经是 $x - g(y) = 0$ 的解了.

对于极值问题

$$\inf_{z \in Z} \|h'_{n+1} - h_n - z\|_Y,$$

存在 $z'_{n+1} \in Z$ 使得

$$\|h'_{n+1} - h_n - z'_{n+1}\|_Y \leqslant \inf_{z \in Z} \|h'_{n+1} - h_n - z\|_Y + \|Ah'_{n+1} - Ah_n\|_X.$$

令 $h_{n+1} = h'_{n+1} - z'_{n+1}$, 那么由 (2.1.9) 知

$$\begin{aligned}
\|h_{n+1} - h_n\|_Y &\leqslant \inf_{z \in Z} \|h'_{n+1} - h_n - z\|_Y + \|Ah'_{n+1} - Ah_n\|_X \\
&\leqslant C\|Ah'_{n+1} - Ah_n\|_X + \|Ah'_{n+1} - Ah_n\|_X \\
&\leqslant (C+1)\|Ah_{n+1} - Ah_n\|_X, \tag{2.1.14}
\end{aligned}$$

又 $Ah_{n+1} = Ah'_{n+1} = x - R(h_n)$. 故 (2.1.12), (2.1.13) 成立.

于是由 (2.1.12), (2.1.13), 若 $h_0, h_1, \cdots, h_n$ 都属于 $B_{\delta_1/2}(0)$, 我们有

$$\begin{aligned}
\|h_{n+1} - h_n\| &\leqslant (C+1)\|R(h_n) - R(h_{n-1})\| \\
&\leqslant (C+1)\left\| \int_0^1 g'(th_n + (1-t)h_{n-1})dt - A \right\| \cdot \|h_n - h_{n-1}\| \\
&\overset{(2.1.10)}{\leqslant} \frac{1}{2}\|h_n - h_{n-1}\|, \quad \forall n \geqslant 1. \tag{2.1.15}
\end{aligned}$$

因为 $x \in B_r(0), r < \dfrac{\delta_1}{2^2(C+1)}$，由(2.1.12), (2.1.13) 我们有 $\|h_1\| \leqslant (1+C)\|x\| \leqslant \dfrac{1}{2^2}\delta_1$，从而在 (2.1.15) 中，$th_1+(1-t)h_0 \in B_{\delta_1/2}(0)$，从而可使用 (2.1.10) 得到

$$\|h_2 - h_1\| \leqslant \frac{1}{2}\|h_1 - h_0\|.$$

从而用归纳法，可设 $h_0, h_1, \cdots, h_n$ 都属于 $B_{\delta_1/2}(0)$，我们有(2.1.15) 成立，且

$$\|h_{n+1}\| \leqslant \|h_1\| + \sum_{j=1}^{n} \|h_{j+1} - h_j\| \leqslant \left(\frac{1}{2} + \cdots + \frac{1}{2^n} + \frac{1}{2^{n+1}} \right) \frac{\delta_1}{2} < \frac{\delta_1}{2},$$

于是 $h_{n+1} \in B_{\delta_1/2}(0)$.

故序列 $\{h_n\}$ 均在 $B_{\delta_1/2}(0)$ 中，且由(2.1.15)可证 $\{h_n\}$ 有极限 $y \in \overline{B_{\delta_1/2}(0)} \subset B_{\delta_1}(0)$. 显然 y 是 (2.1.11) 的解. ■

更弱条件的开映射定理如下.

定理 2.1.9 (开映射定理)　设 X, Y 是 Banach 空间，$F : B_r(x_0) \subset X \to Y$，使得

$$\|Fx - F\widetilde{x} - T(x - \widetilde{x})\| \leqslant k\|x - x_0\|, \quad \forall x, \widetilde{x} \in B_r(x_0), \tag{2.1.16}$$

其中 $k > 0, T \in L(X, Y), R(T) = Y$. 若 k 充分小，则存在 $\rho > 0$ 使得 $B_\rho(Fx_0) \subset FB_r(x_0)$.

证明　见 [44]，略. ■

隐函数定理本质上是用压缩映射原理证明的. 在定理 2.1.1 中对 f_y 连续性的假设可以减弱为下述形式.

定理 2.1.10　设 X, Y, Z 是 Banach 空间，令 $\bar{B}_r(0) \subset Y$ 是一个以 0 为心，r 为半径的闭球，设 $T \in L(Y, Z)$ 有有界逆，$\eta : X \times \bar{B}_r \to Z$ 满足下述 Lipschitz 条件：

$$\|\eta(x, y_1) - \eta(x, y_2)\| \leqslant K\|y_1 - y_2\|, \quad \forall y_1, y_2 \in \bar{B}_r(0), \quad \forall x \in X,$$

这里 $K < \|T^{-1}\|^{-1}$. 如果 $\eta(0,0) = 0$ 和 $\|\eta(x,0)\| \leqslant (\|T^{-1}\|^{-1} - K)r$，则 $\forall x \in X$ 存在唯一的 $u : X \to \bar{B}_r(0)$，满足

$$Tu(x) + \eta(x, u(x)) = 0, \quad \forall x \in X.$$

如果 η 是连续的，则 u 也连续.

证明　$\forall x \in X$，我们可以找到映射 $-T^{-1}\eta(x, y)$ 的不动点. 容易验证，$T^{-1}\eta(x, \cdot) : \bar{B}_r(0) \to \bar{B}_r(0)$ 是压缩映射. ■

两个应用例子[61]

例 2.1.11 设 $y_i = f_i(x_1, x_2, \cdots, x_n)$ $(i = 1, 2, \cdots, n)$, 其中各个函数 f_i 在点 $x_0 = (x_1^0, x_2^0, \cdots, x_n^0)$ 的某邻域内具有连续的偏导数. 写成算子形式 $y = f(x)$, $y = (y_1, y_2, \cdots, y_n)$, $x = (x_1, x_2, \cdots, x_n)$, $f = (f_1, f_2, \cdots, f_n)$.

若在点 $x_0 = (x_1^0, x_2^0, \cdots, x_n^0)$ 处的 Jacobi 行列式

$$\frac{D(f_1, f_2, \cdots, f_n)}{D(x_1, x_2, \cdots, x_n)} = \begin{vmatrix} \dfrac{\partial f_1}{\partial x_1} & \cdots & \dfrac{\partial f_1}{\partial x_n} \\ \vdots & & \vdots \\ \dfrac{\partial f_n}{\partial x_1} & \cdots & \dfrac{\partial f_n}{\partial x_n} \end{vmatrix}_{x_0} \neq 0,$$

则 $f(x) : \mathbb{R}^n \to \mathbb{R}^n$ 在 x_0 处局部微分同胚 (即存在 x_0 的邻域 $U(x_0)$ 及 $y_0 = f(x_0)$ 的邻域 $V(y_0)$, 使得 f 在 $U(x_0)$ 上的限制是 $U(x_0)$ 与 $V(y_0)$ 间的同胚映射, 并且 f 在 $U(x_0)$ 上具有连续的 Fréchet 导算子, f^{-1} 在 $V(y_0)$ 上也具有连续的 Fréchet 导算子).

证明 由例 1.5.5 知, f 在 x_0 的某邻域中 Fréchet 可微. 并且 $z = f'(x)h$ 相当于

$$\begin{pmatrix} z_1 \\ \vdots \\ z_n \end{pmatrix} = \begin{pmatrix} \dfrac{\partial f_1}{\partial x_1} & \cdots & \dfrac{\partial f_1}{\partial x_n} \\ \vdots & & \vdots \\ \dfrac{\partial f_n}{\partial x_1} & \cdots & \dfrac{\partial f_n}{\partial x_n} \end{pmatrix} \begin{pmatrix} h_1 \\ \vdots \\ h_n \end{pmatrix}. \tag{2.1.17}$$

由假定该偏导数 $\dfrac{\partial f_i}{\partial x_i}$ 在 x_0 的某邻域中连续, 由此易知 $f'(x)$ 在 x_0 的某邻域中连续. 又由假定 x_0 处的 Jacobi 行列式不为 0, 故线性变换 (2.1.17) 具有逆变换, 即 $f'(x_0) : \mathbb{R}^n \to \mathbb{R}^n$ 具有有界逆 $[f'(x_0)]^{-1}$, 由反函数定理知 $f(x)$ 在 x_0 处局部微分同胚. ∎

例 2.1.12 考虑积分方程 $\varphi(x) = \lambda \displaystyle\int_G k(x, y, \varphi(y)) dy$, 其中 G 是 $\mathbb{R}^n$ 中有界闭集, $k(x, y, u)$, $k_u'(x, y, u)$ 都在 $(x, y) \in \hat{G} = G \times G$, $-r < u < r$ 上连续, r 是某正数, λ 是参数. 设 $k(x, y, 0) \equiv 0$, $\forall (x, y) \in \hat{G}$. 对于任何 λ, $\varphi(x) \equiv 0$ 都是其解.

下证: 若 $\lambda_0 \neq 0$ 不是线性微分方程

$$\varphi(x) = \lambda \int_G k_u'(x, y, 0) \varphi(y) dy \tag{2.1.18}$$

的特征值. 那么必有 $\sigma > 0$, $\tau > 0$ $(\tau < r)$, 使当 $|\lambda - \lambda_0| < \sigma$ 时, 方程除零解外, 没有满足 $|\varphi(x)| < \tau$ $(\forall x \in G)$ 的其他连续解.

证明　设 $A\varphi = \int_G k(x,y,\varphi(y))dy$. 取 $0 < s < r$, 用 D 表示 $C(G)$ 中的球 $\{\varphi|\|\varphi\|_C < s\}$. $A: D \to C(G)$ 全连续. A 在任意 φ_0 处 F 可导.

$$A'(\varphi_0)h = \int_G k'_u(x,y,\varphi_0(y))h(y)dy,$$

且 $A'(\varphi)$ 在 D 中连续.

令 $F(\lambda,\varphi) = \varphi - \lambda A\varphi$, 则原问题变为 $F(\lambda,\varphi) = 0$. 注意

$$F'_\varphi(\lambda,\varphi) = I - \lambda A'(\varphi).$$

由 λ_0 不是(2.1.18)的特征值, 我们知

$$F'_\varphi(\lambda_0,\theta) = I - \lambda_0 A'(\theta)$$

具有有界逆. 于是由隐函数定理有 $\sigma > 0$, $\tau > 0$ $(\tau < s)$, 使当 $|\lambda - \lambda_0| < \sigma$ 时, 方程在 $\|\varphi(x)\|_C < \tau$ 内具有唯一解.

但已知 $\varphi = \theta$ 恒为解. 因此没有其他非零解. ∎

隐函数定理还有许多推广及应用, 与后边的分歧理论也有联系. 可微性只在稠子集上成立的情况下也可建立相应的隐函数定理, 参见 [79].

2.2　连续性方法

设 X,Y 是 Banach 空间, 映射 $f: X \to Y$ 是 C^1 连续的, 寻找

$$f(x) = 0$$

的解. 引进参数 $t \in [0,1]$ 和映射 $F: [0,1] \times X \to Y$ 使得 F, F_x 都连续, 而且 $F(1,x) = f(x)$.

假设存在 $x_0 \in X$ 满足 $F(0,x_0) = 0$. 我们希望通过

$$F(0,x) = 0$$

有解 x_0 来证明

$$F(1,x) = 0 \tag{2.2.1}$$

存在一个解. 为此定义集合

$$S = \{t \in [0,1] \mid F(t,x) = 0\text{是可解的}\},$$

想证下述事实:

(1) S 是开的 (相对于 $[0,1]$). 若 $\forall t_0 \in S$ 满足 $F(t_0, x_{t_0}) = 0$ 使得 $F_x^{-1}(t_0, x_{t_0}) \in L(Y, X)$, 则据隐函数定理知 S 是开的.

(2) S 是闭的. 通常需对解集 $\{x \in X \mid \exists t \in S$ 使得 $F(t, x) = 0\}$ 作先验估计. 对许多 PDE 问题, 需要专门的硬分析技巧和利用方程的特征获得解集的先验估计.

一旦证明 (1) (2), S 是一个非空既开又闭的子集 $(0 \in S)$, 即得 $S = [0, 1]$, 从而 $F(1, \cdot) = 0$ 可解.

我们给出证明 (2) 的两个主要思路:

(a) 如果存在一个 Banach 空间 X_1, $X_1 \hookrightarrow X$ 是紧嵌入, 并且 $\exists C > 0$, 使得

$$\|x_t\|_{X_1} \leqslant C, \quad \forall t \in S,$$

这里 x_t 是 $F(t, x) = 0$ 的一个解, 则 S 是闭的.

事实上, 设 $\{t_n\}_{n=1}^{\infty} \subset S, t_n \to t^*$, 则

$$\|x_{t_n}\|_{X_1} \leqslant C.$$

由 X_1 紧嵌入 $X, \{x_{t_n}\}_1^{\infty}$ 有子列收敛到某个 $x^* \in X$(在 X 的拓扑下). 由连续性得 $F(t^*, x^*) = 0$. 这证明 $t^* \in S$, i.e., S 是闭的.

(b) 如果 $\forall t \in S$ 都存在 $F(t, \cdot) = 0$ 的唯一局部解 x_t 和存在 $C > 0$ 使得

$$\left\|\frac{dx_t}{dt}\right\|_X \leqslant C,$$

则 S 是闭的.

证明 设 $\{t_n\}_1^{\infty}$ 是含在 S 中的一个开区间上的序列 $t_n \nearrow t^*$. 则当 $n \geqslant m \to \infty$ 时有

$$\|x_{t_n} - x_{t_m}\| \leqslant \int_{t_m}^{t_n} \|\dot{x}_t\| dt \leqslant C(t_n - t_m) \to 0,$$

x_{t_n} 有极限 x^*. 由 F 的连续性知 $F(t^*, x^*) = 0$, 我们就得到 $t^* \in S$, 即 S 是闭的. ∎

连续性方法的应用

定理 2.2.1 (大范围隐函数定理) 设 X, Y 是 Banach 空间, $f \in C^1(X, Y)$, $[f'(x)]^{-1} \in L(Y, X), \forall x \in X$. 如果存在常数 $A, B > 0$ 使得

$$\|f'(x)^{-1}\| \leqslant A\|x\| + B, \quad \forall x \in X,$$

则 f 是一个微分同胚.

证明　(1) 证明 f 是满射, 即要证 $\forall y \in Y, \exists x \in X$ 使得

$$f(x) = y.$$

$\forall x_0 \in X$, 定义 $F : [0,1] \times X \to Y$ 如下:

$$F(t,x) = f(x) - [(1-t)f(x_0) + ty].$$

令 $S = \{t \in [0,1] \mid F(t,\cdot) = 0 \text{ 可解}\}$, 显然 $0 \in S$. 因为 $F_x^{-1} = (f'(x))^{-1} \in L(Y,X)$, 由隐函数定理知 S 是开的.

接下来只需证 S 是闭的, 考虑 S 的一部分 (a,b), $\exists x_t$ 满足

$$F(t,x_t) = 0, \quad \forall t \in (a,b).$$

由隐函数定理有

$$f'(x_t)\dot{x}_t = y - f(x_0),$$

这里 $\dot{x}_t = \dfrac{dx_t}{dt}$.

因此,

$$\|\dot{x}_t\| \leqslant \|(f'(x_t))^{-1}\|\|y - f(x_0)\| \leqslant (A\|x_t\| + B)\|y - f(x_0)\|. \tag{2.2.2}$$

令 $c = \dfrac{a+b}{2}$, 得

$$\|x_t\| \leqslant \|x_c\| + \int_c^t \|y - f(x_0)\|(A\|x_s\| + B)ds, \quad t > c.$$

应用 Gronwall 不等式, 即

$$x(t) \leqslant \int_0^t c_1 x(s)ds + c_2, c_1 > 0, c_2 > 0 \Rightarrow x(t) \leqslant c_2 e^{c_1 t},$$

我们知 $\exists C > 0$ 使得

$$\|x_t\| \leqslant C. \tag{2.2.3}$$

联合 (2.2.2) 和 (2.2.3) 知, $\exists C_1 > 0$ 使得

$$\|\dot{x}_t\| \leqslant C_1, \quad \forall t \in (a,b),$$

这就证明了 S 是闭的 (第二种思路 (b)), 从而由连续性方法知 $F(1,x) = f(x) - y = 0$ 有解, f 是满射.

(2) 证明 f 是单射. 用反证法, 如不然, $\exists y \in Y$ 和 $x_0, x_1 \in X$ 满足 $f(x_i) = y, i = 0, 1$. 令 $\gamma : [0,1] \to X$ 是连接这两点的线段:

$$\gamma(s) = (1-s)x_0 + sx_1, \quad s \in [0,1].$$

于是 $f \circ \gamma$ 是过 y 点的环状路径.

如果我们可以找到 $x : [0,1] \to X$ 满足

$$x(i) = x_i, \quad i = 0, 1$$

和

$$f \circ x(s) = y, \quad \forall s \in [0,1],$$

这将同 f 的局部同胚性矛盾, 故 f 是单的 (注: 反函数定理 (定理 2.1.7) 保证 f 的局部同胚性).

现定义 $I = [0,1], T : I \times C_0(I, X) \to C_0(I, Y)$ 如下:

$$T : \quad (t, u(s)) \to f(\gamma(s) + u(s)) - ty - (1-t)f(\gamma(s)),$$

这里 $C_0(I, X) = \{u \in C(I, X) \mid u(0) = u(1) = 0\}$.

我们要解

$$T(t, u(\cdot)) = 0.$$

显然, $T(0,0) = 0$. 现在令 $S = \{t \in [0,1] | T(t, u(\cdot)) = 0 \text{ 可解}\}$, 我们有

(1)

$$T_u(t, u) = f'(\gamma(\cdot) + u(\cdot)) \in L(C_0(I, X), C_0(I, Y))$$

有有界逆. 从而由隐函数定理知 S 是开的.

(2) 设 $u_t(s)$ 是 $t \in S$ 相应的解, 于是 $T(t, u_t) = 0$, 对 t 求导, 我们有

$$f'(\gamma(s) + u_t(s)) \cdot \dot{u}_t(s) = y - f \circ \gamma(s),$$

这里 $\dot{u}_t$ 表示关于 t 的导数, 再次得到

$$\|\dot{u}_t\|_{C_0(I,X)} \leqslant (A\|u_t\|_{C_0(I,X)} + B_1)\|y - f \circ \gamma(s)\|,$$

这里 $B_1 > 0$ 是另一个仅与 B 和 x_0, x_1 有关的常数, 由 Gronwall 不等式知, $\exists C > 0$ 使得

$$\|\dot{u}_t\|_{C_0(I,X)} \leqslant C, \quad \forall t \in S.$$

于是由连续性方法 (b) 知 S 闭.

由连续性方法知 $1 \in S$. 我们有 $u \in C_0(I, X)$ 满足 $T(1, u(\cdot)) = 0$, 则

$$x(s) = u(s) + \gamma(s)$$

就是所求路径, 满足

$$f \circ x(s) = y, \quad \forall s \in [0, 1]. \tag{2.2.4}$$

■

附注 2.2.2 (Gronwall 不等式)　$\beta(t) \geqslant 0, \forall t \in [a, b]$, 且 u 满足

$$u(t) \leqslant \alpha(t) + \int_a^t \beta(s) u(s) ds,$$

则

$$u(t) \leqslant \alpha(t) + \int_a^t \alpha(s) \beta(s) \exp \left(\int_s^t \beta(\tau) d\tau \right) ds, \quad t \in [a, b].$$

若 $\alpha(t) = \alpha$ 是常数, 则

$$u(t) \leqslant \alpha \exp \int_a^t \beta(s) ds.$$

附注 2.2.3　设 $\Omega \subset \mathbb{R}^n$ 是一个具有光滑边界的区域.

Hölder 空间　函数 $u : \Omega \to \mathbb{R}$ 是以 $\beta > 0$ 为指标 Hölder 连续的, 如果

$$[u]^{(\beta)} = \sup_{x \neq y \in \Omega} \frac{|u(x) - u(y)|}{|x - y|^\beta} < \infty.$$

对于 $m \in \mathbb{N}_0, 0 < \beta \leqslant 1$, 记

$$C^{m,\beta}(\Omega) = \{ u \in C^m(\Omega); \forall \alpha, |\alpha| = m, D^\alpha u \text{ 都是以 } \beta \text{ 为指标 Hölder 连续的} \}.$$

如果 Ω 是相对紧的, $C^{m,\beta}(\bar{\Omega})$ 在以下范数下成为一个 Banach 空间,

$$\|u\|_{C^{m,\beta}} = \sum_{|\alpha| \leqslant m} \|D^\alpha u\|_{L^\infty} + \sum_{|\alpha| = m} [D^\alpha u]^{(\beta)}.$$

我们研究方程

$$\begin{cases} -\Delta u = f(x, u(x), \nabla u(x)), & x \in \Omega, \\ u|_{\partial\Omega} = \phi, \end{cases} \tag{2.2.5}$$

这里 $f \in C^1(\bar{\Omega} \times \mathbb{R}^1 \times \mathbb{R}^n, \mathbb{R}^1)$, $\Omega \subset \mathbb{R}^n$ 是一个具有光滑边界的有界区域.

定理 2.2.4 假设 f 满足以下 (1)—(3):

(1) 存在一个增函数 $c: \mathbb{R}^1_+ \to \mathbb{R}^1_+$ 使得

$$|f(x,\eta,\xi)| \leqslant c(|\eta|)(1+|\xi|^2), \quad \forall (x,y,\xi) \in \overline{\Omega} \times \mathbb{R}^1 \times \mathbb{R}^n.$$

(2)

$$\frac{\partial f}{\partial \eta}(x,\eta,\xi) \leqslant 0.$$

(3) 存在 $M > 0$ 使得

$$f(x,\eta,0) = \begin{cases} < 0, & \eta > M, \\ > 0, & \eta < -M. \end{cases}$$

设 $\phi \in C^{2,\gamma}(\partial\Omega)$, $\gamma \in (0,1)$. 则方程(2.2.5) 在 $C^{2,\gamma}(\overline{\Omega})$ 中有唯一解.

引理 2.2.5 在假设 (3) 之下, 若 $u \in C^2(\overline{\Omega})$ 是 (2.2.5) 的解, 则

$$\|u\|_{C(\overline{\Omega})} \leqslant \max\{\max\{|\phi(x)|\}, M\}.$$

证明 设 $|u(x)|$ 在 $x_0 \in \overline{\Omega}$ 达到极大. 分两种情况:

(1) $x_0 \in \partial\Omega$, 证明完成.

(2) $x_0 \in \overset{\circ}{\Omega}$, 则 $\nabla u(x_0) = 0$ 和 $-\Delta u(x_0) = f(x, u(x_0), 0)$.

若 $u(x_0) > M$, 则左端 $\geqslant 0$, 而右端 < 0. 矛盾!

类似地, 若 $u(x_0) < -M$, 则左端 $\leqslant 0$, 右端 > 0. 矛盾! 因此,

$$|u(x_0)| \leqslant M.$$

$\blacksquare$

引理 2.2.6 设 $a \in C^{0,\gamma}(\overline{\Omega})$, $\phi \in C^{2,\gamma}(\partial\Omega)$. 则方程

$$\begin{cases} -\Delta u + u = a(x)(1+|\nabla u|^2), \\ u|_{\partial\Omega} = \phi \end{cases} \tag{2.2.6}$$

有唯一解 $u \in C^{2,\gamma}(\overline{\Omega})$, 并且

$$\|u\|_{C^{2,\gamma}(\overline{\Omega})} \leqslant C(\|a\|_{C^{0,\gamma}(\overline{\Omega})}, \|\phi\|_{C^{2,\gamma}(\partial\Omega)}).$$

证明 应用连续性方法于 (2.2.6). 定义映射 $F: X \times [0,1] \to Y$ 如下:

$$(u,\tau) \mapsto (-\Delta u + u - a(\tau + |\nabla u|^2), u|_{\partial\Omega} - \tau\phi), \tag{2.2.7}$$

其中 $X = C^{2,\overline{\gamma}}(\overline{\Omega}), Y = C^{0,\overline{\gamma}}(\overline{\Omega}) \times C^{2,\overline{\gamma}}(\partial\Omega)$ 和 $\overline{\gamma} \in (0,\gamma)$.

易知　$u = 0$ 是 $F(u, 0) = (-\Delta u + u - a|\nabla u|^2, u|_{\partial\Omega}) = 0$ 的解.

注意到

$$F_u(u, \tau)v = ((-\Delta v + v - 2a\nabla u \cdot \nabla v), v|_{\partial\Omega}),$$

由 Schauder 估计, $\forall (u, \tau) \in X \times [0, 1]$, $F_u(u, \tau)$ 有有界逆, 即

$$\forall (f, \phi) \in Y, \quad F_u(u, \tau)v = f, \quad v|_{\partial\Omega} = \phi$$

有唯一解.

定义

$$S = \{\tau \in [0, 1] \mid \exists u_\tau \text{ 使得 } F(u_\tau, \tau) = 0\},$$

如果能证 $1 \in S$, 则方程 (2.2.6) 是可解的. 由隐函数定理知 S 是开的, 又 $0 \in S$, 需证 S 是闭的. 而由思路 (a), 这只需证存在一个常数 C(同 a, ϕ 有关) 使得 $\forall u_\tau \in S$,

$$\|u_\tau\|_{C^{2,\gamma}} \leqslant C. \tag{2.2.8}$$

因为 u_τ 满足 $F(u_\tau, \tau) = 0$, $F_u(u, \tau)$ 有有界逆, 由隐函数定理及(2.2.7)知, $\dot{u}_\tau = \dfrac{du_\tau}{d\tau}$ 存在, 满足

$$\begin{cases} -\Delta \dot{u}_\tau + \dot{u}_\tau = a + 2a\nabla u_\tau \cdot \nabla \dot{u}_\tau, \\ \dot{u}_\tau|_{\partial\Omega} = \phi. \end{cases} \tag{2.2.9}$$

令 $g = a + 2a\nabla u_\tau \cdot \nabla \dot{u}_\tau$, 由 L^p 估计得

$$\|\dot{u}_\tau\|_{W^{2,p}} \leqslant C(p)(1 + \|g\|_{L^p})$$
$$\leqslant C(p, \|a\|_C)(1 + \|\nabla u_\tau\|_{L^{2p}}\|\nabla \dot{u}_\tau\|_{L^{2p}}).$$

$\dot{u}_\tau$ 满足 (2.2.9), 由引理 2.2.5 知 $\|\dot{u}_\tau\|_{C(\overline{\Omega})}$ 被一个依赖于 $\|a\|_{C(\overline{\Omega})}$ 和 $\|\phi\|$ 的常数界定. 由 Gagliardo-Nirenberg 不等式 (定理 1.1.12) 有

$$\|\nabla \dot{u}_\tau\|_{L^{2p}} \leqslant C_p\|\nabla^2 \dot{u}_\tau\|_{L^p}^{\frac{1}{2}}\|\dot{u}_\tau\|_{L^p}^{\frac{1}{2}} + C\|\dot{u}_\tau\|_{L^\infty} \leqslant C + C\|\dot{u}_\tau\|_{W^{2,p}}^{\frac{1}{2}}.$$

我们得到

$$\|\dot{u}_\tau\|_{W^{2,p}} \leqslant C(1 + \|\nabla u_\tau\|_{L^{2p}}^2).$$

再由 Gagliardo-Nirenberg 不等式, 有

$$\|\nabla u_\tau\|_{L^{2p}} \leqslant C_p\|\nabla^2 u_\tau\|_{L^p}^{\frac{1}{2}}\|u_\tau\|_{L^p}^{\frac{1}{2}} + C\|u_\tau\|_{L^\infty}.$$

再由引理 2.2.5, $\|u_\tau\|_C$ 由依赖于 $\|\phi\|_C$ 的常数界定, 这是因为由 (2.2.7) 及 u_τ 满足 $F(u_\tau, \tau) = 0$. 我们有

$$\|\dot{u}_\tau\|_{W^{2,p}} \leqslant C(\|\phi\|_{C^{2,\gamma}}, \|a\|_C, p)(1 + \|u_\tau\|_{W^{2,p}}).$$

由

$$\frac{d}{d\tau}\|u_\tau\|_{W^{1,p}} \leqslant \|\dot{u}_\tau\|_{W^{2,p}},$$

有

$$\|u_\tau\|_{W^{2,p}} \leqslant C + \int_0^\tau \|\dot{u}_\tau\|_{W^{2,p}} dt \leqslant C + \int_0^\tau C(1 + \|u_\tau\|_{W^{2,p}}) dt.$$

再由 Gronwall 不等式 (附注 2.2.2), 得到

$$\|u_\tau\|_{W^{2,p}} \leqslant Ce^{C\tau},$$

这里 C 依赖于 $p, \|\phi\|_{C^{2,\gamma}}$ 和 $\|a\|_C$.

由 Sobolev 嵌入定理及 $\tau \in [0,1]$, 对 $p > \dfrac{n}{1-\gamma}$ 有 $W^{2,p} \hookrightarrow C^{1,\gamma}$. 于是, 我们有

$$\|u_\tau\|_{C^{1,\gamma}} \leqslant C(\|\phi\|_{C^{2,\gamma}}, \|a\|_C, \gamma), \tag{2.2.10}$$

代入 $F(u_\tau, \tau) = 0$, 应用 Schauder 估计于

$$\begin{cases} -\Delta u_\tau = -u_\tau + a(\tau + |\nabla u_\tau|^2), \\ u_\tau|_{\partial\Omega} = \phi, \end{cases}$$

得到

$$\|u_\tau\|_{C^{2,\gamma}} \leqslant C(\|\phi\|_{C^{2,\gamma}}, \|a\|_{C^{0,\gamma}}, \gamma).$$

由连续性方法得到 (2.2.7) 的解 u.

下证解是唯一的. 设 u_1, u_2 是 (2.2.6) 的两个解, 令 $w = u_1 - u_2$, 则

$$\begin{cases} -\Delta w + w = a\nabla(u_1 + u_2)\nabla w, \quad \forall x \in \Omega, \\ w|_{\partial\Omega} = 0. \end{cases}$$

如果 $\max w > 0$, 则存在 $x_0 \in \overset{\circ}{\Omega}$ 使得 $\underset{\Omega}{\max} w = w(x_0)$, 于是

$$\nabla w(x_0) = 0, \quad -\Delta w(x_0) \geqslant 0$$

和

$$w(x_0) > 0,$$

这是不可能的! 同理, $w < 0$ 的情形也不能发生. 因此,

$$w \equiv 0.$$

下面证明定理 2.2.4.

证明　利用连续性方法研究方程

$$\begin{cases} -\Delta u = tf(x, u, \nabla u), & t \in [0,1], \\ u|_{\partial\Omega} = t\phi. \end{cases} \tag{2.2.11}$$

考虑算子:

$$F : I \times C^{2,\sigma}(\overline{\Omega}) \to C^{\sigma}(\overline{\Omega}) \times C^{2,\sigma}(\partial\Omega), \quad I = [0,1],$$

$$(t,u) \mapsto (-\Delta u - tf(x, u, \nabla u), u|_{\partial\Omega} - t\phi),$$

其中 $\sigma \in (0, \gamma)$.

欲解 $F(1, u) = 0$. 对 $\forall \overline{u} \in C^{2,\sigma}(\overline{\Omega})$, 有

$$F_u(t, \overline{u})v = (-\Delta v - tf_\eta(x, \overline{u}, \nabla\overline{u})v - tf_\xi(x, \overline{u}, \nabla\overline{u})\nabla v, v|_{\partial\Omega}).$$

由假设 (2) 和线性椭圆型方程的极大值原理, 对 $\forall g \in C^{\sigma}(\overline{\Omega}) \times C^{2,\sigma}(\partial\Omega)$,

$$F_u(t, \overline{u})v = g \tag{2.2.12}$$

有唯一解. 即 $F_u(t, \overline{u}) : C^{2,\sigma}(\overline{\Omega}) \cap C_0(\overline{\Omega}) \to C^{\sigma}(\overline{\Omega}) \times C^{2,\sigma}(\partial\Omega)$ 有有界逆 (Banach 逆算子定理). 于是由隐函数定理知集合

$$S = \{t \in I \mid F(t, u) = 0 \text{可解的}\}$$

是开的.

下证 S 是闭的.

注意到如果 u_t 满足

$$F(t, u_t) = 0,$$

令

$$a_t(x) = \frac{tf(x, u_t(x), \nabla u_t(x)) + u_t(x)}{1 + |\nabla u_t(x)|^2},$$

从而我们把 (2.2.11) 变成引理 2.2.6 中 (2.2.6) 的形式,

$$\begin{cases} -\Delta u_t + u_t = a_t(x)(1 + |\nabla u_t(x)|^2), & t \in [0,1], \\ u_t|_{\partial\Omega} = t\phi. \end{cases} \tag{2.2.13}$$

由假设 (1), (3) 和引理 2.2.5 得

$$\|a_t\|_C = \left\| \frac{tf(x, u_t, \nabla u_t) + u_t}{1 + |\nabla u_t|^2} \right\|_C \leqslant C(\|u_t\|_C) \leqslant C(M, \|\phi\|_C).$$

因为 u_t 满足 (2.2.6), 以 a_t 代 a, $t\phi$ 代 ϕ, 由 (2.2.10) 得

$$\|u_t\|_{C^{1,\gamma}} \leqslant C(\|\phi\|_{C^{2,\gamma}}, M, \gamma),$$

于是

$$\|a_t\|_{C^{0,\gamma}} \leqslant C(\|\phi\|_{C^{2,\gamma}}, M, \gamma, f).$$

再由引理 2.2.6 有

$$\|u_t\|_{C^{2,\gamma}} \leqslant C(\|\phi\|_{C^{2,\gamma}}, M, \gamma, f).$$

因为 $C^{2,\gamma}(\overline{\Omega}) \hookrightarrow C^{2,\sigma}(\overline{\Omega}) \times C^{2,\sigma}(\partial\Omega)$ 是紧的, 由连续性方法思路 (a) 知 S 是闭的. 从而 $F(1,u)=0$ 的解 $u \in C^{2,\sigma}(\overline{\Omega})$ 是存在的. 其唯一性由极大值原理 (证明 (2.2.12) 具有唯一解, 从而 $F_u(t,u)$ 具有有界逆算子) 以及隐函数定理得到.

最后由 Schauder 正则性估计[58,Theorem 6.19]知解 $u \in C^{2,\gamma}(\overline{\Omega})$. ■

关于连续性方法 Mawhin 在书 [107] 中有更多的介绍, 与我们上述的连续性方法不同的是, 在证明连续性时他借助拓扑度理论而不是隐函数定理, 书中对常微分方程给出许多应用. 例如讨论下述的 Duffing 方程

$$x'' + g(x) = P(t,x,x'), \tag{2.2.14}$$

满足周期边界条件

$$x(0) - x(T) = x'(0) - x'(T) = 0, \tag{2.2.15}$$

这里 $g: \mathbb{R} \to \mathbb{R}$ 是连续函数, $P: \mathbb{R} \times \mathbb{R}^2 \to \mathbb{R}$ 是连续的, 关于第一个变元是 T-周期的 $(T > 0)$, 且

$$|P|_\infty := \sup_{\mathbb{R}^3} |P(t,x,y)| < +\infty.$$

假设

$$\lim_{x \to \pm\infty} g(x)\mathrm{sgn}(x) = +\infty,$$

$$\limsup_{|x| \to +\infty} \frac{G(x)}{g(x)^2} < +\infty,$$

其中 $G(x) = \int_0^x g(s)ds$. 文献 [10] 证明了如果 (2.2.14) 不是渐近共振的, 则问题(2.2.14)—(2.2.15)至少有一个解.

2.3 横 截 性

横截性是微分几何中很重要的一个概念. 讨论两个流形之间的映射, 应用隐函数定理及横截性可推知一个子流形的原象还是一个子流形.

定义 2.3.1 设 X 是一 Banach 空间, M 是一连通的 Hausdorff 空间. 我们称 M 是一个仿照 X 的 C^r Banach 流形 (整数 $r \geqslant 1$), 如果

(1) M 存在一组开覆盖 $\{U_i | i \in \Lambda\}$, 其中 $U_i \subset M$ 是开集, $\bigcup_{i \in \Lambda} U_i = M$, Λ 是指标集;

(2) 存在一组坐标 $\{\phi_i | U_i \to \phi_i(U_i) \subset X$ 同胚, $i \in \Lambda\}$;

(3) $\phi_i \circ \phi_{i'}^{-1} : \phi_{i'}(U_i \cap U_{i'}) \to \phi_i(U_i \cap U_{i'})$ 是 C^r 微分同胚 (diffeomorphism), $\forall i, i' \in \Lambda$.

每一对 (U_i, ϕ_i) 称为一个坐标 (chart), $x \in M, x \in U_i$ 就称 (U_i, ϕ_i) 为 x 处的坐标, 集合 $\{(U_i, \phi_i) | i \in \Lambda\}$ 称为一个坐标系 (atlas).

类似定义两个 C^r Banach 流形间的 $C^r(C^{r-0})$ 映射、Banach 流形上的向量丛, 特别是切丛 $T(M)$, 余切丛 $T^*(M)$(见 [149], 略).

定义 2.3.2 设 X, Y 是 C^1 Banach 流形, 记 $T_p(W)$ 为子流形 $W \subset Y$ 在 p 点的切空间. 我们称映射 $f : X \to Y, f \in C^1(X, Y)$ 横截于子流形 $W \subset Y$, 如果在每一点 $x \in f^{-1}(W)$ 有

$$\text{Im} f'(x) + T_{f(x)}(W) = T_{f(x)}(Y),$$

记作 $f \pitchfork W$.

定义 2.3.3 设 X, Y 是 C^1 Banach 流形, $f \in C^1(X, Y)$. 点 $x \in X$ 称为 f 的正则点, 如果 $f'(x) : T_x(X) \to T_{f(x)}(Y)$ 是满射; 点 $x \in X$ 是奇异点 (临界点), 如果它是非正则点. 奇异点在 f 作用下的象称为奇异值 (或临界值). 非奇异值称为正则值. 如果 $y \in Y$ 不在 f 的象中, 即 $f^{-1}(y) = \varnothing$, 则 y 是一个正则值.

定理 2.3.4 (Sard) 设 X, Y 分别是 n, m 维微分流形, $U \subset X$ 是开集, $f \in C^r(U, Y)$, 其中 $r \geqslant 1$ 并且 $r > \max\{0, n - m\}$. 则 f 的临界值的集合在 Y 中是零测度集合.

证明 略, $\dim X = \dim Y$ 时参见定理 4.1.6 或 [21, Theorem 3.1.1]. ∎

定义 2.3.5 设 X, Y 是 Banach 空间, 一个有界线性算子 $L : X \to Y$ 称为 Fredholm 算子, 如果

(1) $\text{Im} L$ 在 Y 中是闭的;

(2) $d = \dim \ker L < \infty$;

(3) $d^* = \text{codim} \, \text{Im} L < \infty$.

下面考虑两个无穷维流形间的映射.

定义 2.3.6 设 X, Y 是 Banach 空间, $f : X \to Y$ 称为在 $U \subset X$ 上 Fredholm 的, 如果 $\forall x \in U, f \in C^1(U, Y)$ 且 $f'(x) : X \to Y$ 是 Fredholm 的 (即 $\text{Im} f'(x)$ 在 Y 中是闭集, $d = \dim \ker f'(x) < \infty$, $d^* = \dim \text{coker} f'(x) < \infty$).

$f(x)$ 的**指标**定义为

$$\text{ind } f'(x) = \dim \ker f'(x) - \dim \text{coker } f'(x).$$

若 U 是连通的, 则 $\text{ind } f'(x)$ 是一个常数、整数, 记为 $\text{ind}(f)$.

引理 2.3.7 若 $f \in C^1(U, Y)$ 是 Fredholm 的, 则其临界点的集合是闭的.

证明 因为 $\forall y_0 \in \ker f'(x_n)$, 则令 $x_n \to x_0, f'(x_0)y_0 = 0$, 即 $\ker f'(x_n) \subset$ $\ker f'(x_0)$. 故 $x \mapsto \dim \ker f'(x)$ 是上半连续的, 即

$$\dim_{x_n \to x_0} \ker f'(x_n) \leqslant \dim \ker f'(x_0).$$

并且 $\text{ind}(f)$ 局部是一常数, 故 $\dim \text{coker } f'(x)$ 也是上半连续的. 令 S 是 f 的临界点集, 则

$$S = \{x \in U \mid f'(x) \text{不是满射}\} = \{x \in U \mid \dim \text{coker } f'(x) \geqslant 1\},$$

所以 S 闭. ∎

定理 2.3.8[127] (Sard-Smale) 设 X 是可分的 Banach 空间, Y 也是 Banach 空间, $f \in C^r(U, Y)$ 是 Fredholm 的, 其中 U 是连通开的. 如果 $r > \max\{0, \text{ind}(f)\}$, 则临界值的集合是第一纲的.

证明 第一纲集是可数多个闭的无处稠的集合 (稀疏集) 的并集, 由于 U 是可分的, 只需证 $\forall x \in U$, 存在 x 的邻域 $V \subset U$ 使得 $f|_V$ 的临界值的集合 $S(f, V)$ 是闭的无处稠的.

由 Fredholm 算子的定义, 有分解 $X = \ker f'(x) \oplus X_1$. 设 Q 是 Y 到 $\text{Im } f'(x)$ 上的投影, 注意 $f'(x): X_1 \to \text{Im } f'(x)$ 一一对应、可逆, 则由隐函数定理知, 存在一个邻域 $U_0 \times V_0 \subset \ker f'(x) \times X_1, f(x)$ 的一个邻域 $W \subset \text{Im } f'(x)$ 及 $h \in C^1(U_0 \times W, V_0)$ 使得

$$Qf(u + h(u, w)) = w, \quad \forall (u, w) \in U_0 \times W \tag{2.3.1}$$

和 $\forall u \in U_0, h(u, \cdot): W \to V_0$ 是一个微分同胚. 由于 U_0 是有限维空间中 0 的一个邻域, 故可选成相对紧 (有界) 的. 令 $V = U_0 \times V_0$.

(1) 先证 $S(f, V)$ 是闭的. 由引理 2.3.7, 只需证映射 $f|_V$ 是闭的 (把闭集映成闭集). 令 $x_n = u_n + v_n \in U_0 \times V_0$ 使得 $y_n = f(x_n) \to y$. 由 U_0 的紧性, u_n 有子列收敛到 u_0 且 $Qy_n \to Qy$, 从而 $v_n = h(u_n, Qy_n)$ 收敛于某 v_0, 故 $y = f(u_0 + v_0)$. 若任给闭集 $M \subset U_0 \times V_0, x_n = u_n + v_n \to x_0 \in M, y_n = f(x_n) \to y$, 则 $y = f(x_0) \in f(M)$, 即 $f(M)$ 是闭的. 从而 $f|_V$ 是闭的.

(2) 再证 $S(f, V)$ 是无处稠的. 定义 $H: U_0 \times W \to V, H(u, w) = (u, h(u, w))$, 则 H 是微分同胚, 且满足 $Qf \circ H(u, w) = w$. 令 $\tilde{f} = f \circ H$, 则有 $S(f, V) =$

$S(\tilde{f}, U_0 \times W)$ 及 $Q\tilde{f}'|_W = I_W$, 从而由 (2.3.1), $\forall w \in W, (z,w) \in S(\tilde{f}, U_0 \times W) \Leftrightarrow z \in S((I-Q)\tilde{f}(\cdot,w), U_0)$. 由 $r > \operatorname{ind} f'(x) = \dim \ker f'(x) - \dim \operatorname{coker} f'(x)$ 及定理 2.3.4 知, $S((I-Q)\tilde{f}(\cdot,w), U_0)$ 是零测集 (注意: $U_0 \subset \ker f'(x)$). 又因 $S(f,V)$ 是闭的, 故它是无处稠的 (否则, 若 $S(f,V)$ 在某处又稠又闭, 则 $S((I-Q)\tilde{f}(\cdot,w), U_0)$ 在某处又稠又闭, 就必然包含一个开集, 这与 $S((I-Q)\tilde{f}(\cdot,w), U_0)$ 是零测集矛盾!).

从而 f 的临界值集合是第一纲的. ∎

推论 2.3.9　设 X,Y 是 Banach 空间, 其中 X 是可分的. 如果 $f \in C^1(X,Y)$ 是有负指标的 Fredholm 算子, 则 $f(X)$ 不含内点.

证明　若不然, 有某点 $y_0 \in f(X)$ 是一个内点, 即存在 y_0 的邻域 V 使得 $V \subset f(X)$, 则由定理 2.3.8(现在 $r = 1 > \max\{0, \operatorname{ind}(f)\}$), 存在 $y \in V$ 使得 $f \pitchfork \{y\}$, 即 y 不是临界值, $\forall x \in f^{-1}(y), f'(x): X \to Y$ 满射, 或者说, $\operatorname{codim} \operatorname{Im} f'(x) = 0$, 因此 $\operatorname{ind}(f)(x) = \dim \ker f'(x) \geqslant 0$. 这是一个矛盾! ∎

定理 2.3.10 (横截性定理)　设 X, Z 是 Banach 空间, 其中 X 是可分的, S 是一个 C^r Banach 流形. 设 $F \in C^r(X \times S, Z)$ 满足: ① $F \pitchfork \{\theta\}$; ② $\forall s \in S, f_s(u) = F(u,s)$ 是 Fredholm 的且其指标满足 $\max\{0, \operatorname{ind}(f_s)\} < r$. 则存在一个剩余集 (residual, 即开稠集的可数交, 属于第二纲集) $\Sigma \subset S$ 使得 $\forall s \in \Sigma, f_s \pitchfork \{\theta\}$.

证明　令 $V = F^{-1}(\theta)$, 定义内射 $i: V \to X \times S$, 投影 $\pi: X \times S \to S$, $p: X \times S \to X$, π, p 都限制在 V 上, 即 $p \circ i: V \to X, \pi \circ i: V \to S$.

首先我们有 $\ker F'(v) = T_v(V) = \operatorname{Im}(p \circ i)'(v) \oplus \operatorname{Im}(\pi \circ i)'(v), \forall v = (x,s) \in T_v(V)$. 因为 $F \pitchfork \{\theta\}$, 故有直和分解

$$X \times T_s(S) = Y \oplus T_v(V) \tag{2.3.2}$$

使得 $F'(v): Y \to Z$ 是一个同构.

由假设 $f_s'(x): X \to Z$ 是 Fredholm 的, 我们有直和分解 $X = \ker f_s'(x) \oplus Y_1 = \operatorname{Im}(p \circ i)'(v) \oplus Y_1, Z = Z_1 \oplus Z_2$ 使得 $f_s'(x): Y_1 \to Z_1$ 是一个同构. 于是, $Y = Y_1 \oplus Y_2$, 其中 Y_2 满足同构关系 $T_s(S) \simeq \operatorname{Im}(\pi \circ i)'(v) \oplus Y_2$. (注意 (2.3.2), $(\operatorname{Im}(p \circ i)'(v) \oplus Y_1) \times T_s(S) = Y_1 \oplus Y_2 \oplus \operatorname{Im}(p \circ i)'(v) \oplus \operatorname{Im}(\pi \circ i)'(v))$.

由 $F'(v) = f_s'(x) \oplus \partial_s F(v)$, 有 $\partial_s F(v): Y_2 \to Z_2$ 同构. 于是,

$$\ker f_s'(x) = \operatorname{Im}(p \circ i)'(v) = \ker(\pi \circ i)'(v),$$
$$\operatorname{coker} f_s'(x) = Z_2 \simeq Y_2 \simeq \operatorname{coker}(\pi \circ i)'(v).$$

因此, $\operatorname{ind}(f_s) = \operatorname{ind}(\pi \circ i)$.

由定理 2.3.8, $\pi \circ i$ 的正则值集 Σ 是剩余集, 属于第二纲的. 我们下证, 对 $\pi \circ i$ 的正则值 $s \in \Sigma, f_s \pitchfork \{\theta\}$. 由 $F(x,s) = 0$ 及 $F \pitchfork \{\theta\}$, 有 $\operatorname{Im} F'(x,s) = Z$,

即 $\forall a \in Z, \exists (\alpha, \beta) \in X \times T_s(S)$ 使得 $a = \left(\dfrac{\partial F}{\partial x} \alpha + \dfrac{\partial F}{\partial s} \beta \right)$.

我们以下证明 $\operatorname{Im} f'_s(x) = Z$, 即 $\forall a \in Z, \exists y \in Y_1$ 使得 $a = f'_s(x)y$. 若 $\beta = 0$, 取 $y = \alpha$ 即为所求. 否则, 若 $\beta \neq 0$, 由 π 是投影, $(\pi \circ i)'(x, s) : X \times T_s(S) \to T_s(S)$ 也是投影. s 是正则值意味着 $(\pi \circ i)'(x, s) : T_{(x, s)}(V) \to T_s(S)$ 是满射, 即对给定的 $\beta \in T_s(S), \exists w \in X$ 使得 $(w, \beta) \in T_{(x, s)}(V)$. 因为 $F^{-1}(\theta) = V$, 我们有 $F'(x, s)(w, \beta) = 0$.

令 $y = \alpha - w$, 我们得到

$$
\begin{aligned}
f'_s(x)y - a &= F'(x, s)[(\alpha, \beta) - (w, \beta)] - a \\
&= \left[\frac{\partial F}{\partial x} \alpha + \frac{\partial F}{\partial s} \beta \right] - a - F'(x, s)(w, \beta) \\
&= \theta.
\end{aligned}
$$

■

当 X, Z 是 Banach 流形时上述结论也成立.

作为一个应用, 我们来考察在有界区域上带边值的 Δ 算子特征值的单重性. 众所周知, 在有界区间上带边值的二阶常微分方程其特征值都是单重的, 但对偏微分方程来讲, 即考虑球上的 Δ 算子时就未必了. 然而, 下面将证明对大多数区域来讲这是对的. 首先来看大多数区域指的是哪一类区域?

给定任何一个带有光滑边界的有界区域 $\Omega_0 \subset \mathbb{R}^n$, 考虑流形

$$
S = \operatorname{Diff}^3(\Omega_0) := \{ g \in C^3(\overline{\Omega}_0, \mathbb{R}^n) \mid \det g'(x) \neq 0, \ \forall x \in \overline{\Omega}_0 \}.
$$

于是当 $g \in S$ 时, $\Omega = g(\Omega_0)$ 是 C^3 连续的. $\forall \Omega$, 令 $X(\Omega) = H^2(\Omega) \cap H_0^1(\Omega), Y(\Omega) = L^2(\Omega)$. $\forall g \in S$, 定义 $g^* : X(\Omega_0) \to X(\Omega)$ 为

$$
(g^* u)(x) = u(g^{-1}(x)), \quad \forall x \in \Omega = g(\Omega_0).
$$

定义映射 $F \in C^1((X(\Omega_0) \backslash \{\theta\}) \times \mathbb{R}^1 \times S, Y(\Omega_0))$ 为

$$
F(u, \lambda, g) = g^{*-1}(\Delta + \lambda I)g^* u.
$$

我们想应用横截性定理 (定理 2.3.10) 证明存在 S 的一个剩余集 Σ 使得 $\forall g \in \Sigma, (\Delta + \lambda)u = 0$ 在 $H_0^1(\Omega)$ 上的所有特征值 $\lambda \in \mathbb{R}^1$ 都是单重的, 其中 $\Omega = g(\Omega_0)$. 为此定义

$$
f_g(u, \lambda) = F(u, \lambda, g), \quad \forall g \in S.
$$

事实上, 只要我们应用定理 2.3.10 获得结论 $f_g \pitchfork \{\theta\}$ 就可以, 或等价地要证明 $f'_g(u, \lambda) : X(\Omega) \times \mathbb{R}^1 \to Y(\Omega)$ 是满的, 即 $\{(\Delta + \lambda)w + \mu u | (w, \mu) \in X(\Omega) \times$

$\mathbb{R}^1\} = Y(\Omega)$, 因为这等价于 $\operatorname{codim} \operatorname{Im}(\Delta + \lambda I) \leqslant 1$. 我们又假定 λ 是一个特征值, 即 $\operatorname{codim} \operatorname{Im}(\Delta + \lambda I) \geqslant 1$, 从而 λ 是单重的.

我们知道 $f'_g(u, \lambda)$ 是 Fredholm 的, 由定理 2.3.10 知, 只需证明 $F \pitchfork \{\theta\}$. 为此, $\forall (u_0, \lambda_0, g_0) \in F^{-1}(\theta)$, 令 $L = F'(u_0, \lambda_0, g_0), \Omega = g_0(\Omega_0)$. 不失一般性, 设 $g_0 = I$, 余下证 L 是满射. 由于

$$\begin{aligned}
L(w, \mu, h) &= (\Delta + \lambda_0)w + \mu u_0 + [h \cdot \nabla, \Delta + \lambda_0]u_0 \\
&= (\Delta + \lambda_0)(w - h \cdot \nabla u_0) + \mu u_0,
\end{aligned}$$

所以 L 是 Fredholm 的, 其中 $[A, B] = AB - BA$. 若 L 不满, 则 $\operatorname{codim} \operatorname{Im}(L) > 0$, 于是存在非平凡的 $\phi \perp \operatorname{Im}(L)$. 先取 $w = h = 0$, 我们有

$$\int_\Omega [\phi u_0]dx = 0.$$

再取 $h = 0$, 得

$$\int_\Omega [\phi((\Delta + \lambda_0 I)w)]dx = 0, \quad \forall w \in X(\Omega).$$

于是 $\phi \in C^{2,\alpha}(\overline{\Omega}), \alpha \in (0, 1)$ 是方程 $(\Delta + \lambda_0)\phi = 0$(具有零边值条件) 的解. 从而 对 $\forall h \in C^3(\overline{\Omega}, \mathbb{R}^n)$ 有

$$\begin{aligned}
0 &= \int_\Omega [\phi(\Delta + \lambda_0)(h \cdot \nabla u_0)]dx \\
&= \int_\Omega [\phi(\Delta + \lambda_0)(h \cdot \nabla u_0) - (h \cdot \nabla u_0)(\Delta + \lambda_0 I)\phi]dx \\
&= \int_{\partial\Omega} [\phi\partial_n(h \cdot \nabla u_0) - \partial_n\phi(h \cdot \nabla u_0)]dx \\
&= -\int_{\partial\Omega} [\partial_n\phi(h \cdot \nabla u_0)]dx.
\end{aligned}$$

于是有

$$\partial_n\phi\nabla u_0 = 0 \text{ 在 } \partial\Omega \text{ 上}.$$

考察方程组

$$\begin{cases}
(\Delta + \lambda_0)u_0 = 0, \\
(\Delta + \lambda_0)\phi = 0, \\
\partial_n\phi\nabla u_0 = 0,
\end{cases}$$

其中 $\phi, u_0 \in C^{2,\alpha} \cap C_0(\overline{\Omega})$. 由 Cauchy 问题解的唯一性[67] 得

$$\phi = 0 \text{ 或 } u_0 = 0,$$

这与 $\phi \neq \theta$, 且特征函数 $u_0 \neq \theta$ 矛盾!

这里证得的这个结果由女数学家 K. Uhlenbeck 于 1976 年[139] 获得.

定理 2.3.11 (Uhlenbeck) 存在一个剩余集 $\Sigma \subset \mathrm{Diff}^3(\Omega_0)$ 使得对 $\forall g \in \Sigma$, 方程

$$(\Delta + \lambda I)u = 0 \quad 在 \quad H_0^1(g(\Omega_0)) \ 上 \tag{2.3.3}$$

的特征值是单重的.

附注 2.3.12 本章内容主要部分选自 [21], 其中定理 2.1.8 的证明有所改进. 其他部分参见 [44], [61], [79], [80], [107], [111], [139] 等.

第 3 章　单调性方法

单调算子理论是非线性泛函分析的重要分支之一, 它在非线性偏微分方程、非线性积分方程、Banach 空间微分方程方面有重要意义.

3.1　单调映象概念

设 E 是实 Banach 空间, E^* 是 E 的共轭空间. 对 $x \in E, f \in E^*$, 记 $\langle f, x \rangle = f(x)$.

定义 3.1.1　设 $D \subset E$, 映象 $T : D \to E^*$ 称为单调映象 (算子), 如果满足

$$\langle Tx - Ty, x - y \rangle \geqslant 0, \quad \forall x, y \in D. \tag{3.1.1}$$

若(3.1.1)中等号仅当 $x = y$ 时成立, 则称 T 是严格单调映象 (算子).

定义 3.1.2　集合 $G \subset E \times E^*$ 称为单调集, 如果满足条件:

$$\langle y_1 - y_2, x_1 - x_2 \rangle \geqslant 0, \quad \forall [x_1, y_1], [x_2, y_2] \in G.$$

可以对多值映象定义单调算子.

定义 3.1.3　集值映射 $T : E \to 2^{E^*}$ 称为**单调的**, 如果 $\forall x, y \in E, \forall f \in T(x)$, $\forall g \in T(y)$, 有

$$\langle f - g, x - y \rangle \geqslant 0.$$

集合 $D(T) = \{x \in E : T(x) \neq \varnothing\}$ 称为 T 的**有效域**;

集合 $R(T) = \{y | y \in T(x), x \in D(T)\}$ 称为 T 的**值域**;

集合 $G(T) = \{(x, x^*) \in E \times X^* | x \in D(T), x^* \in T(x)\}$ 称为 T 的**图象**.

显然 $T : E \to 2^{E^*}$ 是单调的等价于它的图象 $G(T)$ 是 $E \times E^*$ 中的单调集.

定义 3.1.4　对于多值映象 $T : E \to 2^{E^*}$ (包括单值映象),

(i) 如果值域 $R(T) = E^*$, T 称为是满射的;

(ii) 如果 T 把 $D(T)$ 中的任何有界集 S 映成 E^* 中的有界集, 则称 T 是有界的.

定义 3.1.5　一个映射 $f : E \to E$ 称是**非扩张**的, 如果 $\|f(x) - f(y)\| \leqslant \|x - y\|, \forall x, y \in E.$

3.2 Hilbert 空间中的单调算子

定义 3.2.1 设 H 是一个 Hilbert 空间, 一个映射 $A : H \to H$ 是**单调**的, 如果 $\langle Ax - Ay, x - y \rangle \geqslant 0, \forall x, y \in H$.

命题 3.2.2 A 是单调的当且仅当对一切 $\lambda > 0, I + \lambda A$ 满足 $\|(x + \lambda Ax) - (y + \lambda Ay)\| \geqslant \|x - y\|, \forall x, y \in H$.

证明 必要性. A 是单调的, $\langle Ax - Ay, x - y \rangle \geqslant 0, \forall x, y \in H$, 从而 $\forall \lambda > 0$,

$$\langle x + \lambda Ax - y - \lambda Ay, x - y \rangle = \langle x - y, x - y \rangle + \lambda \langle Ax - Ay, x - y \rangle \geqslant \|x - y\|^2.$$

而

$$\|(x + \lambda Ax) - (y + \lambda Ay)\| \cdot \|x - y\| \geqslant \text{上式左边}.$$

充分性. $\forall \lambda > 0, \forall x, y \in H$, 我们有 $\|x - y\|^2 \leqslant \|(x + \lambda Ax) - (y + \lambda Ay)\|^2 = \langle x - y + \lambda(Ax - Ay), x - y + \lambda(Ax - Ay) \rangle = \|x - y\|^2 + 2\lambda \langle Ax - Ay, x - y \rangle + \lambda^2 \|Ax - Ay\|^2$, 从而

$$\langle Ax - Ay, x - y \rangle \geqslant -\frac{\lambda}{2} \|Ax - Ay\|,$$

令 $\lambda \to 0^+$, 我们有 $\langle Ax - Ay, x - y \rangle \geqslant 0$. ■

我们先给出一个在处理单调算子理论时十分有用的著名引理.

引理 3.2.3 (Minty 技巧) 设 Ω 是 H 中的一个凸子集, $A : \Omega \to H$ 是单调的, 且在有限维子空间上是连续的. 则对固定的 $u \in \Omega$ 和 $z \in H$, 下述两论述是等价的:

(1) $\langle Au - z, v - u \rangle \geqslant 0$ 对一切 $v \in \Omega$;

(2) $\langle Av - z, v - u \rangle \geqslant 0$ 对一切 $v \in \Omega$.

证明 (1)$\Rightarrow$(2). 由 A 的单调性知 $\langle Au - z, v - u \rangle - \langle Av - z, v - u \rangle \leqslant 0$, 故 (2) 成立.

(2)$\Rightarrow$(1). 现在对任何 $w \in \Omega$ 和 $t \in [0, 1]$, 令 $v = tu + (1 - t)w \in \Omega$, 则 $(v - u) = (1 - t)(w - u)$. 由假设 $\langle Av - z, v - u \rangle \geqslant 0$, 则 $\langle Av - z, w - u \rangle \geqslant 0$. 令 $t \to 1$ 和应用 A 在线段上的连续性, 有 $\langle Au - z, w - u \rangle \geqslant 0$, 取 $w = v$ 即得 (1). ■

附注 3.2.4 如果 u 是 Ω 的一个内点, 则条件 (1) 蕴含着 $Au = z$. 事实上, 此时取 u 的某邻域中的任意 v, $v - u$ 是 H 中的所有方向, 由 Hahn-Banach 定理知 $Au = z$.

对于 Hilbert 空间中的非扩张映射, 我们首先证明一个类似 Banach 空间中的压缩映射的不动点定理.

定理 3.2.5 设 H 是一 Hilbert 空间, B 是 H 中的有界闭凸子集. 设 $f: B \to B$ 是非扩张的, 则 f 在 B 中至少有一个不动点, 且不动点集是凸的.

证明 设 $0 \in B$, 对 $0 < \lambda < 1$, 考虑 $\lambda f(x)$. 由压缩映射原理, 方程 $\lambda f(x) = x$ 在 B 中有唯一解 x_λ.

设 $A = I - f: B \to H$, 则 A 是一个单调映射, 于是 $A_\lambda := I - \lambda f$ 也是单调映射, $0 < \lambda < 1$, 且 $A_\lambda x_\lambda = 0$. 令 $\lambda \to 1$, 对相应序列选一个弱收敛子列, 仍记为 x_λ, 使 $x_\lambda \rightharpoonup u \in B$(弱自列紧). 由 A_λ 单调性知, 对任何 $v \in B$, $\langle A_\lambda v, v - x_\lambda \rangle \geqslant \langle A_\lambda x_\lambda, v - x_\lambda \rangle = 0$, 因此 $\langle Av, v - u \rangle \geqslant 0$. 对 $z = 0$ 应用引理 3.2.3, 我们有 $\langle Au, v - u \rangle \geqslant 0, \forall v \in B$. 于是 $\langle u - f(u), v - u \rangle \geqslant 0, \forall v \in B$. 取 $v = f(u)$, 我们有 $\langle u - f(u), f(u) - u \rangle \geqslant 0 \Rightarrow u = f(u)$. 于是 u 是 f 的一个不动点.

对 $u \in B$, $Au = \theta \Leftrightarrow \langle Av, v - u \rangle \geqslant 0, \forall v \in B$. 右边 $\Rightarrow$ 左边, 由引理 3.2.3, $\langle Av, v - u \rangle \geqslant 0, \forall v \in B$ 蕴含 $\langle Au, v - u \rangle \geqslant 0, \forall v \in B$, 故令 $v = f(u)$, 我们有 $\langle u - f(u), f(u) - u \rangle \geqslant 0$, 从而 $u = f(u)$; 左边 $\Rightarrow$ 右边, A 单调, 显然有 $\langle Av, v - u \rangle = \langle Av - Au, v - u \rangle \geqslant 0, \forall v \in B$.

若 $Au_i = 0, i = 1, 2$, 则 $\langle Av, v - u_i \rangle \geqslant 0, \forall v \in B$, 故对 $t \in [0, 1]$, 有 $t\langle Av, v - u_1 \rangle \geqslant 0, (1 - t)\langle Av, v - u_2 \rangle \geqslant 0$, 相加得 $\langle Av, v - (tu_1 + (1 - t)u_2) \rangle \geqslant 0, \forall v \in B$. 由此得 $A(tu_1 + (1 - t)u_2) = \theta$, 即 $A(u) = \theta$ 的解集是凸的. ∎

定理 3.2.5 在一般的 Banach 空间是不能保证成立的. 事实上, 设 X 是有界的实数列 $x = (a_1, a_2, \cdots)$ 构成的空间, 使得 $|a_i| \to 0$ 当 $i \to \infty$ 时. 令 $\|x\| = \max_i |a_i|$, 则 X 是一个 Banach 空间, 定义 X 中单位球 $B = \{x \in X | \|x\| \leqslant 1\}$ 上的映射 $f(x) := (1, a_1, a_2, \cdots)$, 如果 $y = (b_1, b_2, \cdots) \in B$, 则 $\|f(x) - f(y)\| = \|(0, a_1 - b_1, \cdots)\| = \|x - y\|$. 于是 $f: B \to B$ 是非扩张的. 如果 $(a_1, \cdots, a_n, \cdots)$ 是 B 中的不动点, 则 $(a_1, a_2, \cdots) = (1, a_1, a_2, \cdots)$, 这意味着 $a_i = 1$ 对一切 i, $|a_i| \not\to 0$. 因此 $(a_1, a_2, \cdots) \notin X$.

定义 3.2.6 Banach 空间 E 称为一致凸的, 如果 $\forall \varepsilon > 0, \exists \delta > 0$ 使得 $\left[x, y \in E, \|x\| \leqslant 1, \|y\| \leqslant 1, \|x - y\| > \varepsilon \right] \Rightarrow \left[\left\| \dfrac{x + y}{2} \right\| < 1 - \delta \right]$.

在一致凸 Banach 空间 E 中定理 3.2.5 均成立, 但对在任何自反 Banach 空间中是否成立, 仍是未解决的问题.

命题 3.2.7 设 $f(x)$ 是定义在实 Hilbert 空间上的实光滑函数, 因为 $f'(x)$ 是连续线性泛函, 在 H 中存在一个 $z(x)$, 使得 $f'(x)y = \langle z(x), y \rangle$, 则 $z(x)$ 是单调的当且仅当 f 在 H 上是凸的.

证明 必要性. 反证. 若 f 不是凸的, $\exists u_1, u_2 \in H$ 使得 $f(tu_1 + (1 - t)u_2) \geqslant tf(u_1) + (1 - t)f(u_2), \forall t \in [0, 1]$. 在线段 $[u_1, u_2]$ 上 f 是一维空间可微函数,

$\forall x \in [u_1, u_2]$，我们有

$$\langle f'(u_1), x - u_1 \rangle \geqslant f(x) - f(u_1),$$

故

$$\langle f'(u_1), u_2 - u_1 \rangle \geqslant f(u_2) - f(u_1).$$

同样

$$\langle f'(u_2), u_1 - u_2 \rangle \geqslant f(u_1) - f(u_2).$$

相加得

$$\langle f'(u_1) - f'(u_2), u_2 - u_1 \rangle \geqslant 0,$$

这与 $z(x)$ 的单调性矛盾.

充分性. f 是凸的、定义在实 Hilbert 空间上的实光滑函数，$\forall u_1, u_2 \in H$，在 u_1 点

$$\langle f'(u_1), x - u_1 \rangle \leqslant f(x) - f(u_1), \quad \forall x \in H,$$

故

$$\langle f'(u_1), u_2 - u_1 \rangle \leqslant f(u_2) - f(u_1).$$

类似有

$$\langle f'(u_2), u_1 - u_2 \rangle \leqslant f(u_1) - f(u_2).$$

从而

$$\langle f'(u_2) - f'(u_1), u_2 - u_1 \rangle \geqslant 0,$$

即 $f'(x)$ 是单调的. ∎

下面研究 $Ax = \theta$ 在 Hilbert 空间中的解. 这里 A 是单调的. 由命题 3.2.7 知，如果 A 是一个凸函数的梯度，这同凸函数的极小变分问题相关.

定义 3.2.8　设 E 是拓扑空间，称 $f : E \to (-\infty, +\infty]$ 是下半连续的，如果对任何常数 c，集合 $\{x \in E | f(x) > c\}$ 是开的.

显然，若 f 下半连续，则当 $x_i \to x_0$ 时，$\varliminf_{i \to \infty} f(x_i) \geqslant f(x_0)$.

我们有下述著名定理 3.2.11，其证明基于两个事实.

命题 3.2.9 (Eberlein-Smulyan, 参见 [12, 第三章] 或 [60])　一个 Banach 空间是自反的当且仅当每一个有界凸闭集 K 在弱拓扑下是紧的.

命题 3.2.10[12,Corollary 3.8] (Mazur)　如果 $x_n \rightharpoonup x_0$，则存在一个凸组合序列 $y_n = \sum\limits_{j=1}^{k_n} \alpha_{n_j} x_{n_j}$，且有 $\sum\limits_{j=1}^{k_n} \alpha_{n_j} = 1, \alpha_{n_j} \geqslant 0$ 使得 $y_n \to x_0$.

定理 3.2.11　设 X 是一个自反的 Banach 空间, K 是 X 的闭凸子集, 设 f 是 K 上的实凸函数, 下半连续, 在 K 上下方有界, 且 $f(x) \to +\infty$, 当 $\|x\| \to \infty$ 时一致成立, 则 f 在 K 上达到极小值.

证明　设 $d = \inf\limits_{x \in K} f(x)$. 设 x_i 是极小化序列, 即 $f(x_i) \to d, f(x_i) \geqslant d, \forall i$. 由 f 的强制增长性条件知, 范数 $\|x_i\|$ 是有界的, 于是由命题 3.2.9 知 x_i 有弱收敛子列, 仍记为 x_i. 使得 $x_i \rightharpoonup x, x \in K$. 往证 $f(x) = d$. 显然 $f(x) \geqslant d$. 对任给的 $\varepsilon > 0, f(x_i) \leqslant d + \varepsilon, i$ 充分大. 由命题 3.2.10, 可设 y_i 是 x_i 的凸组合, 使 $y_i \to x$. 因为 f 是凸的,

$$f(y_i) \leqslant d + \varepsilon,$$

由 f 的下半连续性,

$$f(x) \leqslant d + \varepsilon.$$

由 ε 的任意性, $f(x) \leqslant d$. 于是 $f(x) = d$.　∎

命题 3.2.12　如果 x_0 是实 Hilbert 空间中有界闭凸集 C 上的光滑凸泛函 $f(x)$ 的极小点, 则 $\langle A(x_0), y - x_0 \rangle \geqslant 0$ 对任何 $y \in C$ 成立. 这里 $A(x) = f'(x)$.

事实上, $\forall y \in C$, 线段 $[x_0, y] \subset C, f(x_0 + t(y - x_0))$ 在 $[x_0, y]$ 上可导, 是关于 t 单增的一元光滑函数, 故 $f'_t|_{t=0} = \langle A(x_0), y - x_0 \rangle \geqslant 0$.

对单调算子 A, 我们有以下定理.

定理 3.2.13　设 $B := \{x \in H, \|x\| \leqslant r\}, r > 0$ 是实 Hilbert 空间 H 中的闭球, $A : B \to H$ 是单调算子, 它在有限维空间上是连续的, 则有

(a) 在 B 中存在点 x_0 满足

$$\langle Ax_0, y - x_0 \rangle \geqslant 0, \quad \forall y \in B, \tag{3.2.1}$$

并且这样的点构成的集合是凸的.

(b) 进一步, 如果对每个 $x \in \partial B, Ax$ 都不在 x 的对径点方向, 即

$$\lambda x + Ax \neq 0, \quad \forall \lambda \geqslant 0, \quad \|x\| = r, \tag{3.2.2}$$

则 $Ax_0 = \theta$.

证明　(1) 现在证明 (a) 在 H 上是有限维时成立. 如果满足(3.2.1)的 x_0 不在 B 的边界, 则对每个 $x \in \partial B, Ax$ 不对径于 x. 于是有

$$Ax + \lambda x \neq 0, \quad \forall \lambda \geqslant 0, \quad x \in \partial B.$$

于是由 Brouwer 拓扑度性质定理 (定理 4.1.21), $Ax = \theta$ 在 B 内部有解.

(2) (a) 在有限维时已成立, $\forall y \in B$, 令

$$S(y) = \{x \in B | \langle Ay, y - x \rangle \geqslant 0\},$$

$S(y)$ 是凸闭集.

我们证明对 $y \in B$, 集合 $S(y)$ 有有限交性质. 事实上, 如果 $y_1, \cdots, y_k \in B$, 令 E 是包含这些点的有限维子空间, 由对有限维时 (a) 成立, 即存在 $x \in E \cap B$, 使

$$\langle Ax, y - x \rangle \geqslant 0, \quad \forall y \in E \cap B. \tag{3.2.3}$$

因为 A 单调, 得

$$\langle Ay, y - x \rangle \geqslant \langle Ax, y - x \rangle \geqslant 0, \quad \forall y \in E \cap B. \tag{3.2.4}$$

即有限交性质成立.

由命题 3.2.9, 由于 $S(y)$ 在弱拓扑下是紧的, 因此有非空交集. 即存在 $x_0 \in B$ 使得 $x_0 \in \bigcap\limits_{y \in B} S(y)$,

$$\langle Ay, y - x_0 \rangle \geqslant 0, \quad \forall y \in B.$$

由引理 3.2.3 得, $\langle Ax_0, y - x_0 \rangle \geqslant 0, \forall y \in B$.

注意到由引理 3.2.3 知 (3.2.1) 的解集还是满足 $\{x_0 : \langle Ay, y - x_0 \rangle \geqslant 0, \forall y \in B\}$ 的 x_0 的集合, (3.2.1) 的解集的凸性立得.

(3) 注意 (b) 很容易由 (a) 得到, 如果 x_0 是 B 的内点, 则显然 $Ax_0 = \theta$. 如果 $x_0 \in \partial B$, $Ax_0 \neq \theta$, 由 $\langle Ax_0, y - x_0 \rangle \geqslant 0, \forall y \in B$ 知 Ax_0 在 x_0 对径点方向上, 与式 (3.2.2) 矛盾. ∎

附注 3.2.14 将此定理中 A 的单调性假设换成下述更弱的假设时仍成立:

$$\text{对每对 } x, y \in B, \text{ 如果 } \langle Ax, x - y \rangle \leqslant 0, \text{ 则 } (Ay, y - x) \geqslant 0. \tag{3.2.5}$$

(此时 (3.2.3)⇒(3.2.4) 仍成立.)

当 $H = R, A : R \to R$ 时, 条件 (3.2.5) 意味着如果对某个 $x_0, Ax_0 = 0$, 则 $Ax \leqslant 0$ 对 $x \leqslant x_0$ 和 $Ax \geqslant 0$ 对 $x \geqslant x_0$ 恒成立.

推论 3.2.15 设 H 是实 Hilbert 空间, $A : H \to H$ 满足

(1) A 是单调的;

(2) A 在有限维子空间是连续的;

(3) $\dfrac{\langle Ax, x \rangle}{\|x\|} \to +\infty$ 当 $\|x\| \to \infty$ 时一致成立,

则 $A : H \to H$ 是满射.

证明 因为 $Ax - y$ 是单调的, 且满足 (3), 只需解 $Ax = \theta$.

考虑一个以原点为心的大球 B, 定理 3.2.13 的条件满足, 其中 $\dfrac{\langle Ax, x \rangle}{\|x\|} \to +\infty$

当 $\|x\| \to \infty$ 时一致成立蕴含定理 3.2.13(b) 中条件成立, 从而由定理 3.2.13 得到 $Ax = \theta$ 的一个解 x_0. ∎

上述推论一个更强的形式如下.

推论 3.2.16 假设 $A : H \to H$ 是

(1) 单调的;

(2) 在有限维子空间是连续的;

(3′) $\|Ax\| \to +\infty$, 当 $\|x\| \to \infty$ 时一致成立,

则 $A : H \to H$ 是满射.

证明 对 $\varepsilon > 0$, 算子 $A_\varepsilon = A + \varepsilon I$ 是单调的, 且

$$\frac{\langle A_\varepsilon x, x \rangle}{\|x\|} = \varepsilon \|x\| + \frac{\langle Ax, x \rangle}{\|x\|} \geqslant \varepsilon \|x\| + \frac{\langle A\theta, x \rangle}{\|x\|}.$$

因为 $\dfrac{(A\theta, x)}{\|x\|}$ 有界, 当 $\|x\| \to \infty$ 时, 上式右端趋于 ∞. 由推论 3.2.15知 $A_\varepsilon : H \to H$ 满射, 设 x_ε 是 $A_\varepsilon x = y \in H$ 的解, 我们证明对 $\varepsilon > 0$, $\|x_\varepsilon\|$ 一致有界. 事实上,

$$\frac{\langle y, x_\varepsilon \rangle}{\|x_\varepsilon\|} = \frac{\langle A_\varepsilon x_\varepsilon, x_\varepsilon \rangle}{\|x_\varepsilon\|} \geqslant \varepsilon \|x_\varepsilon\| - \|A(\theta)\|.$$

于是 $\varepsilon \|x_\varepsilon\| \leqslant \|A\theta\| + \|y\| = K, K$ 与 ε 无关. 因为 $Ax_\varepsilon + \varepsilon x_\varepsilon = y$, 我们有 $\|Ax_\varepsilon\| \leqslant \|\varepsilon x_\varepsilon\| + \|y\| = C, C$ 与 ε 无关. 由 (3′) 知 $\|x_\varepsilon\| \leqslant C, C$ 是与 ε 无关的常数.

当 $\varepsilon \to 0$ 时, x_ε 有一个弱收敛子列, 仍记为 x_ε, 它弱收敛到 $x \in H$. 因为

$$Ax_\varepsilon + \varepsilon x_\varepsilon = y, \quad Ax_\varepsilon \to y,$$

由单调性,

$$\langle Ax_\varepsilon - Av, x_\varepsilon - v \rangle \geqslant 0, \quad \forall v \in H.$$

注意当 $\varepsilon \to 0$ 时, $|\langle Ax_\varepsilon - Av, x_\varepsilon - v \rangle - \langle y - Av, x - v \rangle| = |\langle Ax_\varepsilon - Av, x_\varepsilon - v \rangle - \langle y - Av, x_\varepsilon - v \rangle + \langle y - Av, x_\varepsilon - v \rangle - \langle y - Av, x - v \rangle| \leqslant \|Ax_\varepsilon - y\| \cdot \|x_\varepsilon - v\| + |\langle y - Av, x_\varepsilon - x \rangle| \to 0$.

令 $\varepsilon \to 0$, 我们有

$$\langle y - Av, x - v \rangle \geqslant 0, \quad \forall v \in H.$$

由引理 3.2.3, 有

$$\langle y - Ax, x - v\rangle \geqslant 0, \quad \forall v \in H.$$

由于 v 可取任何方向, 于是

$$y - Ax = \theta. \qquad\blacksquare$$

3.3 单调算子理论的发展及应用

定义 3.3.1 设 X 是一个实 Banach 空间, 设 $E \subset X$ 是非空子集, 一个映射 $A : E \to X^*$, A 称为在 $x_0 \in E$ **次连续**, 如果 $\forall\{x_n\} \subset E, x_n \to x_0$ 有 $Ax_n \overset{*}{\rightharpoonup} Ax_0$; A 称为在 $x_0 \in E$ **半连续**, 如果 $\forall y \in X, \forall t_n \downarrow 0, x_0 + t_n y \in E$ 有 $A(x_0 + t_n y) \overset{*}{\rightharpoonup} Ax_0$.

这里 $\overset{*}{\rightharpoonup}$ 表示弱 * 收敛.

显然, A 连续 $\Rightarrow$ A 次连续 $\Rightarrow$ A 半连续.

引理 3.2.3 也有一个进一步的推广.

引理 3.3.2 设 E 是实 Banach 空间 X 的一个凸子集, 如果 $A : E \to X^*$ 是半连续且单调的, 则对任何满足 $\overline{\lim}\langle Ax_j, x_j - x\rangle \leqslant 0$ 和 $x_j \to x \in E$ 的序列 $\{x_j\} \subset E$, 我们有

$$\underline{\lim}\langle Ax_j, x_j - y\rangle \geqslant \langle Ax, x - y\rangle, \quad \forall y \in E.$$

证明 先证

$$\lim\langle Ax_j, x_j - x\rangle = 0. \qquad (3.3.1)$$

事实上, 由 A 单调知

$$0 = \underline{\lim}\langle Ax, x_j - x\rangle \leqslant \underline{\lim}\langle Ax_j, x_j - x\rangle \leqslant \overline{\lim}\langle Ax_j, x_j - x\rangle \leqslant 0.$$

进一步, $\forall z \in E$, 由 (3.3.1) 和单调性可得

$$\underline{\lim}\langle Ax_j, x - z\rangle = \underline{\lim}\langle Ax_j, x_j - z\rangle$$
$$\geqslant \underline{\lim}\langle Az, x_j - z\rangle = \langle Az, x - z\rangle. \qquad (3.3.2)$$

现在, $\forall y \in E$, 取 $t_n \downarrow 0$, 把 $z = z_n := (1 - t_n)x + t_n y \in E$ 代入 (3.3.2), 注意 A 的单调性, 我们有

$$\lim_{j \to \infty}\langle Ax_j, t_n(x - y)\rangle \geqslant \langle Az_n, t_n(x - y)\rangle,$$

注意 A 的半连续性, 有

$$\varliminf_{j \to \infty} \langle Ax_j, x - y \rangle \geqslant \langle Az_n, x - y \rangle \to \langle Ax, x - y \rangle (n \to +\infty). \tag{3.3.3}$$

由 (3.3.1) 以及(3.3.3), 我们有

$$\varliminf \langle Ax_j, x_j - y \rangle \geqslant \varliminf \langle Ax_j, x_j - x \rangle + \varliminf \langle Ax_j, x - y \rangle$$
$$\geqslant \langle Ax, x - y \rangle. \tag{3.3.4}$$

下面的伪单调算子是从上述事实中抽象出来的.

定义 3.3.3　设 X 是一个自反 Banach 空间, 令 $E \subset X$ 是一个非空闭凸子集, 算子 $A : E \to X^*$ 称为**伪单调的**, 如果

(1) 任意有限维子空间 $L \subset X$, $A|_{L \cap E} : L \cap E \to X^*$ 是次连续的;

(2) 任意子序列 $\{x_j\} \subset E$, $x_j \rightharpoonup x \in E$, 由条件 $\varlimsup \langle Ax_j, x_j - x \rangle \leqslant 0$ 推出 $\varliminf \langle Ax_j, x_j - y \rangle \geqslant \langle Ax, x - y \rangle, \forall y \in E$.

定理 3.3.4 (Browder)　设 X 是一个实自反 Banach 空间, $A : X \to X^*$ 是伪单调的, 且是强制的, 即 $\dfrac{\langle Ax, x \rangle}{\|x\|} \to \infty, \|x\| \to \infty$, 则 A 是满射.

证明略.

易知半连续的单调算子是伪单调的, 故定理 3.3.4 对强制的半连续的单调算子也成立. 全连续映象 $A : X \to X^*$(即在 X 中 $x_n \rightharpoonup x$, 我们有在 X^* 中 $Ax_n \to Ax$) 是伪单调的.

定理 3.3.4 是以下 Hilbert 空间 H 中 Lax-Milgram 定理的推广.

一个双线性形式 $a : H \times H \to \mathbb{R}$ 称为连续的, 如果存在一个常数 C 使得 $|a(u, v)| \leqslant C\|u\|\|v\|, \forall u, v \in H$; 称为强制的, 如果存在一个常数 $\gamma > 0$ 使得 $a(v, v) \geqslant \gamma \|v\|^2, \forall v \in H$.

Lax-Milgram 定理　假设 $a(u, v)$ 是 Hilbert 空间 H 上的强制的连续双线性形式, 则任给 $\varphi \in H^*$, 存在唯一元素 $u \in H$ 使得 $a(u, v) = \langle \varphi, v \rangle, \forall v \in H$.

以下给出几个例子.

例 3.3.5　设 X 是实 Hilbert 空间, A 是线性正算子, 即 $\forall x \in D(A), (Ax, x) \geqslant 0$, 则 A 是单调算子.

例 3.3.6　设 X 是实 Banach 空间, $f : X \to \mathbb{R}^1 \cup \{+\infty\}$ 是凸的, 则次微分 ∂f 是单调映象.

注意: $x_0^* \in X^*, x_0^* \in \partial f(x_0) \Leftrightarrow$ 超平面 $y = \langle x_0^*, x - x_0 \rangle + f(x_0)$ 在 $f(x)$ 的上图的下方.

$\forall x_0^* \in \partial f(x_0), y_0^* \in \partial f(y_0)$, 我们有

$$\langle x_0^*, x - x_0 \rangle + f(x_0) \leqslant f(x), \quad \forall x \in X,$$

$$\langle y_0^*, y - y_0 \rangle + f(y_0) \leqslant f(y), \quad \forall y \in X.$$

故

$$\langle -x_0^*, y_0 - x_0 \rangle \geqslant f(x_0) - f(y_0),$$

$$\langle y_0^*, y_0 - x_0 \rangle \geqslant f(y_0) - f(x_0).$$

所以,

$$\langle y_0^* - x_0^*, y_0 - x_0 \rangle \geqslant 0.$$

由定义 3.1.3 知凸函数的次微分 ∂f 是单调映象.

例 3.3.7 (p-Laplacian 算子) 设 Ω 是 $\mathbb{R}^n$ 上的有界光滑区域, 对 $1 < p < \infty$, 算子

$$Au = -\operatorname{div}\left(|\nabla u|^{p-2}\nabla u\right) = -\sum_{i=1}^{n} \frac{\partial}{\partial x_i}\left(\left[\sum_{j=1}^{n}\left(\frac{\partial u}{\partial x_j}\right)^2\right]^{\frac{p-2}{2}} \frac{\partial u}{\partial x_i}\right).$$

定义一个从 $W_0^{1,p}(\Omega)$ 到 $W^{-1,p'}(\Omega)$ $\left(\dfrac{1}{p} + \dfrac{1}{p'} = 1\right)$ 的映射如下:

$$\langle Au, v \rangle = \sum_{i=1}^{n} \int_{\Omega} \left[\sum_{j=1}^{n}\left(\frac{\partial u}{\partial x_j}\right)^2\right]^{\frac{p-2}{2}} \frac{\partial u}{\partial x_i}\frac{\partial v}{\partial x_i} dx, \quad \forall v \in W_0^{1,p}(\Omega).$$

事实上, 由 Hölder 不等式

$$\int_{\Omega} |\nabla u|^{p-1}|\nabla v| dx \leqslant \left(\int |\nabla u|^p dx\right)^{1/p'} \left(\int |\nabla v|^p dx\right)^{1/p},$$

我们有 $Au \in (W_0^{1,p}(\Omega))^* = W^{-1,p'}(\Omega)$.

下证 A 是单调的. 由初等不等式

$$(|b|^{p-2}b - |a|^{p-2}a)(b - a) \geqslant \begin{cases} C_p|b-a|^p, & p \geqslant 2, \\ C_p(1 + |b| + |a|)^{p-2}|b-a|^2, & 1 < p < 2, \end{cases}$$

其中 $C_p > 0$ 是一个常数, $a, b \in \mathbb{R}^n$, 以及和 Hölder 不等式, 我们有

$$\langle Au - Av, u - v \rangle$$

$$\geqslant \begin{cases} C_p \displaystyle\int_\Omega |\nabla u - \nabla v|^p dx, & p \geqslant 2, \\ C_p \left[\displaystyle\int_\Omega (1 + |\nabla u| + |\nabla v|)^p dx \right]^{1-2/p} \left[\displaystyle\int_\Omega |\nabla u - \nabla v|^p dx \right]^{2/p}, & 1 < p < 2. \end{cases}$$

$$(3.3.5)$$

故 A 是单调的.

又算子 A 是半连续的. 事实上, $\forall u, v, w \in W_0^{1,p}(\Omega)$, 考虑函数

$$t \mapsto \langle A((1-t)x + ty), w \rangle,$$

验证其连续性:

$$\langle A((1-t)u + tv), w \rangle$$
$$= \int_\Omega \left[\sum_{j=1}^n \left((1-t)\frac{\partial u}{\partial x_j} + t\frac{\partial v}{\partial x_j} \right)^2 \right]^{\frac{p-2}{2}} \sum_{i=1}^n \left((1-t)\frac{\partial u}{\partial x_i} + t\frac{\partial v}{\partial x_i} \right) \frac{\partial w}{\partial x_i}.$$

由于右边积分函数被可积函数 $(|\nabla u| + |\nabla v|)^{p-1}|\nabla w|$ 控制, 由勒贝格控制收敛定理知当 $t \downarrow 0$ 时, $\langle A((1-t)u + tv), w \rangle \to \langle Au, w \rangle$.

半连续的单调算子是伪单调的. 注意到 (3.3.5), $\|u\|^{-1}\langle Au, u \rangle \to +\infty$(当 $\|u\| \to +\infty$ 时), 于是由定理 3.3.4 知, p-Laplacian 算子是一个从 $W_0^{1,p}(\Omega)$ 到 $W^{-1,p'}(\Omega)$, $1 < p < \infty$ 的满射, 进而是一个同胚映射 (实际上, 由 $W_0^{1,p}(\Omega)$ 的范数定义、Hölder 不等式和勒贝格控制收敛定理仿半连续性的证明易证 A 连续, 由 (3.3.5) 也可知 A 是单射的以及 A^{-1} 的连续性).

从而 $\forall f(x) \in W^{-1,p'}(\Omega)$, p-Laplacian 方程

$$-\mathrm{div}\left(|\nabla u|^{p-2}\nabla u \right) = f(x), \quad u|_{\partial\Omega} = 0 \tag{3.3.6}$$

在 $W_0^{1,p}(\Omega)$ 中有唯一解.

附注 3.3.8   单调算子的一般理论始于 20 世纪 60 年代, 见 [110], 后来 F. Browder, H. Brezis, L. Nirenberg, R. Rockafellar 等许多数学家进一步发展了这一理论. 这里要特别指出在 20 世纪 50 年代关肇直先生用最速下降法讨论非线性方程的解时最早讨论了可微情形单调算子方程的唯一可解性, 并给出了收敛速度的估计, 见关肇直[59] 及该书中引用的有关文献.

附注 3.3.9   本章内容参见 [17], [21], [59], [61], [109], [110] 等.

第 4 章 拓扑度理论及其应用

拓扑度理论是研究非线性算子定性理论的重要工具, 最早是代数拓扑学引入的概念, 后来利用分析的方法引入. 从中可以获得许多著名的不动点定理, 从而获得非线性微分方程、积分方程的解的存在性. 考虑非线性方程 $f(x) = y_0$ 在 Ω 上的可解性. 寻求一种不变量 $d = \deg(f, \Omega, y_0)$, 当 $d \neq 0$ 时, $f(x) = y_0$ 有解, 而且这种不变量对 f, Ω, y_0 的小扰动是不变的.

第一个自然的想法是考虑 y_0 的原象点的个数之和. 当这个数不为零时, $f(x) = y_0$ 自然有解. 但这个量在小扰动之下是变化的. 这启发人们去考虑原象点的代数和 (要考虑原象点 Jacobi 行列式的符号) 即 $\deg(f, \Omega, y_0) = \sum_{i=1}^{m} \operatorname{sgn} J_f(x_i)$. 但有时这个量可能是无法计数的, 而且对连续映象无法定义, 因此上述定义并不是很理想的, 需要更多的讨论步骤, 我们采用等价的积分定义方式.

4.1 $\mathbb{R}^n$ 中的 Brouwer 度

设 $\mathbb{R}^n$ 是 n 维欧氏空间, $\|\cdot\|$ 表示 $\mathbb{R}^n$ 中的范数.

定义 4.1.1 设 Ω 是 $\mathbb{R}^n$ 中有界开集, $\partial\Omega$ 是其边界. $f : \overline{\Omega} \to \mathbb{R}^n$, $f \in C^2$ (即 $f = (f_1, f_2, \cdots, f_n)$, $f_i(x_1, x_2, \cdots, x_n) \in C^2(\overline{\Omega})$, $i = 1, 2, \cdots, n$), $y \in \mathbb{R}^n \backslash f(\partial\Omega)$ (即 $\forall x \in \partial\Omega$, $f(x) \neq y$). 令 $\tau = \inf_{x \in \partial\Omega} \|f(x) - y\| > 0$, 考虑连续函数 $\Phi : [0, \infty) \to \mathbb{R}^1$, 使得

(1) 存在 $0 < \sigma < \tau^* \leqslant \tau$ 使当 $r \notin (\sigma, \tau^*)$ 时有 $\Phi(r) = 0$;

(2) $\displaystyle\int_{\mathbb{R}^n} \Phi(\|x\|) dx = 1$.

定义拓扑度

$$\deg(f, \Omega, y) = \int_{\Omega} \Phi(\|f(x) - y\|) J_f(x) dx, \tag{4.1.1}$$

其中 $J_f(x)$ 是 f 在点 x 的 Jacobi 行列式

$$J_f(x) = \frac{D(f_1, f_2, \cdots, f_n)}{D(x_1, x_2, \cdots, x_n)} = \left| \frac{\partial f_i}{\partial x_j} \right|.$$

首先证明上述定义与 Φ 的选取无关.

引理 4.1.2　若连续函数 $\Phi : [0, \infty) \to \mathbb{R}^1$ 满足定义 4.1.1 中的条件 (1), 则存在 C^1 映射 $G : \mathbb{R}^n \to \mathbb{R}^n$, 使得

$$\operatorname{div} G(x) = \Phi(\|x\|), \quad \forall x \in \mathbb{R}^n. \tag{4.1.2}$$

证明　令

$$G(x) = \begin{cases} \dfrac{x}{\|x\|^n} \displaystyle\int_0^{\|x\|} r^{n-1}\Phi(r)dr, & x \neq 0, \\ 0, & x = 0. \end{cases} \tag{4.1.3}$$

$G(x)$ 即为所求. 由于 Φ 满足 (1), 故当 $\|x\| < \sigma$ 时, $G(x) = 0$. 由此得 $G \in C^1$. $G(x)$ 可写成 $G(x) = (G_1(x), \cdots, G_n(x))$. 由 (4.1.3) 知, 当 $x \neq 0$ 时, 对 $1 \leqslant i \leqslant n$, 有

$$\frac{\partial}{\partial x_i} G_i(x) = \Phi(\|x\|) \frac{x_i^2}{\|x\|^2} + \int_0^{\|x\|} r^{n-1}\Phi(r)dr \left(\frac{1}{\|x\|^n} - \frac{nx_i^2}{\|x\|^{n+2}} \right).$$

当 $x = 0$ 时, 显然 $\dfrac{\partial G_i(x)}{\partial x_i} = 0$. 因此

$$\operatorname{div} G(x) = \sum_{i=1}^n \frac{\partial}{\partial x_i} G_i(x) = \Phi(\|x\|), \quad \forall x \in \mathbb{R}^n. \qquad \blacksquare$$

引理 4.1.3　设 $f : \overline{\Omega} \to \mathbb{R}^n$ 为 C^2 映象, $\Phi : [0, +\infty) \to \mathbb{R}^1$ 满足定义 4.1.1 中的条件 (1), 则存在 C^1 映射 $F : \overline{\Omega} \to \mathbb{R}^n$, 使得

$$\operatorname{div} F(x) = \Phi(\|f(x) - y\|) J_f(x), \quad \forall x \in \overline{\Omega}. \tag{4.1.4}$$

证明　设 $J_f(x)$ 中元素 $\dfrac{\partial f_j}{\partial x_i}$ 的代数余子式为 $A_{ij}(x)$. 定义

$$F_i(x) = \sum_{j=1}^n A_{ij}(x) G_j(f(x) - y), \quad 1 \leqslant i \leqslant n, \tag{4.1.5}$$

则 $F = (F_1(x), \cdots, F_n(x)) : \overline{\Omega} \to \mathbb{R}^n$ 即为所求. 事实上, 由 $f \in C^2, G(u) \in C^1(\mathbb{R}^n, \mathbb{R}^n)$ $(\forall u \in \mathbb{R}^n)$ 知 $F \in C^1$. 由 (4.1.5),

$$\begin{aligned}
\frac{\partial F_i(x)}{\partial x_i} &= \sum_{j=1}^n A_{ij}(x) \frac{\partial}{\partial x_i} G_j(f(x) - y) + \sum_{j=1}^n \left[\frac{\partial}{\partial x_i} A_{ij}(x) \right] G_j(f(x) - y) \\
&= \sum_{j=1}^n A_{ij}(x) \sum_{k=1}^n \frac{\partial}{\partial u_k} G_j(f(x) - y) \frac{\partial}{\partial x_i} f_k(x) \\
&\quad + \sum_{j=1}^n \left[\frac{\partial}{\partial x_i} A_{ij}(x) \right] G_j(f(x) - y).
\end{aligned}$$

于是

$$\operatorname{div} F(x) = \sum_{i=1}^{n} \frac{\partial}{\partial x_i} F_i(x)$$

$$= \sum_{j=1}^{n} \sum_{k=1}^{n} \left[\sum_{i=1}^{n} A_{ij}(x) \frac{\partial f_k(x)}{\partial x_i} \right] \frac{\partial}{\partial u_k} G_j(f(x) - y)$$

$$+ \sum_{j=1}^{n} \left[\sum_{i=1}^{n} \frac{\partial}{\partial x_i} A_{ij}(x) \right] G_j(f(x) - y).$$

由行列式求导法则 (可参见 [61, 第二章引理 1.1]), 有

$$\sum_{i=1}^{n} \frac{\partial}{\partial x_i} A_{ij}(x) = 0, \quad 1 \leqslant j \leqslant n.$$

由行列式性质, 有

$$\sum_{i=1}^{n} A_{ij} \frac{\partial f_k(x)}{\partial x_i} = \begin{cases} J_f(x), & j = k, \\ 0, & j \neq k. \end{cases}$$

由引理 4.1.2 有

$$\operatorname{div} F(x) = \sum_{j=k} J_f(x) \frac{\partial}{\partial u_k} G_i(f(x) - y) = J_f(x) \sum_{k=1}^{n} \frac{\partial}{\partial u_k} G_k(f(x) - y)$$

$$= J_f(x) \operatorname{div} G(f(x) - y) = J_f(x) \Phi(\|f(x) - y\|).\blacksquare$$

定理 4.1.4 定义 4.1.1 中的拓扑度 $\deg(f, \Omega, y)$ 与函数 Φ 的选取无关.

证明 设 Φ_1, Φ_2 均满足定义 4.1.1 中的 (1),(2). 则 $\Phi := \Phi_1 - \Phi_2$ 满足 (1), 且有

$$\int_{\mathbb{R}^n} \Phi(\|u\|) du = 0.$$

由

$$\int_{\mathbb{R}^n} \Phi(\|u\|) du = S_{n-1} \int_0^{\infty} r^{n-1} \Phi(r) dr \quad \left(S_{n-1} = \frac{2\pi^{\frac{n}{2}}}{\Gamma\left(\frac{n}{2}\right)} \right),$$

这里 S_{n-1} 是 $\mathbb{R}^n$ 中的单位球面的面积, 故有

$$\int_0^{\infty} r^{n-1} \Phi(r) dr = 0.$$

因为当 $r \geqslant \tau$ 时, $\Phi(r) = 0$, 故当 $x \in \partial\Omega$ 时, 有

$$\int_0^{\|f(x)-y\|} r^{n-1} \Phi(r) dr = \int_0^{\infty} r^{n-1} \Phi(r) dr = 0.$$

取 G (见(4.1.3)) 和 F (见(4.1.5)) 如引理 4.1.2 和引理 4.1.3 所述, 则当 $x \in \partial\Omega$ 时, 有

$$F(x) = 0.$$

由引理 4.1.3 及 Gauss 公式,

$$\int_{\overline{\Omega}} \Phi_1(\|f(x) - y\|) J_f(x) dx - \int_{\overline{\Omega}} \Phi_2(\|f(x) - y\|) J_f(x) dx$$

$$= \int_{\overline{\Omega}} \Phi(\|f(x) - y\|) J_f(x) dx$$

$$= \int_{\Omega} \operatorname{div} F(x) dx = \int_{\partial\Omega} F(x) \cdot ds = 0,$$

即 $\deg(f, \Omega, y)$ 与 Φ 的选取无关.   ■

令 $K_f = \{x \in \Omega | J_f(x) = 0\}$. 由定理 2.1.7, 若 $y \notin f(K_f)$, 则 f 是局部微分同胚, 方程 $f(x) = y$ 在 Ω 中至多有有限个解.

定理 4.1.5   若 $y \notin f(K_f)$, 则

$$\deg(f, \Omega, y) = \sum_{i=1}^{m} \operatorname{sgn} J_f(x_i), \tag{4.1.6}$$

其中 $x_i, 1 \leqslant i \leqslant m$ 是方程 $f(x) = y$ 在 Ω 中的所有解.

证明   由反函数定理, 对每个 $x_i, i = 1, \cdots, m$, 存在 x_i 的开邻域 $\Omega_i \subset \Omega$, 使得 $f: \Omega_i \to f(\Omega_i)$ 是微分同胚. 可使 $\overline{\Omega}_i \subset \Omega, \overline{\Omega}_i \cap \overline{\Omega}_j = \varnothing (i \neq j)$, 且在每个 $\overline{\Omega}_i$ 上 $J_f(x)$ 保持定号. 由于 $f(x) = y$ 在 $D := \overline{\Omega} \backslash \bigcup_{i=1}^{m} \Omega_i$ 上无解, 故 $\tau_0 = \inf_{x \in D} \|f(x) - y\| > 0$, 令 $d_i = d(y, \partial f(\Omega_i)) = \inf_{z \in \partial f(\Omega_i)} \|z - y\|$, 则 $d_i > 0 \; (i = 1, 2, \cdots, m)$, 令 $\tau_1 = \min\{\tau_0, d_1, d_2, \cdots, d_m\}$, 显然 $\tau_1 \leqslant \tau_0 \leqslant \tau = \inf_{x \in \partial\Omega} \|f(x) - y\|$.

作满足定义 4.1.1 中的条件 (1),(2) 的函数 Φ, 使当 $r \geqslant \tau_1$ 时, $\Phi(r) = 0$. 于是 (注意 $u \in \mathbb{R}^n \backslash f(\overline{\Omega}_i)$ 时, $\|u - y\| > d_i \geqslant \tau_1$, 从而 $\Phi(\|u - y\|) = 0$)

$$\deg(f, \Omega, y) = \int_{\overline{\Omega}} \Phi(\|f(x) - y\|) J_f(x) dx$$

$$= \sum_{i=1}^{m} \int_{\overline{\Omega}_i} \Phi(\|f(x) - y\|) J_f(x) dx$$

$$= \sum_{i=1}^{m} \operatorname{sgn} J_f(x_i) \int_{\overline{\Omega}_i} \Phi(\|f(x) - y\|) |J_f(x)| dx$$

$$= \sum_{i=1}^{m} \operatorname{sgn} J_f(x_i) \int_{f(\overline{\Omega}_i)} \Phi(\|u - y\|) du$$

$$= \sum_{i=1}^{m} \operatorname{sgn} J_f(x_i) \int_{\mathbb{R}^n} \Phi(\|u - y\|) du$$

$$= \sum_{i=1}^{m} \operatorname{sgn} J_f(x_i).$$

■

上述定理表明, 当 $y \notin f(K_f)$ 时, $\deg(f, \Omega, y)$ 是整数. 下面证明, 当 $y \in f(K_f)$ 时, $\deg(f, \Omega, y)$ 还是整数.

定理 4.1.6[61] (Sard) 设 Ω 是 $\mathbb{R}^n$ 中的开集, f 是从 Ω 到 $\mathbb{R}^n$ 的连续可微映射. 则对 Ω 的任何可测子集 E, 有

$$m^*(f(E)) \leqslant \int_E |J_f(x)| dx.$$

这里 m^* 表示 Lebesgue 外测度, 特别是 Lebesgue 测度 $m(f(K_f)) = 0$.

证明 我们只对 $m(f(K_f)) = 0$ 的证明指出思路.

(1) 由于 Ω 可表示成可数个闭正方体 T_i 的并集 $\Omega = \bigcup_{i=1}^{\infty} T_i$, $K_f = \bigcup_{i=1}^{\infty} (K_f \cap T_i)$, $f(K_f) = \bigcup_{i=1}^{\infty} f(K_f \cap T_i)$, 因此, 只需证 $m(f(K_f \cap T)) = 0$. 这里 T 是 Ω 中的任意闭立方体.

(2) 对任给的 T, 设其边长为 l. 将 T 每边都 N 等分, 则 T 分成 N^n 个小闭正方体, 直径是 $\dfrac{\sqrt{n}l}{N}$. 对任给 $\varepsilon > 0$, 由 f' 在 T 上的一致连续性, 可取 N 充分大, 使当 x, x_0 属于同一小闭正方体 P 时, 恒有 $\|f'(x) - f'(x_0)\| < \varepsilon$. 由 Taylor 公式可得

$$\|f(x) - f(x_0) - f'(x)(x - x_0)\|$$
$$\leqslant \int_0^1 \|f'(x_0 + t(x - x_0)) - f'(x_0)(x - x_0)\| \cdot \|x - x_0\| dt$$
$$< \varepsilon \|x - x_0\| \leqslant \frac{\sqrt{n}l}{N} \varepsilon. \tag{4.1.7}$$

若 $K_f \cap P \neq \varnothing$, 则取 $x_0 \in K_f \cap P$. 考察线性变换 $y = f'(x_0)x$ 之下 P 的象集 $f'(x_0)P$. 令 $Q = \left\{ z \in \mathbb{R}^n \middle| \operatorname{dist}(z, f'(x_0)P + f(x_0) - f'(x_0)x_0) < \dfrac{\sqrt{n}l}{N} \varepsilon \right\}$.

由 (4.1.7) 式知, 象集 $f(P)$ 的平移 $f(P) - f(x_0) + f'(x_0)x_0 - f'(x_0)x_0$(令为 Q_1) 含于 Q 中. 由 Lebesgue 外测度的平移不变性知

$$m^*(f(P)) = m^*(Q_1) \leqslant m^*(Q). \tag{4.1.8}$$

由于 $J_f(x_0) = 0$, 故线性变换 $y = f'(x_0)x$ 退化. 从而 $f'(x_0)P$ 含于 $\mathbb{R}^n$ 中某 $n-1$ 维超平面 S 内. [设 $J_f(x_0) = |a_{ij}| \neq 0$, 则存在不全为 0 的 $a_i(i = 1, 2, \cdots, n)$, 使 $\sum\limits_{i=1}^n a_i a_{ij} = 0, j = 1, 2, \cdots, n$. (否则 (a_{ij}) 非退化.) 于是, 若 $y_i = \sum\limits_{j=1}^n a_{ij}x_j$, 则 $\sum\limits_{i=1}^n a_i y_i = 0$. 由此可知, $f'(x)P$ 的任何点 $y = (y_1, \cdots, y_n)$ 都属于超平面 $\sum\limits_{i=1}^n a_i y_i = 0$ 内.] 令 $M = \max\limits_{x \in T} \|f'(x)\|$, 于是, 对 $f'(x_0)P$ 的任两点 $y_1^* = f'(x_0)x_1^*, y_2^* = f'(x_0)x_2^*(x_1^*, x_2^* \in P)$, 有 $\|y_1^* - y_2^*\| \leqslant \|f'(x_0)\| \cdot \|x_1^* - x_2^*\| \leqslant \dfrac{\sqrt{n}l}{N}M$. 即 $f'(x_0)P$ 的直径 $\leqslant \dfrac{\sqrt{n}l}{N}M$. 由此可知, 集 Q 含于某闭圆柱体 H 中. 此闭圆柱体 H 的底为超平面 S 内以任意取定的一点 $y_0 \in f'(x_0)P$ 为中心, $R = \dfrac{\sqrt{n}lM}{N} + \dfrac{\sqrt{n}l\varepsilon}{N}$ 为半径的 $n-1$ 维球体. 其高为 $\dfrac{2\sqrt{n}l\varepsilon}{N}$. 注意到半径为 R 的 $n-1$ 维球体的体积为 $\pi^{\frac{n-1}{2}}\left[\Gamma\left(\dfrac{n+1}{2}\right)\right]^{-1}R^{n-1}$, 即知

$$
\begin{aligned}
m^*(Q) \leqslant m(H) &= \pi^{\frac{n-1}{2}}\left[\Gamma\left(\dfrac{n+1}{2}\right)\right]^{-1}\left(\dfrac{\sqrt{n}lM}{N} + \dfrac{\sqrt{n}l\varepsilon}{N}\right)^{n-1} \cdot \dfrac{2\sqrt{n}l}{N}\varepsilon \\
&= \dfrac{M_1(M+\varepsilon)^{n-1}\varepsilon}{N^n},
\end{aligned}
\tag{4.1.9}
$$

其中 $M_1 = 2\pi^{\frac{n-1}{2}}\left[\gamma\left(\dfrac{n+1}{2}\right)\right]^{-1}n^{\frac{n}{2}}l^n = $ 常数. 由 (4.1.8),(4.1.9) 得

$$
m^*(f(K_f \cap P)) \leqslant m^*(f(P)) \leqslant m^*(Q) \leqslant \dfrac{M_1(M+\varepsilon)^{n-1}\varepsilon}{N^n}.
$$

由于满足 $K_f \cap P \neq \varnothing$ 的小闭正方体 P 至多有 N^n 个, 于是

$$
m^*(f(K_f \cap T)) \leqslant M_1(M+\varepsilon)^{n-1}\varepsilon.
$$

由 ε 的任意性即知 $m^*(f(K_f \cap T)) = 0$, 从而 $m(f(K_f \cap T)) = 0$. ■

定理 4.1.7　由定义 4.1.1 定义的拓扑度 $\deg(f, \Omega, y)$ 是一个整数.

证明　根据定理 4.1.5, 当 $y \in \mathbb{R}^n \setminus (f(K_f) \cup f(\partial\Omega))$ 时, $\deg(f, \Omega, y)$ 是整数值. 由 (4.1.1) 知, $\deg(f, \Omega, y)$ 关于 $y \in \mathbb{R}^n \setminus f(\partial\Omega)$ 是连续的. 由定理 4.1.6, 正则值 $\mathbb{R}^n \setminus (f(K_f))$ 在 $\mathbb{R}^n$ 中稠密. 因此, $\deg(f, \Omega, y)$ 当 $y \in \mathbb{R}^n \setminus f(\partial\Omega)$ 时是整数值. ■

附注 4.1.8　设 f 是常算子, 即 $f \equiv z_0 \in \mathbb{R}^n, \forall x \in \mathbb{R}^n$. 则显然 f 是 C^2 映象, 并且 $J_f(x) \equiv 0, \forall x \in \mathbb{R}^n$. 于是, 对于 $\mathbb{R}^n$ 中任何有界开集 Ω, 以及 $\mathbb{R}^n$ 中任何

不等于 z_0 的 y, 由 (4.1.1) 式都有

$$\deg(f, \Omega, y) = 0.$$

附注 4.1.9　当 $y \notin f(\overline{\Omega})$ 时, 必有

$$\deg(f, \Omega, y) = 0. \tag{4.1.10}$$

事实上, 这时 $\tau_2 = \inf\limits_{x \in \Omega} \|f(x) - y\| > 0$. 取定义 4.1.1 中的函数 Φ, 使它除满足定义 4.1.1 中的条件 (1) 与 (2) 外, 还满足: 当 $r \geqslant \tau_2$ 时, 恒有 $\Phi(r) = 0$. 于是, 由 (4.1.1) 式即得 (4.1.10) 式. (4.1.10) 式可视为包含在 (4.1.6) 式之中, 即当 x_i 不存在时把 (4.1.6) 式右端理解为零.

附注 4.1.10　由定理 4.1.5 与定理 4.1.6 可知, 定义 4.1.1 可换为下面等价的定义: 设 Ω 是 $\mathbb{R}^n$ 中某有界开集, $f : \overline{\Omega} \to \mathbb{R}^n$ 是 C^2 映象, $y \in \mathbb{R}^n \backslash f(\partial\Omega)$. 于是 $\tau = \inf\limits_{x \in \partial\Omega} \|f(x) - y\| > 0$.

(i) 若 $y \notin f(K_f)(K_f = \{x | x \in \Omega, J_f(x) = 0\})$, 则方程 $f(x) = y$ 在 Ω 内至多有有限个解, 设为 $x_1, \cdots, x_m$. 这时定义拓扑度

$$\deg(f, \Omega, y) = \sum_{i=1}^{m} \operatorname{sgn} J_f(x_i) \tag{4.1.11}$$

(当 $f(x) = y$ 在 Ω 内无解时定义 $\deg(f, \Omega, y) = 0$);

(ii) 若 $y \in f(K_f)$, 由定理 4.1.6, 存在 $y_1 \notin f(K_f)$, 使 $\|y_1 - y\| < \dfrac{\tau}{7}$. 于是按 (i), $\deg(f, \Omega, y_1)$ 有定义. 这时定义

$$\deg(f, \Omega, y) = \deg(f, \Omega, y_1). \tag{4.1.12}$$

由定理 4.1.5 易证, $\deg(f, \Omega, y_i)$ 不随 y_1 的选取而变, 即若取 $y_2 \notin f(K_f)$, $\|y_2 - y\| < \dfrac{\tau}{7}$, 则按 (4.1.11) 式定义的拓扑度, 有 $\deg(f, \Omega, y_1) = \deg(f, \Omega, y_2)$. 因此, 按 (4.1.12) 式定义拓扑度 $\deg(f, \Omega, y)$ 是合理的[61].

定理 4.1.11　定义 4.1.1 定义的拓扑度 $\deg(f, \Omega, y)$ 有下述基本性质:

(1) 正规性: 若 $y \in \Omega$, 则 $\deg(I, \Omega, y) = 1, I$ 是恒等算子, 即 $Ix = x, \forall x \in \mathbb{R}^n$;

(2) 同伦不变性: 设 $H : [0, 1] \times \overline{\Omega} \to \mathbb{R}^n$ 是 C^2 映射, 并且对任给 $t \in [0, 1], x \in \partial\Omega$, 都有 $H(t, x) \neq y$, 则 $\deg(H(t, \cdot), \Omega, y) = $ 常数;

(3) 区域可加性: 设 $\Omega_1, \Omega_2 \subset \Omega$ 是 $\mathbb{R}^n$ 中的有界开集, $\Omega_1 \cap \Omega_2 = \varnothing$, 并且对任给 $x \in \overline{\Omega} \backslash (\Omega_1 \cup \Omega_2)$, 都有 $f(x) \neq y$, 则必有

$$\deg(f, \Omega, y) = \deg(f, \Omega_1, y) + \deg(f, \Omega_2, y);$$

(4) 平移不变性: $\deg(f, \Omega, y) = \deg(f - y, \Omega, 0)$.

证明　　(1) 正规性由 (4.1.6) 立得.

(2) 同伦不变性: 令 $\tau_1 = \inf\limits_{t \in [0,1], x \in \partial\Omega} \|H(t,x) - y\|$, 则 $\tau_1 > 0$. 按定义 4.1.1 中的条件 (1),(2), 选取 Φ(其中取 $\tau = \tau_1$), 则

$$\deg(H(t, \cdot), \Omega, y) = \int_{\overline{\Omega}} \Phi(\|H(t,x) - y\|) J_{H(t,\cdot)}(x) dx. \tag{4.1.13}$$

由 (4.1.13) 式知, $\deg(H(t, \cdot), \Omega, y)$ 关于 t 连续. 由于 $\deg(H(t, \cdot), \Omega, y)$ 是整值函数, 因而当 $t \in [0,1]$ 时是常数.

(3) 由定义直接推出. 取 $\tau = \inf\{\|f(x) - y\| \mid x \in \overline{\Omega} \backslash (\Omega_1 \cup \Omega_2)\}$.

(4) 平移不变性由定义直接推出.　　　　　　　　　　　　　　　　　■

下面把定义 4.1.1中要求 $f \in C^2$ 的限制去掉, 给出关于连续函数的定义.

定义 4.1.12　　设 Ω 是 $\mathbb{R}^n$ 中的有界开集, $f \in C(\overline{\Omega}, \mathbb{R}^n)$, $y \in \mathbb{R}^n \backslash f(\partial\Omega)$, 于是 $\tau = \inf\limits_{x \in \partial\Omega} \|f(x) - y\| > 0$, 取 $g \in C^2(\overline{\Omega}, \mathbb{R}^n)$, 满足

$$\sup_{x \in \overline{\Omega}} \|f(x) - g(x)\| < \tau, \tag{4.1.14}$$

则 $y \in \mathbb{R}^n \backslash g(\partial\Omega)$, 从而 $\deg(g, \Omega, y)$ 可由定义 4.1.1 给出. 定义

$$\deg(f, \Omega, y) = \deg(g, \Omega, y),$$

称 $\deg(f, \Omega, y)$ 是 f 在 Ω 上关于 y 的 **Brouwer 度**.

下面证明定义与 g 的选取无关. 设 $g_1, g_2 \in C^2(\overline{\Omega}, \mathbb{R}^n)$ 都满足 (4.1.14), 则对任意 $t \in [0,1]$ 有 $\sup\limits_{x \in \overline{\Omega}} \|(1-t)g_1(x) + tg_2(x) - f(x)\| < \tau$. 令 $H(t,x) = (1-t)g_1(x) + tg_2(x)$, 则 $y \notin H([0,1] \times \partial\Omega)$. 由前述同伦不变性, 有 $\deg(g_1, \Omega, y) = \deg(g_2, \Omega, y)$. 定义的 **Brouwer 度**与满足 (4.1.14) 的 $g \in C^2(\overline{\Omega}, \mathbb{R}^n)$ 的选取无关.

定理 4.1.13　　Brouwer 度有下述性质 (只要求 f 连续):

(1) 正规性: $\deg(I, \Omega, y) = 1, \forall y \in \Omega$, 其中 I 为恒等算子;

(2) 同伦不变性: 设 $H : [0,1] \times \overline{\Omega} \to \mathbb{R}^n$ 是连续映射, 并且对任给 $t \in [0,1], x \in \partial\Omega$, 都有 $H(t,x) \neq y$, 则 $\deg(H(t,\cdot), \Omega, y)$ 关于 $t \in [0,1]$ 是常数;

(3) 区域可加性: 设 $\Omega_1, \Omega_2 \subset \Omega$ 是 $\mathbb{R}^n$ 中的有界开集, $\Omega_1 \cap \Omega_2 = \varnothing$, 并且对任给 $x \in \overline{\Omega} \backslash (\Omega_1 \cup \Omega_2)$, 都有 $f(x) \neq y$, 则必有

$$\deg(f, \Omega, y) = \deg(f, \Omega_1, y) + \deg(f, \Omega_2, y);$$

(4) 平移不变性: 若 $y \notin f(\partial\Omega)$, 则 $\deg(f, \Omega, y) = \deg(f - y, \Omega, 0)$;

(5) 可解性: 若 $\deg(f, \Omega, y) \neq 0$, 则 $f(x) = y$ 在 Ω 内必有解;

(6) 边界值性质: $\deg(f, \Omega, y)$ 只与 f 在 $\partial\Omega$ 上的值有关, 即若 $f(x) = g(x), \forall x \in \partial\Omega, f, g \in C(\overline{\Omega}, \mathbb{R}^n), y \in \mathbb{R}^n \backslash f(\partial\Omega)$, 则 $\deg(f, \Omega, y) = \deg(g, \Omega, y)$;

(7) 连通区性质: 当 y 在 $\mathbb{R}^n \backslash f(\partial\Omega)$ 的连通区变动时, $\deg(f, \Omega, y)$ 保持不变;

(8) 缺方向性质: 若存在 $y_0 \in \mathbb{R}^n, y_0 \neq 0$ 使得 $x \in \partial\Omega, \tau \geqslant 0 \Rightarrow f(x) \neq y + \tau y_0$, 则 $\deg(f, \Omega, y) = 0$;

证明 (1) 显然.

(2) 同伦不变性: 取 $\tau = \inf\{\|H(t,x) - y\|, t \in [0,1], x \in \partial\Omega\}$, 则 $\tau > 0$. 取 C^2 映射 $G : [0,1] \times \overline{\Omega} \to \mathbb{R}^n$, 满足 $\sup\{\|H(t,x) - G(t,x)\|, t \in [0,1], x \in \overline{\Omega}\} < \tau$. 显然, 对任给 $t \in [0,1]$, $x \in \partial\Omega$, 有 $G(t,x) \neq y$. 由定义 4.1.1 中的 (2) 有 $\deg(H(t, \cdot), \Omega, y) = \deg(G(t, \cdot), \Omega, y) = $ 常数, $\forall 0 \leqslant t \leqslant 1$.

(3) 区域可加性: 取 $\tau_1 = \inf\{\|f(x) - y\|, x \in \overline{\Omega} \backslash (\Omega_1 \cup \Omega_2)\}$, 则 $\tau_1 > 0$. 取 C^2 映射 $g : \overline{\Omega} \to \mathbb{R}^n$ 满足 $\sup\{\|f(x) - g(x)\|, x \in \overline{\Omega} \backslash (\Omega_1 \cup \Omega_2)\} < \tau_1$. 显然, 对任给 $x \in \overline{\Omega} \backslash (\Omega_1 \cup \Omega_2)$, 有 $g(x) \neq y$. 由定义 4.1.12 及定理 4.1.11 (3), 有

$$\deg(f, \Omega, y) = \deg(g, \Omega, y) = \deg(g, \Omega_1, y) + \deg(g, \Omega_2, y)$$
$$= \deg(f, \Omega_1, y) + \deg(f, \Omega_2, y).$$

(4) 平移不变性: 由 C^2 映射逼近证明. 同上述类似.

(5) 可解性: 反证. 假设 $f(x) = y$ 在 Ω 无解, 则 $y \notin f(\overline{\Omega})$, 从而 $2\tau_0 = \min\limits_{x \in \overline{\Omega}} \|f(x) - y\| > 0$. 取 C^2 映象 $g : \overline{\Omega} \to \mathbb{R}^n$ 使得 $\max\limits_{x \in \overline{\Omega}} \|f(x) - g(x)\| < \tau_0$, 故 $\min\limits_{x \in \overline{\Omega}} \|g(x) - y\| > \tau_0$. 在定义 4.1.1中当 $r > \tau_0$ 时, 取 $\Phi(r) = 0$. 从而有

$$\deg(f, \Omega, y) = \deg(g, \Omega, y) = \int_{\overline{\Omega}} \Phi(\|g(x) - y\|) J_g(x) dx = 0, \qquad (4.1.15)$$

与假设矛盾.

(6) 边界值性质: 令 $H(t,x) = tf(x) + (1-t)g(x), t \in [0,1], x \in \Omega$, 由同伦不变性易得到结论.

(7) 连通区性质: 设 U 是开集 $\mathbb{R}^n \backslash f(\partial\Omega)$ 的一个连通区, 则 U 是道路连通的开集. 设 $y_1, y_2 \in U$, 存在 $h \in C([0,1], U)$ 使得 $h(0) = y_1, h(1) = y_2$. 定义

$$H : [0,1] \times \overline{\Omega} \to \mathbb{R}^n : H(t,x) = f(x) - h(t).$$

当 $t \in [0,1], x \in \partial\Omega$ 时, $h([0,1]) \subset U \subset \mathbb{R}^n \backslash f(\partial\Omega)$, 从而 $h([0,1]) \cap f(\partial\Omega) = \varnothing, H(t,x) \neq \theta = (0,0,\cdots,0) \in \mathbb{R}^n$, 由同伦不变性知 $\deg(H(t,\cdot), \Omega, \theta) = $ 常数. 故

$$\deg(f, \Omega, y_1) = \deg(f - y_1, \Omega, \theta) = \deg(f - y_2, \Omega, \theta) = \deg(f, \Omega, y_2).$$

(8) 缺方向性质：反证. 若 $\deg(f, \Omega, y) \neq 0$, 取 τ_0,

$$\tau_0 > \left(\|y\| + \sup_{x \in \overline{\Omega}} \|f(x)\| \right) \cdot \|y_0\|^{-1}. \tag{4.1.16}$$

令 $H(t, x) = f(x) - t\tau_0 y_0$, 由已知条件, $H(t, x) \neq y, \forall t \in [0,1], x \in \partial\Omega$, 进一步由同伦不变性知 $\deg(f - \tau_0 y_0, \Omega, y) = \deg(f, \Omega, y) \neq 0$. 由可解性知, 存在 x_0 使得 $f(x_0) - \tau_0 y_0 = y$, 与(4.1.16)矛盾. ∎

下面研究 Brouwer 度的其他重要性质.

定理 4.1.14 (乘积公式)　设 $f_i \in C(\overline{\Omega_i}, \mathbb{R}^{n_i})$, $\Omega_i \subset \mathbb{R}^{n_i}$ 是有界开集, $y_i \notin f_i(\partial\Omega_i), i = 1, 2$, 则

$$\deg(f_1 \times f_2, \Omega_1 \times \Omega_2, (y_1, y_2)) = \deg(f_1, \Omega_1, y_1) \cdot \deg(f_2, \Omega_2, y_2).$$

证明　根据定理 4.1.6 和扰动结果 (附注 4.1.10), 我们可假设 $f_i \in C^1(\overline{\Omega_i}, \mathbb{R}^{n_i})$, y_i 是 $f_i, i = 1, 2$ 的正则值. 由于 Ω_i 是有界开集, 根据隐函数定理, $f_i^{-1}(y_i)$ 只包含有限的点, 记为

$$f_1^{-1}(y_1) = \{P_1, \cdots, P_m\}, \quad P_l \in \Omega_1, \; l = 1, \cdots, m,$$
$$f_2^{-1}(y_2) = \{Q_1, \cdots, Q_n\}, \quad Q_k \in \Omega_2, \; k = 1, \cdots, n.$$

另外, 我们设

$$f_1 = (f_{1,1}, \cdots, f_{1,n_1}), \quad f_2 = (f_{2,1}, \cdots, f_{2,n_2}),$$
$$\mathbb{R}^{n_1} \times \mathbb{R}^{n_2} = \{x = (x_1, \cdots, x_{n_1}, x_{n_1+1}, \cdots, x_{n_1+n_2}) \,|\, x_i \in \mathbb{R}, i = 1, \cdots, n_1 + n_2\}.$$

由于 y_1 是 f_1 的正则值, 我们知道 $J_{f_1}(P_l) \neq 0, l = 1, \cdots, m$, 其中 J_{f_1} 是 f_1 在 $x \in \mathbb{R}^{n_1}$ 的 Jacobi 行列式, 即

$$J_{f_1}(x) = \begin{vmatrix} \dfrac{\partial f_{1,1}}{\partial x_1} & \cdots & \dfrac{\partial f_{1,1}}{\partial x_{n_1}} \\ \vdots & & \vdots \\ \dfrac{\partial f_{1,n_1}}{\partial x_1} & \cdots & \dfrac{\partial f_{1,n_1}}{\partial x_{n_1}} \end{vmatrix}.$$

类似地, 有 $J_{f_2}(Q_k) \neq 0, k = 1, \cdots, n$, 其中 J_{f_2} 是 f_2 在 $x \in \mathbb{R}^{n_2}$ 的 Jacobi 行列式, 即

$$J_{f_2}(x) = \begin{vmatrix} \dfrac{\partial f_{2,1}}{\partial x_{n_1+1}} & \cdots & \dfrac{\partial f_{2,1}}{\partial x_{n_1+n_2}} \\ \vdots & & \vdots \\ \dfrac{\partial f_{2,n_2}}{\partial x_{n_1+1}} & \cdots & \dfrac{\partial f_{2,n_2}}{\partial x_{n_1+n_2}} \end{vmatrix}.$$

对于乘积映射 $f_1 \times f_2$, 我们有

$$(f_1 \times f_2)^{-1}((y_1, y_2)) = \{(P_l, Q_k) : l = 1, \cdots, m, k = 1, \cdots, n\}.$$

注意 $f_1 \times f_2$ 在 $x \in \mathbb{R}^{n_1} \times \mathbb{R}^{n_2}$ 的 Jacobi 行列式为

$$J_{f_1 \times f_2}(x) = \begin{vmatrix} \dfrac{\partial f_{1,1}}{\partial x_1} & \cdots & \dfrac{\partial f_{1,1}}{\partial x_{n_1}} & 0 & \cdots & 0 \\ \vdots & & \vdots & \vdots & & \vdots \\ \dfrac{\partial f_{1,n_1}}{\partial x_1} & \cdots & \dfrac{\partial f_{1,n_1}}{\partial x_{n_1}} & 0 & \cdots & 0 \\ 0 & \cdots & 0 & \dfrac{\partial f_{2,1}}{\partial x_{n_1+1}} & \cdots & \dfrac{\partial f_{2,1}}{\partial x_{n_1+n_2}} \\ \vdots & & \vdots & \vdots & & \vdots \\ 0 & \cdots & 0 & \dfrac{\partial f_{2,n_2}}{\partial x_{n_1+1}} & \cdots & \dfrac{\partial f_{2,n_2}}{\partial x_{n_1+n_2}} \end{vmatrix},$$

我们得

$$J_{f_1 \times f_2}((P_l, Q_k)) = J_{f_1}(P_l) \cdot J_{f_2}(Q_k).$$

而且, 从上式知 (y_1, y_2) 是 $f_1 \times f_2$ 的正则值.

最后, 由 Brouwer 度的定义, 我们得

$$\begin{aligned} \deg(f_1 \times f_2, \Omega_1 \times \Omega_2, (y_1, y_2)) &= \sum_{x \in (f_1 \times f_2)^{-1}((y_1, y_2))} \operatorname{sgn} J_{f_1 \times f_2}(x) \\ &= \sum_{l=1}^m \sum_{k=1}^n \operatorname{sgn} J_{f_1 \times f_2}((P_l, Q_k)) \\ &= \sum_{l=1}^m \sum_{k=1}^n \operatorname{sgn}[J_{f_1}(P_l) \cdot J_{f_2}(Q_k)] \\ &= \sum_{l=1}^m \sum_{k=1}^n \operatorname{sgn} J_{f_1}(P_l) \cdot \operatorname{sgn} J_{f_2}(Q_k) \\ &= \sum_{l=1}^m \operatorname{sgn} J_{f_1}(P_l) \cdot \sum_{k=1}^n \operatorname{sgn} J_{f_2}(Q_k) \\ &= \deg(f_1, \Omega_1, y_1) \cdot \deg(f_2, \Omega_2, y_2). \end{aligned}$$

附注 4.1.15 定理 4.1.14 由张志涛和罗海军给出, 一般流形意义下 Brouwer 度乘积公式见 [111, 命题 1.4.7].

定理 4.1.16 (简化定理)　设 Ω 是 $\mathbb{R}^n$ 中的有界开集, $\mathbb{R}^m$ 是 $\mathbb{R}^n$ 的线性子空间 $(m<n)$, $F:\Omega\to\mathbb{R}^m$ 连续. 令 $f(x)=x-F(x)$, g 表示 f 在 $\mathbb{R}^m\cap\overline{\Omega}$ 上的限制, $y\in\mathbb{R}^m\backslash f(\partial\Omega)$. 下列公式化 $\mathbb{R}^n$ 中的 Brouwer 度为 $\mathbb{R}^m$ 中的 Brouwer 度:

$$\deg_n(f,\Omega,y)=\deg_m(g,\mathbb{R}^m\cap\Omega,y). \tag{4.1.17}$$

$\deg_n,\deg_m$ 分别表示 $\mathbb{R}^n$ 和 $\mathbb{R}^m$ 中的拓扑度.

证明　若 $\mathbb{R}^m\cap\Omega=\varnothing$, 则 (4.1.17) 式右端为 0. 这时, 如果存在 $x_0\in\Omega$, 满足 $f(x_0)=y$, 则 $x_0=y+F(x_0)\in\mathbb{R}^m$, 此与 $\mathbb{R}^m\cap\Omega=\varnothing$ 矛盾, 因此 $y\notin f(\overline{\Omega})$. 故 (4.1.17) 式左端也为 0.

对 $\mathbb{R}^m\cap\Omega\neq\varnothing$ 的情形, 先设 F 是 C^2 映射, $y\notin f(K_f)$, 于是 $f\in C^2$. 由定理 4.1.5, 有

$$\deg_n(f,\Omega,y)=\sum_{i=1}^s\operatorname{sgn}J_f(x_i). \tag{4.1.18}$$

这里 $x_i(i=1,\cdots,s)$ 是 $f(x)=y$ 在 Ω 中的全部解. 由于 $x_i=y+F(x_i)\in\mathbb{R}^m$, 故 $x_i\in\mathbb{R}^m\cap\Omega(i=1,\cdots,s)$. 显然, 当 $x\in\mathbb{R}^m\cap\Omega$ 时, 有 $J_f(x)=J_g(x)$, 故 $y\notin g(K_g)$. 这里 $K_g=\{x|x\in\mathbb{R}^m\cap\Omega,J_g(x)=0\}$. 于是, 由定理 4.1.5 知

$$\deg_m(g,\mathbb{R}^m\cap\Omega,y)=\sum_{i=1}^s\operatorname{sgn}J_g(x_i). \tag{4.1.19}$$

由 (4.1.18),(4.1.19) 及 $J_f(x_i)=J_g(x_i)(i=1,\cdots,s)$ 知, (4.1.17) 成立.

现考虑 F 是连续映射. 令 $\tau=\inf\limits_{x\in\partial\Omega}\|f(x)-y\|$, 则 $\tau>0$. 取 C^2 映射 $F_0:\overline{\Omega}\to\mathbb{R}^m$, 使 $\max\limits_{x\in\overline{\Omega}}\|F(x)-F_0(x)\|<\tau$, 并且根据定理 4.1.6, 可以取 F_0, 使其还满足 $y\notin f_0(K_{f_0})$. 这里 $f_0(x)=x-F_0(x)$. 用 g_0 表示 f_0 在 $\mathbb{R}^m\cap\overline{\Omega}$ 上的限制, 于是由定义 4.1.12, 有

$$\deg_n(f,\Omega,y)=\deg_n(f_0,\Omega,y),$$
$$\deg_m(g,\mathbb{R}^m\cap\Omega,y)=\deg_m(g_0,\mathbb{R}^m\cap\Omega,y).$$

由上一段已经证明的结果知

$$\deg_n(f_0,\Omega,y)=\deg_m(g_0,\mathbb{R}^m\cap\Omega,y). \qquad\blacksquare$$

定理 4.1.17 (锐角原理)　设 Ω 是 $\mathbb{R}^n$ 中的有界开集, $\theta\in\Omega$. 设 $f:\bar\Omega\to\mathbb{R}^n$ 连续, 并且当 $x\in\partial\Omega$ 时, 恒有 $(f(x),x)\geqslant 0$, 则方程 $f(x)=\theta$ 在 $\bar\Omega$ 中必有解.

证明　可设 $f(x)\neq\theta,\forall x\in\partial\Omega$(否则, 定理已获证). 令 $h_t(x)=(1-t)x+tf(x),\forall x\in\bar\Omega,0\leqslant t\leqslant 1$. 于是

$$\|h_t(x)\|^2 = (h_t(x), h_t(x)) = (1-t)^2\|x\|^2 + 2t(1-t)(f(x), x) + t^2\|f(x)\|^2.$$

根据假设知, 当 $x \in \partial\Omega$, $0 \leqslant t \leqslant 1$ 时, 有 $\|h_t(x)\|^2 > 0$, 从而 $\theta \notin h_t(\partial\Omega)$, $0 \leqslant t \leqslant 1$. 于是, 根据 Brouwer 度的同伦不变性与正规性, 得

$$\deg(f, \Omega, \theta) = \deg(h_1, \Omega, \theta) = \deg(h_0, \Omega, \theta) = \deg(I, \Omega, \theta) = 1.$$

由此可知, 存在 $x_0 \in \Omega$, 使 $f(x_0) = \theta$. ∎

附注 4.1.18 条件 $(f(x), x) \geqslant 0 (\forall x \in \partial\Omega)$ 表示向量 x 与 $f(x)$ 的夹角 α 是锐角 $(0 \leqslant \alpha \leqslant 90°)$, 故称为锐角原理. 如图 4.1 所示.

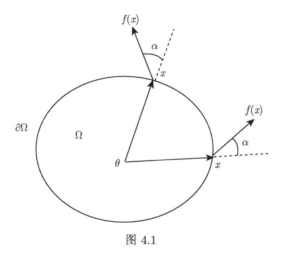

图 4.1

定理 4.1.19 设 Ω 是 $\mathbb{R}^n$ 中的有界开集, $\theta \in \Omega$. 设 $F: \bar{\Omega} \to \mathbb{R}^n$ 连续, 并且当 $x \in \partial\Omega$ 时, 恒有

$$(F(x), x) \leqslant \|x\|^2, \tag{4.1.20}$$

那么 F 在 $\bar{\Omega}$ 内必具有不动点.

证明 令 $f = I - F$, 则当 $x \in \partial\Omega$ 时, $(f(x), x) = (x, x) - (F(x), x) \geqslant 0$, 于是, 根据锐角原理知, 存在 $x_0 \in \bar{\Omega}$, 使得 $f(x_0) = \theta$, 即 $F(x_0) = x_0$. ∎

附注 4.1.20 将条件 (4.1.20) 换为

$$\|F(x)\| \leqslant \|x\|, \quad \forall x \in \partial\Omega, \tag{4.1.21}$$

则定理 4.1.19 的结论仍成立.

事实上, 从 (4.1.21) 式可推出 (4.1.20) 式:

$$(F(x), x) \leqslant \|F(x)\| \cdot \|x\| \leqslant \|x\|^2, \quad \forall x \in \partial\Omega.$$

设 B 表示 $\mathbb{R}^n$ 中以 0 为心的闭单位球.

定理 4.1.21　设 $A : B \to \mathbb{R}^n$, 满足 $\forall x \in \partial B$, $A(x)$ 不在其对径点方向, 即

$$A(x) + \lambda x \neq 0, \quad \forall \lambda \geqslant 0, \quad \forall x \in \partial B,$$

则 $Ax = 0$ 在 B 内有解.

证明　由假设, $A(x) \neq 0$ 在 ∂B 上. 于是 $\deg(A, B, 0)$ 有定义. 令

$$A_t(x) = tA(x) + (1-t)x, \quad 0 \leqslant t \leqslant 1,$$

由假设, $A_t(x) \neq 0, \forall x \in \partial B$. 因此

$$\deg(A, B, 0) = \deg(A_t, B, 0) = \deg(I, B, 0) = 1. \qquad \blacksquare$$

附注 4.1.22　若 $A(x) \neq \lambda x, \forall \lambda \geqslant 0$, 上述结论对 $-A(x)$ 成立.

定理 4.1.23 (Brouwer 不动点定理)　设 $f : B \to \mathbb{R}^n, f \in C(B), f(\partial B) \subset B$, 则 f 在 B 中有不动点.

证明　令 $\Phi(x) = x - f(x)$. 在 ∂B 上可设 $\Phi(x) \neq 0$, 否则已证. 于是 $\forall x \in \partial B, \Phi(x)$ 不在其对径点方向. 事实上, 如果对某个 $\lambda \geqslant 0$,

$$x - f(x) + \lambda x = 0,$$

则有 $f(x) = (1+\lambda)x$. 由 $\lambda > 0$ 和 $\|f(x)\| \leqslant 1$ 知上式不可能成立. 若 $\lambda = 0$, $f(x) = x$ 在 ∂B 上, 不需考虑. 于是由定理 4.1.21, $f(x) - x = 0$ 在 B 内有解.　$\blacksquare$

Brouwer 不动点定理还有下述形式: 连续映射从 $\mathbb{R}^n$ 中的有界闭凸集到自身有不动点.

定理 4.1.24 (Brouwer)　设 D 是 $\mathbb{R}^n$ 中的有界闭凸集, $F : D \to D$ 连续, 则 F 在 D 上必有不动点.

证明　取球 $B_R = \{x | x \in \mathbb{R}^n, \|x\| < R\}$ 使得 $B_R \supset D$, 由定理 1.6.7, 将 F 连续延拓为: $\tilde{F} : \overline{B}_R \to D$, 显然定理 4.1.21、定理 4.1.23 对 B_R 成立, 故 $\tilde{F}$ 在 D 上必有不动点, 进而 F 在 D 上必有不动点.　$\blacksquare$

附注 4.1.25　形象地理解 Brouwer 不动点定理: 当 $n = 3$ 时, 给定一杯 (凸的) 热咖啡, 在平静的液面下, 数以万亿计的液体分子在进行着无规则热运动 (Brown 运动), 固定一时刻, 在之后任意时刻总有一个分子的位置与它在固定时刻的位置重合 (中间时刻它可能偏离原位, 但总有一个回到或保持原位).

附注 4.1.26　Brouwer 不动点定理还可以证明经济学中纳什均衡的存在性. 纳什 (John Nash, 1928—2015), 1950 年在美国普林斯顿高等研究院获得博士学位, 1994 年获诺贝尔经济学奖, 2015 年获 Abelian 奖. 纳什均衡是指博弈中这样

的局面: 对于每个参与者来说, 只要其他人不改变策略, 他就无法改善自己的状况. 1950 年, 22 岁的纳什以 "非合作博弈" (non-cooperative games) 为题的 27 页博士学位论文, 证明了在每个参与者都只有有限种策略选择并允许混合策略的前提下, 纳什均衡存在. "纳什均衡" 的博弈理论奠定了数十年后他获得诺贝尔经济学奖的基础. 以两家公司的价格大战为例, 价格大战存在着两败俱伤的可能, 在对方不改变价格的条件下既不能提价, 否则会进一步丧失市场, 也不能降价, 因为会出现赔本甩卖. 于是两家公司可以改变原先的利益格局, 通过谈判寻求新的利益评估分摊方案. 相互作用的经济主体假定其他主体所选择的战略为既定时, 选择自己的最优战略的状态, 也就是纳什均衡.

Brouwer 度的其他应用.

定理 4.1.27 设 $f : \mathbb{R}^n \to \mathbb{R}^n$ 连续, 使

$$\frac{(f(x), x)}{\|x\|} \to +\infty$$

当 $\|x\| \to \infty$ 时一致成立, 则 f 是满射, 即对每个 $y \in \mathbb{R}^n$, 方程

$$f(x) = y$$

有解.

证明 不妨设 $y = 0$. 否则考虑 $f(x) - y$, 它还是满足定理条件. 对某个 $R > 0$, 当 $\|x\| = R$ 时, 我们有

$$(f(x), x) \geqslant 0.$$

假设 $f(x) \neq 0$ 对 $\|x\| = R$ 成立, 否则已证. 于是由 $(f(x), x) \geqslant 0$ 推出 $f(x)$ 对 $\|x\| = R$ 不在 x 的对径点方向, 即

$$f(x) + \lambda x \neq 0, \quad \forall \lambda \geqslant 0, \quad \|x\| = R.$$

由定理 4.1.21 立得. ∎

对奇映射 $\Psi(x) = -\Psi(-x)$, 我们有下述的结论.

引理 4.1.28 设 Ω 是一个 $\mathbb{R}^n$ 中的有界开集, 关于原点对称, $0 \notin \overline{\Omega}$, $\Psi \overline{\Omega} \to \mathbb{R}^n$ 连续, $\Psi : \partial\Omega \to \mathbb{R}^n \backslash \{0\}$ 是奇映射, 则 $\deg(\Psi, \Omega, 0)$ 是偶数.

欲证引理 4.1.28, 只需考虑对任给 $\varepsilon > 0$, 存在一个 C^2 奇映射 $\Phi : \Omega \to \mathbb{R}^n$, 在 $\overline{\Omega}$ 上连续, 在 $\partial\Omega$ 上 $\|\Phi - \Psi\| < \varepsilon$, 使 0 在 $\mathbb{R}^n$ 上是 Φ 的正则值, 即 $0 \in \Phi((\mathbb{R}^n) \backslash K_\Phi)$.

上述事实可由下述定理 (定理 2.3.10 的有限维情形) 推出.

定理 4.1.29 (横截性定理) 设 Ω 和 Λ 分别是 $\mathbb{R}^n$ 和 $\mathbb{R}^k$ 中的开集, 设 F 是从 $\Omega \times \Lambda$ 到 $\mathbb{R}^m$ 的光滑映射, 设 0 是 F 的正则值, 即对任意点 $(x_0, \lambda_0) \in \Omega \times \Lambda$, 使

$$F(x_0, \lambda_0) = 0,$$

其全导数 $(\delta_x, \delta_\lambda) \to F_x(x_0, \lambda_0)\delta_x + F_\lambda(x_0, \lambda_0)\delta_\lambda$ 是从 $\mathbb{R}^n \times \mathbb{R}^k$ 到 $\mathbb{R}^m$ 的满射, 则集合

$$\Sigma = \{\lambda \in \Lambda | 0 是映射 u \to F(u, \lambda) 的正则值\}$$

在 Λ 中是稠的.

引理 4.1.28 的证明　我们可用光滑奇映射逼近 Φ, 因此不妨假设 Φ 光滑. 设 $\Lambda = \mathbb{R}^{n^2} =$ 所有 $n \times n$ 矩阵 A 构成的空间.

在 $\Omega \times \Lambda$ 和 $Y = \mathbb{R}^n$ 上对映射

$$F(x, A) = \Phi(x) + Ax, \quad x \in \Omega, \quad A \in \Lambda$$

应用横截性定理. 往证对某些固定的、任意小的矩阵 A, 0 是 $F(\cdot, A)$ 的正则值. 由横截性定理, 只需证明 0 是 F 的正则值.

事实上, 如果 $F(x, A) = 0$, 只需证对任何 $y \in \mathbb{R}^n$, 线性方程

$$\Phi'(x)\delta_x + A\delta_x + (\delta_A)x = y, \quad \forall \delta_x \in \mathbb{R}^n, \quad \delta_A \in \Lambda$$

是可解的. 取 $\delta_x = 0$, 由于 $x \neq 0 (0 \notin \overline{\Omega})$, 可选 δ_A, 使 $(\delta_A)x = y$. ∎

定理 4.1.30 (Borsuk)　设 Ω 是 $\mathbb{R}^n$ 中的有界开集, 关于原点对称, $0 \in \Omega$. 设 $\Psi : \overline{\Omega} \to \mathbb{R}^n$ 连续, $\Psi : \partial\Omega \to \mathbb{R}^n \backslash \{0\}$ 是奇映射, 则 $\deg(\Psi, \Omega, 0)$ 是奇数.

证明　对充分小的 $\varepsilon > 0$, $B_\varepsilon = \{x : \|x\| \leqslant \varepsilon\} \cap \partial\Omega = \varnothing$, 设 Φ 是 $\Psi|_{\partial\Omega}$ 在 Ω 内的任意延拓, 使之在 B_ε 上是恒同映射, 则

$$\deg(\Psi, \Omega, 0) = \deg(\Phi, \Omega, 0) \xlongequal{可加性} \deg(\Phi, \Omega \backslash B_\varepsilon, 0) + \deg(\Phi, \mathring{B}_\varepsilon, 0).$$

再由引理 4.1.28 知 $\deg(\Phi, \Omega \backslash B_\varepsilon, 0)$ 是偶的, 而 $\deg(\Phi, \mathring{B}_\varepsilon, 0) = 1$. 定理获证. ∎

Borsuk 定理有很多重要应用. 下面总假定 Ω 是 $\mathbb{R}^n$ 中关于原点对称的有界开集, $0 \in \Omega$.

定理 4.1.31　(1) 设 $\Psi : \partial\Omega \to \mathbb{R}^k \subset \mathbb{R}^n, k < n$ 是连续奇映射, 则存在 $x \in \partial\Omega$ 使得 $\Psi(x) = 0$.

(2) 设 $\Psi : \partial\Omega \to \mathbb{R}^k \subset \mathbb{R}^n, k < n$ 是任意连续映射, 则存在点 $x \in \partial\Omega$, 使 $\Psi(x) = \Psi(-x)$.

证明　(1) 设 $\Psi(x) \neq 0$, 对 $x \in \partial\Omega$. 设 Φ 是 Ψ 作为到 $\mathbb{R}^n$ 的映射在 $\overline{\Omega}$ 上的连续延拓, 则由 Borsuk 定理得 $\deg(\Phi, \Omega, 0)$ 是奇的, 但如果 $y_0 \in \mathbb{R}^n$, $y_0 \notin \mathbb{R}^k$ 且 y_0 充分靠近原点, 我们有

$$\deg(\Phi, \Omega, y_0) = \deg(\Phi, \Omega, 0) = 0.$$

与 $\deg(\Phi, \Omega, 0) \neq 0$ 矛盾.

(2) 只需应用 (1) 于 $\Psi(x) - \Psi(-x)$ 即可得证. ∎

定理 4.1.32 $\Omega \subset \mathbb{R}^n$ 如前述, 设 $\partial\Omega$ 被 n 个闭集 $A_1, \cdots, A_n$ 覆盖, 则它们之中有一个包含了一对对径点 x 和 $-x$.

证明 如不然, 则 $\bigcap\limits_{i=1}^{n} A_i$ 是空的. 对 $x \in \partial\Omega$, 令

$$d_i(x) = \{x \text{ 到 } A_i \text{ 的距离}\},$$

则 $d(x) = \sum\limits_{i=1}^{n} d_i(x) > 0$. 考虑映射: 从 $\partial\Omega \to \mathbb{R}^{n-1} \subset \mathbb{R}^n$:

$$f(x) = \left(\frac{d_1(x)}{d(x)}, \cdots, \frac{d_{n-1}(x)}{d(x)} \right).$$

由定理 4.1.31(2) 知, 存在 $x_0 \in \partial\Omega$, 使 $f(x_0) = f(-x_0)$, x_0 属于某个 $A_j, j \leqslant n$.

设 x_0 属于某个 $A_i, i < n$, 则 $d_i(x_0) = 0$. 因为 $f(x_0) = f(-x_0)$, $d_i(-x_0) = 0$, 于是 $x_0, -x_0$ 属于 A_i.

若 $x_0 \notin A_i$, $i = 1, \cdots, n-1$, 则 $d_i(x_0) > 0$, $i = 1, \cdots, n-1$. 因此 $d_i(-x_0) > 0$, $i = 1, \cdots, n-1$. 于是 x_0 和 $-x_0$ 属于 A_n. ∎

定理 4.1.33 (三明治问题) 设 A_1, A_2, A_3 是 $\mathbb{R}^3$ 中三个体积有限的可测集, 则存在一个平面 Π 把它们同时等分 (A_1, A_2, A_3 分别表示面包、火腿、奶酪).

证明 设 $x \in S^2$ 是 $\mathbb{R}^3$ 中的任意单位向量, 如果我们让平面垂直于 x 方向, 从 $-\infty$ 开始移动, 有一个平面最先把 A_3 等分, 还有最后一个具有此性质的平面. 令 $\Pi(x)$ 表示这些垂直于 x 的平面中最中间的一个, $\Pi(x) = \{y \in \mathbb{R}^3 | y \cdot x = c(x)\}$, 立刻知 $c(x)$ 是 S^2 上的连续函数. 令

$$v_i(x) = \text{ meas } \{y \in A_i | y \cdot x > c(x)\}, \quad i = 1, 2.$$

由 $\Pi(x)$ 的定义, 知

$$v_i(x) + v_i(-x) = \text{vol } A_i, \quad i = 1, 2.$$

映射 $x \to (v_1(x), v_2(x))$ 是 S^2 到 $\mathbb{R}^2$ 的连续映射. 由定理 4.1.31(2), 存在 $x_0 \in S^2$, 使

$$v_j(x_0) = v_j(-x_0), \quad j = 1, 2.$$

$\Pi(x_0)$ 即为所求平面. ∎

Brouwer 度还有许多重要性质, 如复合映射的 Leray 乘积公式等. Brouwer 度还是环绕数、覆盖数, 参考文献可见 [44], [111] 等.

4.2 Leray-Schauder 度

讨论非线性微分方程的解的存在性都是在无穷维空间, 因此把拓扑度推广到无穷维空间十分重要. 但对于一般的实 Banach 空间, 我们不能对所有的连续映象都定义拓扑度, 只能针对性质较好的全连续映象定义拓扑度. 设 E 是实 Banach 空间, Ω 是 E 中的有界开集. $I : E \to E$ 是恒等算子, $A : \overline{\Omega} \to E$ 是全连续算子, $f = I - A$.

引理 4.2.1 设 Ω 是 E 中的有界开集, $A : \overline{\Omega} \to E$ 全连续, $f = I - A$. 若 $y \in E \backslash f(\partial\Omega)$, 则 $\tau = \inf\limits_{x \in \partial\Omega} \|f(x) - y\| > 0$.

证明 如果 $\tau = 0$, 则存在 $x_n \in \partial\Omega(n = 1, 2, \cdots)$, 使得

$$\|x_n - Ax_n - y\| \to 0, \quad n \to \infty. \tag{4.2.1}$$

由于 A 全连续, 所以 Ax_n 必有收敛子列 $\{Ax_{n_j}\}$ 收敛于某 $z_0 \in E$. 由 (4.2.1) 知, $x_{n_j} \to x_0 := z_0 + y$. 由于 $\partial\Omega$ 是闭集, 因此 $x_0 \in \partial\Omega$. 再由 (4.2.1) 及 A 的连续性得 $x_0 - Ax_0 - y = 0$, 即 $y = f(x_0) \in f(\partial\Omega)$, 与条件矛盾. ∎

下面给出 $f = I - A$ 的 Leray-Schauder 度的定义.

定义 4.2.2 设 E 是实 Banach 空间, Ω 是 E 中的有界开集, $A : \overline{\Omega} \to E$ 全连续, $f = I - A$, $y \in E \backslash f(\partial\Omega)$, 由引理 4.2.1 知, $\tau = \inf\limits_{x \in \partial\Omega} \|f(x) - y\| > 0$. 由定理 1.6.3 可取 E 的有限维线性子空间 E_1 和有界连续算子 $A_1 : \overline{\Omega} \to E_1$, 使得 $y \in E_1$, 并且 $\|Ax - A_1x\| < \tau, \forall x \in \overline{\Omega}$. 令 $\Omega_1 = E_1 \cap \Omega$, $f_1(x) = x - A_1x$. 则 $f_1 : \overline{\Omega}_1 \to E_1$ 连续, 并且 $y \in E_1 \backslash f_1(\partial\Omega_1)$. 所以 Brouwer 度 $\deg(f_1, \Omega_1, y)$ 有意义. 我们定义

$$\deg(f, \Omega, y) = \deg(f_1, \Omega_1, y), \tag{4.2.2}$$

称 $\deg(f, \Omega, y)$ 为全连续场 f 在 Ω 上关于 y 的 **Leray-Schauder 度**.

下面证明上述定义是合理的.

由定理 1.6.3 知, 全连续算子可以用有限维连续有界算子一致逼近. 因此, 定义 4.2.2 中的有限维子空间 E_1 和连续有界算子 A_1 都存在. 下证定义 4.2.2 中的 $\deg(f, \Omega, y)$ 与 E_1 和 A_1 的选取无关.

先证对 E_1 固定时, $\deg(f_1, \Omega_1, y)$ 与 A_1 的选取无关. 事实上, 若 $B_1 : \overline{\Omega} \to E_1$ 也是有界连续的, 并满足 $\|Ax - B_1x\| < \tau, \forall x \in \overline{\Omega}$, 令 $g_1(x) = x - B_1(x)$, $H(t, x) = tf_1(x) + (1-t)g_1(x)$, 于是, 当 $0 \leqslant t \leqslant 1, x \in \partial\Omega$ 时, 有

$$\|H(t, x) - y\| \geqslant \|f(x) - y\| - t\|Ax - A_1x\| - (1-t)\|Ax - B_1x\| > 0.$$

由 Brouwer 度的同伦不变性知, $\deg(g_1, \Omega_1, y) = \deg(f_1, \Omega_1, y)$.

再证 $\deg(f_1, \Omega, y)$ 与 E_1 的选取无关. 另取 E 的有限维线性子空间 $E_2(y \in E_2)$ 及 $A_2 : \overline{\Omega} \to E_2$, 使得 $\|Ax - A_2 x\| < \tau, \forall x \in \overline{\Omega}$. 令 $f_2 = I - A_2$. 往证

$$\deg_2(f_2, \Omega_2, y) = \deg_1(f_1, \Omega_1, y). \tag{4.2.3}$$

这里 $\deg_1(f_1, \Omega_1, y)$ 和 $\deg_2(f_2, \Omega_2, y)$ 分别表示 E_1 和 E_2 空间中的拓扑度. 用 E_3 表 E_1 和 E_2 的线性和, E_3 也是 E 的有限维子空间, 且有 $E_1 \subset E_3, E_2 \subset E_3$. 令 $\Omega_3 = E_3 \cap \Omega$, 则可把 A_1 看作 $\overline{\Omega}_3$ 映入 E_3 的算子. 由简化定理知

$$\deg_3(f_1, \Omega_3, y) = \deg_1(f_1, \Omega_1, y), \quad \deg_3(f_2, \Omega_3, y) = \deg_2(f_2, \Omega_2, y).$$

根据上段证明, 又有 $\deg_3(f_1, \Omega_3, y) = \deg_3(f_2, \Omega_3, y)$. 于是 (4.2.3) 成立.

故定义 4.2.2 合理.

下面讨论 Leray-Schauder 度的主要性质.

定理 4.2.3 Leray-Schauder 度有下述基本性质:

(1) 正规性: 若 $y \in \Omega$, 则 $\deg(I, \Omega, y) = 1$.

(2) 同伦不变性: 设 $H : [0,1] \times \overline{\Omega} \to E$ 全连续, $h(t, x) = x - H(t, x)$, 并且对任给 $t \in [0,1], x \in \partial\Omega$, 有 $h(t, x) \neq y$, 则

$$\deg(h(t, \cdot), \Omega, y) = 常数, \quad \forall t \in [0,1].$$

(3) 区域可加性: 设 $\Omega_1, \Omega_2 \subset \Omega$ 都是 E 中的有界开集, $\Omega_1 \cap \Omega_2 = \varnothing$, 并且对任给 $x \in \overline{\Omega} \setminus (\Omega_1 \cup \Omega_2)$, 都有 $f(x) \neq y$, 则

$$\deg(f, \Omega, y) = \deg(f, \Omega_1, y) + \deg(f, \Omega_2, y).$$

(4) 平移不变性: $\deg(f, \Omega, y) = \deg(f - y, \Omega, 0)$.

证明 证明类似于定理 4.1.13, 那里是用 C^2 映射一致逼近连续映射, 这里是用有限维有界连续算子一致逼近全连续算子. ∎

定理 4.2.4 Leray-Schauder 度还有下述重要性质:

(1) 可解性: 若 $\deg(f, \Omega, y) \neq 0$, 则方程 $f(x) = y$ 在 Ω 中必定有解. 于是, 若 $\deg(I - A, \Omega, 0) \neq 0$, 则 A 在 Ω 中至少有一个不动点.

(2) 切除性: 设 $\Omega_1 \subset \Omega$ 是 E 中的有界开集, 并且对任给 $x \in \overline{\Omega} \setminus \Omega_1$, 都有 $f(x) \neq y$, 则

$$\deg(f, \Omega, y) = \deg(f, \Omega_1, y).$$

(3) 小扰动不变性: 如果 $A : \overline{\Omega} \to E$ 是全连续的, $f = I - A$, 并且 $\deg(f, \Omega, y)$ 有定义, 则存在 $\varepsilon > 0$, 使得只要 $B : \overline{\Omega} \to E$ 全连续,

$$\|Ax - Bx\| < \varepsilon, \quad \forall x \in \partial\Omega, \tag{4.2.4}$$

就有 $\deg(g,\Omega,y)=\deg(f,\Omega,y)$, 这里 $g=I-B$.

(4) 边界性质: 设 $A,B:\overline{\Omega}\to E$ 都是全连续算子, $f=I-A,g=I-B,Ax=Bx,\forall x\in\partial\Omega$, 并且 $y\in E\backslash f(\partial\Omega)$, 则必有

$$\deg(f,\Omega,y)=\deg(g,\Omega,y).$$

(5) 连通区性质: 若 y_1,y_2 属于 $E\backslash f(\partial\Omega)$ 的同一连通分支, 则必有

$$\deg(f,\Omega,y_1)=\deg(f,\Omega,y_2).$$

(6) 无界连通区性质: 若 y 属于 $E\backslash f(\partial\Omega)$ 的无界连通分支, 则必有 $\deg(f,\Omega,y)=0$.

(7) 缺方向性质: 若存在 $y_0\in E\backslash\{0\}$, 使得

$$f(x)\neq y+ty_0,\quad \forall x\in\partial\Omega,\quad t\geqslant 0,\tag{4.2.5}$$

则必有 $\deg(f,\Omega,y)=0$.

证明　(1) 在定理 4.2.3 中的区域可加性中, 令 $\Omega_1=\Omega,\Omega_2=\varnothing$, 则对空集而言, 我们有 $\deg(f,\varnothing,y)=0$. 如果方程 $f(x)=y$ 在 Ω 中无解, 由于 $\deg(f,\Omega,y)$ 有定义, 所以 $f(x)=y$ 在 $\overline{\Omega}$ 中无解. 于是在区域可加性中, 令 $\Omega_1=\Omega_2=\varnothing$, 对任给 $x\in\overline{\Omega}\backslash(\Omega_1\cup\Omega_2)$, 都有 $f(x)\neq y$, 即得 $\deg(f,\Omega,y)=\deg(f,\Omega_1,y)+\deg(f,\Omega_2,y)=0$. 与假设条件矛盾.

(2) 在区域可加性中, 令 $\Omega_2=\varnothing$, 得切除性.

(3) 由于 $y\in E\backslash f(\partial\Omega)$, 于是 $\varepsilon=\inf\limits_{x\in\partial\Omega}\|f(x)-y\|>0$. 设 $B:\overline{\Omega}\to E$ 全连续, 并满足 (4.2.4). 定义 $H:[0,1]\times\overline{\Omega}\to E$ 如下:

$$H(x,t)=(1-t)Ax+tBx,\quad \forall t\in[0,1],\quad x\in\overline{\Omega}.$$

则 $H:[0,1]\times\overline{\Omega}\to E$ 全连续. 由 (4.2.4), 易证 $x-H(t,x)\neq y,\forall t\in[0,1],x\in\partial\Omega$. 从而根据同伦不变性, 得到

$$\deg(f,\Omega,y)=\deg(I-H(0,\cdot),\Omega,y)=\deg(I-H(1,\cdot),\Omega,y)=\deg(g,\Omega,y).$$

(4) 定义 $H(t,x)$ 如 (3) 的证明. 则由条件易知, $x-H(t,x)\neq y,\forall t\in[0,1],x\in\partial\Omega$. 从而由同伦不变性得到.

(5) 设 $\mathcal{O}$ 是 $E\backslash f(\partial\Omega)$ 中包含 y_1,y_2 的连通分支. 由于 E 是 Banach 空间, $\mathcal{O}$ 是道路连通的. 取 $\mathcal{O}$ 中道路 $h:[0,1]\to\mathcal{O}$, 连接 y_1,y_2, 使得 $h(0)=y_1,h(1)=y_2$. 定义 $H:[0,1]\times\overline{\Omega}\to E$ 如下: $H(t,x)=Ax+h(t),\forall t\in[0,1],x\in\overline{\Omega}$. 则

$H:[0,1] \times \overline{\Omega} \to E$ 全连续. 注意到 $h([0,1]) \subset \mathcal{O} \subset E \backslash f(\partial\Omega)$, 所以 $x - H(t,x) \neq 0, \forall t \in [0,1], x \in \partial\Omega$. 因此, 由同伦不变性与平移不变性, 得到

$$\deg(f, \Omega, y_1) = \deg(f - y_1, \Omega, 0) = \deg(f - H(0, \cdot), \Omega, 0)$$
$$= \deg(I - H(1, \cdot), \Omega, 0) = \deg(f - y_2, \Omega, 0) = \deg(f, \Omega, y_2).$$

(6) 用反证法, 设 $\deg(f, \Omega, y) \neq 0$. 取 $\mathcal{O}$ 是 $E \backslash f(\partial\Omega)$ 含 y 的无界连通分支, 则存在 $y_1 \in \mathcal{O}$, 使得 $\|y_1\| > \sup\{\|f(x)\| \mid x \in \overline{\Omega}\}$. 由连通性知, $\deg(f, \Omega, y_1) = \deg(f, \Omega, y) \neq 0$. 所以由可解性知 $f(x) = y_1$ 在 Ω 中有解. 这与 y_1 的取法矛盾.

(7) 取 $\mathcal{O}$ 是 $E \backslash f(\partial\Omega)$ 中包含 y 的连通分支. 令 $M = \{y + ty_0 \mid t \in [0, +\infty)\}$, 则由 (4.2.5) 可知, $M \subset \mathcal{O}$. 显然, M 是无界的, 因而 $\mathcal{O}$ 是无界的. 由 (6) 知, $\deg(f, \Omega, y) = 0$. ∎

Brouwer 度的重要性质都可以推广到 Leray-Schauder 度.

定理 4.2.5 (Leray-Schauder) 设 E 是 Banach 空间, Ω 是 E 中的有界开集, $0 \in \Omega$. $A : \overline{\Omega} \to E$ 是全连续的. 如果

$$Ax \neq \mu x, \quad \forall x \in \partial\Omega, \quad \mu \geqslant 1, \tag{4.2.6}$$

则 $\deg(I - A, \Omega, 0) = 1$.

证明 令 $h(t, x) = x - tAx$, 由 (4.2.6) 和 $0 \in \Omega$ 易知, 对任给 $t \in [0, 1]$, $x \in \partial\Omega$, 有 $h(t, x) \neq 0$. 由同伦不变性和正规性知

$$\deg(I - A, \Omega, 0) = \deg(h(1, \cdot), \Omega, 0) = \deg(h(0, \cdot), \Omega, 0) = \deg(I, \Omega, 0) = 1. \quad ∎$$

定理 4.2.6 (Leray-Schauder) 设 $A : E \to E$ 全连续, 且 $V = \{x \in E \mid x = tAx, 0 < t < 1\}$ 有界, 则 A 在 E 中有不动点.

证明 取有界开集 Ω 使得 $\Omega \supset V, 0 \in \Omega$, 不妨设 A 在 $\partial\Omega$ 上无不动点, 否则已证.

注意若 $Ax = \dfrac{1}{t}x, t \in (0, 1)$, 则 $x \in V \subset \Omega, x \notin \partial\Omega$, (4.2.6) 成立, 由定理 4.2.5, $\deg(I - A, \Omega, 0) = 1$. 于是 A 在 Ω 中有不动点. ∎

定理 4.2.7 (Altman) 设 Ω 是 Banach 空间 E 中的有界开集, $0 \in \Omega, A : \overline{\Omega} \to E$ 全连续, 且满足

$$\|Ax - x\|^2 \geqslant \|Ax\|^2 - \|x\|^2, \quad \forall x \in \partial\Omega, \tag{4.2.7}$$

则 A 在 $\overline{\Omega}$ 中有不动点.

证明　不妨设 A 在 $\partial\Omega$ 上无不动点. 我们验证 (4.2.6) 式成立. 事实上, 如果存在 $\mu_0 \geqslant 1$, $x_0 \in \partial\Omega$, 使得 $Ax_0 = \mu_0 x_0$, 则由 (4.2.7) 式知

$$\|\mu_0 x_0 - x_0\|^2 \geqslant \mu_0^2 \|x_0\|^2 - \|x_0\|^2.$$

于是 $\mu_0 \leqslant 1$. 这与 $\mu_0 \geqslant 1$ 和 A 在 $\partial\Omega$ 上无不动点矛盾. 所以 (4.2.6) 成立, $\deg(I - A, \Omega, 0) = 1$, A 在 Ω 内有不动点.　　■

推论 4.2.8　设 Ω 是 Banach 空间 E 中有界开集, $0 \in \Omega$, $A : \overline{\Omega} \to E$ 全连续, 满足

$$\|Ax\| \leqslant \|x\|, \quad \forall x \in \partial\Omega,$$

则 A 在 $\overline{\Omega}$ 中必有不动点.

证明　(4.2.7) 显然成立.　　■

推论 4.2.9 (锐角原理)　设 Ω 是 Hilbert 空间 H 中的有界开集, $0 \in \Omega$, $A : \overline{\Omega} \to H$ 全连续, 满足

$$(Ax, x) \leqslant \|x\|^2, \quad \forall x \in \partial\Omega,$$

则 A 在 $\overline{\Omega}$ 中必有不动点.

证明　$\|Ax - x\|^2 = \langle Ax - x, Ax - x \rangle = \|Ax\|^2 + \|x\|^2 - 2\langle Ax, x \rangle \geqslant \|Ax\|^2 - \|x\|^2$, 故 (4.2.7) 显然成立.　　■

定理 4.2.10 (Schauder 不动点定理)　设 D 是 Banach 空间 E 中的有界闭凸集, $A : D \to D$ 全连续, 则 A 在 D 中必有不动点.

证明　选 $R > 0$ 足够大, 使得 $B(0, R) \supset D$. 设 $r : \overline{B(0, R)} \to D$ 是保核收缩, $i : D \to \overline{B(0, R)}$ 是内射. 则 $f := i \circ A \circ r$ 是全连续的, 且有 $f : \overline{B(0, R)} \to \overline{B(0, R)}$. 由推论 4.2.8 知, f 在 $\overline{B(0, R)}$ 中有不动点 x_0, 即 $x_0 = i \circ A \circ r(x_0)$. 于是 $x_0 \in D$ 和 $r(x_0) = x_0$. 于是 $x_0 = Ax_0$.　　■

附注 4.2.11　Dugundji 定理: 实 Banach 空间 E 中的任何闭凸子集 D 都存在一个保核收缩 $r : E \to D$. 即 r 是连续的, 满足 $r \circ i = I|_D$ 和 $i \circ r \sim I|_E$(同伦), 这里 i 是 $D \to E$ 的内射.

附注 4.2.12　关于 Leray-Schauder 度的定义 4.2.2, 在无穷维 Banach 空间中对 f 不是恒同算子减全连续的形式, 一般情形下 (仅要求连续性) Leray-Schauder 度不能定义, 相应不动点定理也不成立.

例子: $X = l^2 = \left\{ x = (x_1, \cdots, x_n, \cdots) \,\middle|\, \|x\|^2 = \sum_{i=1}^{\infty} x_i^2 < \infty \right\}.$

设 Φ 是映射

$$x \mapsto (\sqrt{1 - \|x\|^2}, x_1, x_2, \cdots),$$

则 $\Phi : B \to B$ 连续, 但在 $\overline{B}$ 中无不动点, 其中 B 是单位开球. 事实上, $\Phi(\overline{B}) \subset \partial B$, 因为如果 $\Phi(\overline{x}) = \overline{x}$ 对某个 $\overline{x} \in \overline{B}$ 成立, 则 $\|\overline{x}\| = 1$. 易见 $\overline{x}_1 = 0, \overline{x}_2 = \overline{x}_1 = 0, \cdots$, 因此 $\overline{x} = 0$. 矛盾.

附注 4.2.13 拓扑度部分内容参见 [61]. 进一步的工作可见 [44], [61], 包括严格集压缩算子、凝聚算子、正则逼近算子、Fredholm 算子的拓扑度、定义在收缩核上的拓扑度 (包括锥上的不动点指数) 等. Mawhin 等[55,106] 发展了相关的叠合度理论.

4.3 孤立解的 Leray-Schauder 度 · 指标

设 X 是一个 Banach 空间, $\Omega \subset X$ 是一个有界开集. 设在 $\partial\Omega$ 上, $\Phi \neq 0$, $\Phi \in C^1(\Omega)$, $\Phi : \overline{\Omega} \to X$ 是全连续场, 即具有形式 $\Phi = I - K$, $K : \overline{\Omega} \to X$ 全连续. 设 $x_0 \in \Omega$ 是 $\Phi(x) = 0$ 的孤立解, 设 $A = \Phi'_x(x_0) = I - K'_x(x_0)$ 是可逆的.

设 $B_\varepsilon(x_0)$ 是以 x_0 为中心, ε 为半径的球. 由反函数定理 (定理 2.1.7) 知, 可选 $B_\varepsilon(x_0)$, 使之不包含 $\Phi(x) = 0$ 的其他解. 注意由定理 1.6.5 知 $T := K'_x(x_0)$ 是全连续线性算子, 可以计算 $\deg(\Phi, B_\varepsilon(x_0), 0)$, 对 $0 < \varepsilon < \varepsilon_0$. 它同 ε 无关, 称之为映射 Φ 在点 x_0 的指标, 记为 $\mathrm{ind}(\Phi, x_0)$.

考虑由 T 的大于 1 的特征值组成的集 $\{\lambda\}$, 显然 1 不是特征值, 因为由假设 $I - T$ 是可逆的. 对此特征值 λ, 令 n_λ 是重数,

$$n_\lambda := \dim\left(\bigcup_{p=1}^{\infty} \ker(\lambda I - T)^p\right),$$

由全连续线性算子的 Riesz-Schauder 理论知 T 的大于 1 的特征值只有有限多个, 而且 n_λ 是有限的.

定理 4.3.1 (Leray-Schauder) 在前面的假设之下,

$$\deg(\Phi, B_\varepsilon(x_0), 0) = (-1)^\beta, \quad \beta = \sum_{\lambda > 1} n_\lambda.$$

附注 4.3.2 这个定理基于下述有限维的结果:

(1) 如果 A 是 $\mathbb{R}^n$ 上实非奇异矩阵, $A = I - T$, 1 不是 T 的特征值, 则

$$\mathrm{sgn}\det A = (-1)^\beta, \quad \beta = \sum_{\lambda > 1} n_\lambda(T). \tag{4.3.1}$$

这里求和是对 T 的所有大于 1 的实特征值来做的. 这个事情基于下述事实:

(2) 如果 λ_0 是 T 的实特征值 ($T : \mathbb{R}^n \to \mathbb{R}^n$), 具有重数 m, 则对 $\varepsilon > 0$ 充分小,

$$\mathrm{sgn}\det((\lambda_0 + \varepsilon)I - T) = (-1)^m \mathrm{sgn}\det((\lambda_0 - \varepsilon)I - T).$$

这是因为

$$\det(\lambda I - T) = \prod_j (\lambda - \lambda_j)^{m_j}, \tag{4.3.2}$$

这里 λ_j 是 T 的所有特征值 (包含复的), m_j 是相应的重数.

上述 (1) 由 (2) 得到: 只需注意 T 的复的特征值 λ_j 和共轭数 $\overline{\lambda_j}$ 成对出现, (4.3.2) 中 $(\lambda - \lambda_j)(\lambda - \overline{\lambda_j}) > 0$, 故 (4.3.2) 中只计算实的特征值就可以. $\operatorname{sgn}\det(\lambda I - T)$ 对 $\lambda = 1$ 用 (4.3.2) 计算.

定理 4.3.1 的证明　可设 $x_0 = 0$. 考虑到从 K 到 T 的同伦形变 $\frac{1}{t}K(tx), 0 < t \leqslant 1$, 易见

$$\deg(I - K, B_\varepsilon, 0) = \deg(I - T, B_\varepsilon, 0),$$

分解 $X = X_1 \oplus X_2$, 这里 X_1 是由 T 的所有广义特征向量 $\left(\text{即} \bigcup_p \ker(\lambda I - T)^p, \lambda > 1\right)$ 张成的有限维子空间, X_1, X_2 在 T 作用下是不变的. 于是由笛卡儿乘积公式 (X_2 上有限维的有界连续算子 $\widetilde{T}$ 逼近 T, 则 X 上有限维的有界连续算子 $(T, \widetilde{T})$ 逼近 T, 再应用定理 4.1.14, 或 [111, 命题 1.4.7]), 有

$$\deg(I-T, B_\varepsilon, 0) = \deg((I-T)|_{X_1}, B_\varepsilon \cap X_1, 0) \cdot \deg((I-T)|_{X_2}, B_\varepsilon \cap X_2, 0). \tag{4.3.3}$$

在 $B_\varepsilon \cap X_2$ 上, 映射 $I - T$ 允许同伦形变 $I - tT, 0 \leqslant t \leqslant 1$, 变到恒同 (因为 $(I-tT)x_2 = 0, \forall t \in [0,1], x_2 \in X_2$, 推出 $x_2 = 0$). 故 $\deg((I-T)|_{X_2}, B_\varepsilon \cap X_2, 0) = 1$, 于是由附注 4.3.2(1) 知

$$\deg(I - T, B_\varepsilon, 0) = \deg((I - T)|_{X_1}, B_\varepsilon \cap X_1, 0) = (-1)^\beta. \qquad\blacksquare$$

附注 4.3.3　我们也可以不用 (4.3.3), 直接作同伦变换. X_1, X_2 都是 T 的不变子空间, 设投影 $P: X \to X_1$, 投影 $Q = I - P: X \to X_2$, 作同伦

$$H(t, x) = 2tPx + (1-t)TPx + (1-t)TQx, \quad \forall x \in \overline{B_\varepsilon}, \quad t \in [0, 1],$$

$$h_t(x) = x - H(t, x), \quad \forall x \in \overline{B_\varepsilon}, \quad t \in [0, 1].$$

则易知 $h_t(x) \neq 0, \forall x \in \partial B_\varepsilon, t \in [0, 1]$. 事实上, $t = 0, 1$ 显然成立. 若 $\exists x \in \partial B_\varepsilon$ 使 $h_t(x) = 0$ 对某个 $t \in (0, 1)$, 即

$$Px - 2tPx - (1-t)TPx + Qx - (1-t)TQx = 0.$$

从而 $Px - 2tPx - (1-t)TPx = 0, Qx - (1-t)TQx = 0$, 故

$$TPx = \frac{1-2t}{1-t}Px, \quad TQx = \frac{1}{1-t}Qx, \quad t \neq 0, 1. \tag{4.3.4}$$

注意 X_1, X_2 分别是 T 的特征值大于 1 和小于 1 的不变子空间, (4.3.4)不可能成立. 由同伦不变性及 Leray-Schauder 度定义 (下式中 $-I|_{X_1 \cap B_\varepsilon}$ 就是 h_1 的有限维逼近, 在 X_2 上取恒同映射) 知

$$\deg(I - T, B_\varepsilon, 0) = \deg(h_0, B_\varepsilon, 0) = \deg(h_1, B_\varepsilon, 0)$$
$$= \deg(-I, X_1 \cap B_\varepsilon, 0) = (-1)^\beta.$$

■

4.4 几个应用例子

设 G 是 $\mathbb{R}^n$ 中具有光滑边界的有界区域. 令

$$\partial_j = \frac{\partial}{\partial x_j}, \quad \partial = (\partial_1, \cdots, \partial_n), \quad \partial^\alpha = \partial_1^{\alpha_1} \cdots \partial_n^{\alpha_n},$$

对任何多重指标 $\alpha = (\alpha_1, \cdots, \alpha_n), \alpha_i$ 是非负整数, ∂^α 是阶为 $|\alpha| := \sum_i \alpha_i$ 的微分算子. 任何具有实 C^∞ 系数 $a_\alpha(x)$(在 $\overline{G}$ 中) 的线性偏微分算子有下述形式:

$$P = \sum_{|\alpha| \leqslant m} a_\alpha(x) \partial^\alpha.$$

考虑与算子 P 相应的多项式

$$P_m(x, \xi) = \sum_{|\alpha| \leqslant m} a_\alpha(x) \xi^\alpha,$$

对 $\xi = (\xi_1, \cdots, \xi_n) \in \mathbb{R}^n$.

定义 4.4.1 (椭圆性) 算子 P 称为**椭圆**的, 如果 P 的主齐次部分当 $\xi \neq 0$ 时不为零, 即

$$P_m(x, \xi) = \sum_{|\alpha| = m} a_\alpha(x) \xi^\alpha \neq 0, \quad \forall x \in \overline{G}, \quad \xi \in \mathbb{R}^n \backslash \{0\}.$$

例如: 最熟悉的 Laplace 算子

$$\Delta = \sum_{i=1}^n \partial_i^2, \quad P_2(\xi) = \sum_i \xi_i^2 = |\xi|^2.$$

对椭圆算子考虑边值问题

$$Pu = f, \quad x \in G, \quad B_j u = g_j, \quad x \in \partial G, \quad j = 1, \cdots, k. \tag{4.4.1}$$

这里 f 和 g_j 分别是 $\overline{G}$ 和 ∂G 上的函数, B_j 的阶低于 m. 选 $B = \{B_j\}$, 使 (4.4.1) 是适定的. 这里最好的情形是指存在性与唯一性. 对齐次边界条件一般是指 $g_j = 0$.

P 是 Fredholm 的:

(1) $\ker P$ 属于 C^∞ 和 $\dim \ker P = \nu < \infty$;

(2) 在适当的函数空间 X, Y, 算子 $P : X \to Y$ 是连续的, 在 Y 中有闭值域, 并且有有限余维数 ν^*.

其指标为 $\operatorname{ind} P = \nu - \nu^*$.

例 4.4.2

$$\Delta u = f, \quad x \in G, \quad u = 0, \quad x \in \partial G,$$

$$\Delta u = f, \quad x \in G, \quad \frac{\partial u}{\partial n} = 0, \quad x \in \partial G,$$

$$\Delta u = f, \quad x \in G, \quad a(x)\frac{\partial u}{\partial n} + b(x)u = 0, \quad x \in \partial G.$$

上述问题指标均为零.

下面讨论非线性椭圆问题.

P 是 m 阶椭圆算子, 相应 "好" 的边界条件 $Bu = 0, x \in \partial G$.

研究

$$Pu = g(x, u, \partial^\beta u), \quad Bu = 0, \quad x \in \partial G, \tag{4.4.2}$$

这里 g 是一个在 $\overline{G}$ 上关于 x 和 u 及 u 的直到 $m-1$ 阶导数均是 C^∞ 的和次线性增长的函数, 即对某个正常数 $\gamma < 1$ 和 M,

$$|g(x, u, \partial^\beta u)| \leqslant M \left(1 + \sum_{|\beta| \leqslant m-1} |\partial^\beta u| \right)^\gamma. \tag{4.4.3}$$

考虑最简单情形

$$i = \operatorname{ind} P = 0, \quad \ker P = 0.$$

于是 P^{-1} 存在. 令 $g(x, u, \partial^\beta u) = G[u]$, 重写方程如下

$$u - P^{-1}G[u] = 0. \tag{4.4.4}$$

定理 4.4.3　在上述假设之下, (4.4.2) 有一个 $C^\infty(\overline{G})$ 上的光滑解.

证明　用 Leray-Schauder 度理论, 选 $X = \{u \in C^{m-1}(\overline{G}) | Bu = 0, x \in \partial G\}$. 解的先验估计: 固定 $p > n$, 假设在 $W^{m,p}$ 中存在一个解.

椭圆方程的 L^p 估计

$$\|u\|_{k+m,p} \leqslant C\|Pu\|_{k,p}, \quad C \text{ 与 } u \text{ 无关}, \qquad (4.4.5)$$

这里 $\|\cdot\|_{k,p}$ 表示 Sobolev 空间 $W^{k,p}$ 中的范数. 对 $k=0$, 由 (4.4.2), (4.4.3) 有

$$\|u\|_{m,p} \leqslant C\|G[u]\|_{0,p} \leqslant CM \left[\int_G \left(1 + \sum_{|\beta|<m} |\partial^\beta u| \right)^{p\gamma} dx \right]^{\frac{1}{p}}$$

$$\leqslant C\|u\|_{m,p\gamma}^\gamma \leqslant C\|u\|_{m,p}^\gamma.$$

由 $\gamma < 1$ 易知, 存在常数 C_1, 使解 u 满足

$$\|u\|_{m,p} \leqslant C_1.$$

由 Sobolev 嵌入定理, 当 $p > n$ 时, 有先验的界

$$\|u\|_{m-1} \leqslant C_2, \qquad (4.4.6)$$

这里 $\|\cdot\|_{m-1}$ 是 X 的范数.

设 $\Omega := \{u \in X : \|u\|_{m-1} \leqslant C_2 + 1\}$ 是 X 中的球, 在 Ω 上定义映射

$$\Phi(u) = u - P^{-1}G[u],$$

由先验估计 (4.4.6) 知, 在 $\partial\Omega$ 上 $\Phi(u) = 0$ 无解. 并且对 $u \in \overline{\Omega}$, 存在常数 C_3, 使 $|G[u](x)| \leqslant C_3$.

固定 $p > n$, 有

$$\|G[u]\|_{0,p} \leqslant C_4.$$

因此由 (4.4.5) 知

$$\|P^{-1}G[u]\|_{m,p} \leqslant C_5. \qquad (4.4.7)$$

由 Sobolev 嵌入定理,

$$\|P^{-1}G[u]\|_{m-1+\mu} \leqslant C_6, \quad \mu = 1 - \frac{n}{p}.$$

于是 $P^{-1}G[u]$ 是从 $\overline{\Omega}$ 到 X 的全连续映射 (易验证此映射是连续的). 于是 $\deg(\Phi, \Omega, 0)$ 有定义. 由先验估计知, 对 $\Phi_t(u) = u - tP^{-1}G[u], t \in [0,1], \deg(\Phi_t, \Omega, 0)$ 与 t 无关.

对 $t = 0$, Leray-Schauder 度是 1. 于是 (4.4.4) 在 Ω 中有解, 由 (4.4.7) 知解在 $W^{m,p}$ 中. 因为 $u \in \Omega$, 易知 $G[u]$ 在 $W^{1,p}$ 中. 应用正则性理论, 由 $p > n$ 知 $u \in C^m(\overline{G})$. 继续下去得 u 是 (4.4.2) 的 $C^\infty(\overline{G})$ 光滑解. ∎

附注 4.4.4 解的先验估计方法进一步结果可参见 [51], [57] 等.

4.5　一类积分方程组解的存在性

我们应用拓扑方法研究超线性积分方程[152]

$$\begin{cases} \varphi_1(x) = \int_G k_1(x,y) f_1(y, \varphi_1(y), \varphi_2(y))\ dy, \\ \varphi_2(x) = \int_G k_2(x,y) f_2(y, \varphi_1(y), \varphi_2(y))\ dy. \end{cases} \tag{4.5.1}$$

假设 $G \subset \mathbb{R}^n$ 是一有界闭集. 令

$$A_i(\varphi_1, \varphi_2) = \int_G k_i(x,y) f_i(y, \varphi_1(y), \varphi_2(y))\ dy, \quad i = 1, 2, \tag{4.5.2}$$

$$A(\varphi_1, \varphi_2) = (A_1(\varphi_1, \varphi_2), A_2(\varphi_1, \varphi_2)). \tag{4.5.3}$$

我们假设条件 $(i = 1, 2)$:

(H_1) $k_i(x,y) : G \times G \to \mathbb{R}$ 非负连续, $f_i(x, u, v) : G \times \mathbb{R} \times \mathbb{R} \to \mathbb{R}$ 连续.

(H_2) $\exists l_i > 0$ 使得 $f_i(x, u, v) \geqslant -l_i, \forall x \in G, u, v \in \mathbb{R}$.

(H_3) $\exists a_{12}(x) > 0,\ a_{21}(x) > 0,\ b_i(x) \geqslant 0,\ h_i(x) \geqslant 0$ 使得

$$f_1(x, u, v) \geqslant a_{12}(x)v - b_1(x), \quad \forall x \in G, \quad u \geqslant 0, \quad v \geqslant 0, \tag{4.5.4}$$

$$f_2(x, u, v) \geqslant a_{21}(x)u - b_2(x), \quad \forall x \in G, \quad u \geqslant 0, \quad v \geqslant 0, \tag{4.5.5}$$

$$|f_i(x, u, v)| \leqslant h_i(x)[|u| + |v|], \quad \forall x \in G, \quad 0 \leqslant |u| + |v| \leqslant r_0, \tag{4.5.6}$$

其中 $r_0 > 0$ 是充分小常数.

(H_4) $\exists a_{11}(x) > 0,\ a_{22}(x) > 0,\ b_i(x) \geqslant 0$ 使得

$$f_1(x, u, v) \geqslant a_{11}(x)u - b_1(x), \quad \forall x \in G, \quad u \geqslant 0, \quad v \geqslant 0, \tag{4.5.7}$$

$$f_2(x, u, v) \geqslant a_{22}(x)v - b_2(x), \quad \forall x \in G, \quad u \geqslant 0, \quad v \geqslant 0. \tag{4.5.8}$$

我们知道 $C(G)$ 在范数 $\|\varphi\| = \max\limits_{x \in G} |\varphi(x)|$ 下是一 Banach 空间, $C(G) \times C(G)$ 在范数

$$\|\varphi\|_1 = \|\varphi_1\| + \|\varphi_2\|, \quad \forall \varphi = \begin{pmatrix} \varphi_1 \\ \varphi_2 \end{pmatrix} \in C(G) \times C(G)$$

下是一 Banach 空间.

考虑以下全连续的正线性算子 $K : C(G) \times C(G) \to C(G) \times C(G)$, 满足 $K(P \times P) \subset P \times P$, 其中 $P = \{\varphi \in C(G) \mid \varphi(x) \geqslant 0\}$ 是 $C(G)$ 中的正锥, $P \times P$ 是 $C(G) \times C(G)$ 中的正锥.

$$K\begin{pmatrix} \varphi_1 \\ \varphi_2 \end{pmatrix}(x) = \begin{pmatrix} \displaystyle\int_G k_1(x,y)[a_{11}(y)\varphi_1(y) + a_{12}(y)\varphi_2(y)]\, dy \\ \displaystyle\int_G k_2(x,y)[a_{21}(y)\varphi_1(y) + a_{22}(y)\varphi_2(y)]\, dy \end{pmatrix}. \quad (4.5.9)$$

假设 K 的谱半径不为 0, i.e., $r(K) \neq 0$. 由于 $(C(G) \times C(G))^* = C^*(G) \times C^*(G)$, 我们知道其共轭线性算子 K^* 满足 $K^*(C(G) \times C(G)) \subset C(G) \times C(G)$, 且 $\forall \psi \in C(G) \times C(G)$,

$$K^*\psi = K^*\begin{pmatrix} \psi_1 \\ \psi_2 \end{pmatrix}(y) = \begin{pmatrix} \displaystyle\int_G [k_1(x,y)a_{11}(y)\psi_1(x) + k_2(x,y)a_{21}(y)\psi_2(x)]\, dx \\ \displaystyle\int_G [k_1(x,y)a_{12}(y)\psi_1(x) + k_2(x,y)a_{22}(y)\psi_2(x)]\, dx \end{pmatrix}. $$
$$(4.5.10)$$

$r(K^*) = r(K) \neq 0$, 由 Krein-Rutman 定理 (参见 [12, Theorem 6.13] 或 [150, Theorem 1.9.1]), 存在 $\psi^* \in P \times P$, $\psi^* \neq 0$ 使得

$$\psi^* = \begin{pmatrix} \psi_1^* \\ \psi_2^* \end{pmatrix} = r^{-1}(K)K^*\psi^*. \quad (4.5.11)$$

定义 4.5.1 称线性积分算子 K 满足 H-条件, 如果 $\exists \psi^* \in P \times P$, $\psi^* \neq 0$, $\exists \beta > 0$ 使得 (4.5.11) 满足, 且

$$\psi^*(y) \geqslant \beta \begin{pmatrix} k_1(\tau, y)a_{11}(y) + k_2(\tau, y)a_{21}(y) \\ k_1(\tau, y)a_{12}(y) + k_2(\tau, y)a_{22}(y) \end{pmatrix}, \quad \forall \tau, y \in G. \quad (4.5.12)$$

假设 $\psi^* \in P \times P \setminus \{0\}$ 满足 (4.5.11), 对于固定的 $\delta > 0$, 令

$$(P \times P)_{(\psi^*, \delta)} = \left\{ \varphi \in P \times P \,\middle|\, \int_G \psi^*(x)\varphi(x)\, dx \geqslant \delta \|\varphi\|_1 \right\}, \quad (4.5.13)$$

其中

$$\int_G \psi^*(x)\varphi(x)\, dx = \int_G \psi_1^*(x)\varphi_1(x)\, dx + \int_G \psi_2^*(x)\varphi_2(x)\, dx.$$

易知 $(P \times P)_{(\psi^*, \delta)}$ 是 $C(G) \times C(G)$ 中的一个正锥.

引理 4.5.2[152] 线性积分算子 K 满足 H-条件当且仅当 $\exists \psi^* \in P \times P \setminus \{0\}$, $\delta > 0$ 使得 (4.5.11) 成立, 且 $K(P \times P) \subset (P \times P)_{(\psi^*, \delta)}$.

证明 略. ∎

引理 4.5.3[152]　假设以下条件之一成立:

(i) $\exists v_i(x) \in P \setminus \{0\}, i = 1, 2$ 使得

$$k_i(x, y) \geqslant v_i(x) k_i(\tau, y), \quad \forall x, y, \tau \in G,$$

且 $\exists \psi^*(x) \in P \times P \setminus \{0\}$ 使得 $\psi^* = r^{-1}(K) K^* \psi^*, v_i(x) \cdot \psi_i^*(x) \not\equiv 0$.

(ii) $\exists v_i(x) \in P \setminus \{0\}, u_i(x) \in P \setminus \{0\}$ 和 $T_i(x, y) \geqslant 0, i = 1, 2, \forall (x, y) \in G \times G$ 使得

$$v_i(x) T_i(\tau, y) \leqslant k_i(x, y) \leqslant u_i(x) T_i(\tau, y), \quad \forall x, y, \tau \in G,$$

且 $\exists \psi^*(x) \in P \times P \setminus \{0\}$ 使得 $\psi^* = r^{-1}(K) K^* \psi^*, v_i(x) \cdot \psi_i^*(x) \not\equiv 0$.

则 K 满足 H-条件.

证明 略. ∎

定理 4.5.4[152]　假设 $(H_1), (H_2), (H_3)$ (或 $(H_1), (H_2), (H_4)$ 和 $(4.5.6)$) 成立, $r(K) > 1 \geqslant r(B)$, K 满足 H-条件, 则 $(4.5.1)$ 有一个非平凡的连续解, 其中 $B\phi = \int_G [k_1(x, y) h_1(y) + k_2(x, y) h_2(y)] \phi(y) \, dy, \forall \phi \in C(G)$.

证明 见 [152], 略. ∎

附注 4.5.5　当 $a_{12}(x) \equiv 1, a_{21}(x) \equiv 1$ 时, 可以用以下条件代替定理 4.5.4 中的 (H_3),

$$\liminf_{v \to +\infty} \frac{f_1(x, u, v)}{v} > r^{-1}(K), \text{关于 } x \in G, u \in \mathbb{R} \text{ 一致成立};$$

$$\liminf_{u \to +\infty} \frac{f_2(x, u, v)}{u} > r^{-1}(K), \text{关于 } x \in G, v \in \mathbb{R} \text{ 一致成立};$$

$$\lim_{|u|+|v| \to 0} \frac{|f_i(x, u, v)|}{|u| + |v|} = 0 (i = 1, 2), \text{关于 } x \in G \text{ 一致成立}.$$

定理 4.5.4 结论成立.

上述定理应用于两点边值问题:

$$\begin{cases} -\varphi_1''(x) = f_1(x, \varphi_1(x), \varphi_2(x)), & x \in (0, 1), \\ -\varphi_2''(x) = f_2(x, \varphi_1(x), \varphi_2(x)), & x \in (0, 1), \\ \varphi_1(0) = \varphi_1(1) = 0, \\ \varphi_2(0) = \varphi_2'(1) = 0, \end{cases} \tag{4.5.14}$$

其中 $f_i : [0, 1] \times \mathbb{R} \times \mathbb{R} \to \mathbb{R} \ (i = 1, 2)$ 连续. $(4.5.14)$ 在 $C^2[0, 1] \times C^2[0, 1]$ 中的解

等价于积分方程系统 (4.5.15) 在 $C[0,1] \times C[0,1]$ 中的解.

$$\begin{cases} \varphi_1(x) = \int_0^1 k_1(x,y) f_1(y, \varphi_1(y), \varphi_2(y)) \, dy, \\ \varphi_2(x) = \int_0^1 k_2(x,y) f_2(y, \varphi_1(y), \varphi_2(y)) \, dy, \end{cases} \tag{4.5.15}$$

其中

$$k_1(x,y) = \begin{cases} x(1-y), & x \leqslant y, \\ y(1-x), & y < x; \end{cases} \quad k_2(x,y) = \begin{cases} x, & x \leqslant y, \\ y, & y < x. \end{cases}$$

定理 4.5.6[152] 如果 $\exists b \in \mathbb{R}$ 使得 $f_i(x,u,v) \geqslant b, \forall x \in [0,1], u, v \in \mathbb{R}$, 且

$$\liminf_{v \to +\infty} \frac{f_1(x,u,v)}{v} > \pi^2, \text{ 关于 } x \in [0,1], u \in \mathbb{R} \text{ 一致成立};$$

$$\liminf_{u \to +\infty} \frac{f_2(x,u,v)}{u} > \pi^2, \text{ 关于 } x \in [0,1], v \in \mathbb{R} \text{ 一致成立};$$

$$\lim_{|u|+|v| \to 0} \frac{|f_i(x,u,v)|}{|u|+|v|} = 0 \ (i=1,2), \text{ 关于 } x \in [0,1] \text{ 一致成立},$$

则 (4.5.14) 在 $C^2[0,1] \times C^2[0,1]$ 中有一个非平凡解.

证明 略. ∎

附注 4.5.7 在 [150], [155] 中有拓扑方法对偏微分方程组解的存在性的应用.

4.6 Monge-Ampère 方程解的存在性

Monge-Ampère 方程等完全非线性椭圆方程是重要的研究方向, 与几何中给定曲率方程和最优运输问题有关, 见 [49], [58], [138], [142] 等.

考虑如下 Monge-Ampère 方程:

$$\begin{cases} \det D^2 u = e^{-u}, & x \in \Omega, \\ u|_{\partial\Omega} = 0, \end{cases} \tag{4.6.1}$$

其中 Ω 是 $\mathbb{R}^n$ $(n \geqslant 1)$ 中的有界光滑凸区域, $D^2 u = (u_{ij}) = \left(\dfrac{\partial^2 u}{\partial x_i \partial x_j} \right), i,j = 1, 2, \cdots, n$ 是 u 的 Hessian 矩阵; 一阶导数记为 $u_i (i = 1, 2, \cdots, n)$, 二阶导数记为 u_{ij} $(i,j = 1, 2, \cdots, n)$ 等; 有时用 (u_{ij}) 代替 $D^2 u$. 我们仅考虑 (4.6.1) 的凸解以保证方程的椭圆性. 事实上, (4.6.1) 的任意凸解 u 是负的, 在 $\overline{\Omega}$ 上是光滑的、严格凸的 (由 [58, Theorem 17.23], 我们得到 $C^3(\overline{\Omega})$ 估计, 进一步应用标准的靴代方法和 Schauder 估计, 我们得到高阶估计).

研究几何中正的第一陈类中 Kähler-Einstein 度量时产生的复的 Monge-Ampère 方程, 局部坐标下为

$$\frac{\det\left(g_{i\bar{j}} + \dfrac{\partial^2 u}{\partial z_i \partial \overline{z}_j}\right)}{\det(g_{i\bar{j}})} = e^{f-u},$$

其中 $\sum\limits_{1\leqslant i,j\leqslant n} g_{i\bar{j}} dz^i d\bar{z}^j$ 是第一陈类中的 Kähler-Einstein 度量, f 是已知函数. 已知很多研究见 [136] 及其文献. (4.6.1) 是相应的实的情形.

记 $\lambda\Omega := \{\lambda x : x \in \Omega\}, \lambda > 0$; 注意 (4.6.1) 在变换下的不变性, 可假设 $0 \in \Omega$. 我们也考虑带参数 $t \geqslant 0$ 的问题:

$$\begin{cases} \det u_{ij} = e^{-tu}, & x \in \Omega, \\ u|_{\partial\Omega} = 0. \end{cases} \tag{4.6.2}$$

通过变换, 对于 $t > 0$, 这个方程等价于方程 (4.6.1) 在 $t^{\frac{1}{2}}\Omega$ 上.

主要结果如下.

定理 4.6.1[162]   给定有界光滑凸区域 $\Omega \subset \mathbb{R}^n$ $(n \geqslant 1)$, 存在 $T^* > 0$ 使得

(1) $\forall t \in (0, T^*)$, (4.6.2) 至少有两个解;

(2) 当 $t = T^*$ 时, (4.6.2) 有唯一的解;

(3) $\forall t > T^*$, (4.6.2) 无解.

证明   主要应用 Lyapunov-Schmidt 约化方法、Leray-Schauder 度理论、先验估计、分歧理论. 详见 [162]. ■

关于方程 (4.6.2) 的定理 4.6.1 蕴含着如下结论.

定理 4.6.2[162]   给定有界光滑凸区域 $\Omega \subset \mathbb{R}^n$ $(n \geqslant 1)$, 存在一个 $\lambda^* > 0$ 使得

(1) $\forall \lambda \in (0, \lambda^*)$, 方程 (4.6.1) 在 $\lambda\Omega$ 上至少有两个解;

(2) 方程 (4.6.1) 在 $\lambda^*\Omega$ 上有唯一解;

(3) 对 $\lambda > \lambda^*$, 方程 (4.6.1) 在 $\lambda\Omega$ 上无解.

我们用移动平面法证明了以下定理.

定理 4.6.3[162]   如果 Ω 是一个球, 则 (4.6.1) 的解是径向对称的.

附注 4.6.4   通常应用移动平面法证明解的对称性定理: 如果 $u \in C(\overline{B}_1) \cap C^2(B_1)$ 是方程 $\Delta u + f(u) = 0, \forall x \in B_1, u|_{\partial B_1} = 0$ 的正解, 其中 $B_1 \subset \mathbb{R}^N$ 是单位球, f 在 $\mathbb{R}$ 上局部 Lipschitz 连续. 则 u 在 B_1 中是径向对称的且 $\dfrac{\partial u}{\partial r}(x) < 0, \forall x \neq 0$. Gidas-Ni-Nirenberg[56] 的原始证明中要求解 C^2 光滑到边界, 这里是 [65] 中的结果, 减弱了光滑性要求.

关于以下 Monge-Ampère 方程组解的存在性:

$$\begin{cases} \det D^2 u_1 = (-u_2)^\alpha, & x \in \Omega, \\ \det D^2 u_2 = (-u_1)^\beta, & x \in \Omega, \\ u_1 < 0, u_2 < 0, & x \in \Omega, \\ u_1 = u_2 = 0, & x \in \partial\Omega, \end{cases} \quad (4.6.3)$$

其中 Ω 是 $\mathbb{R}^N$, $N \geqslant 2$ 中严格凸的有界光滑区域, $\alpha > 0$, $\beta > 0$. 特别 $\Omega = B_1 := \{x \in \mathbb{R}^N : |x| < 1\}$, 即单位球时, 在 α, β 不同的假设下应用拓扑方法获得径向对称凸解的存在性、唯一性、不存在性定理, 证明略.

定理 4.6.5 [160] 若 $\Omega = B$, $\alpha > 0$, $\beta > 0$, $\alpha\beta \neq N^2$, 则 (4.6.3) 有一个径向对称凸解.

定理 4.6.6 [160] 若 $\Omega = B$, $\alpha > 0$, $\beta > 0$, $\alpha\beta < N^2$, 则 (4.6.3) 有唯一径向对称凸解.

定理 4.6.7 [160] 若 $\Omega = B$, $\alpha > 0$, $\beta > 0$, $\alpha\beta = N^2$, 则 (4.6.3) 无径向对称凸解.

附注 4.6.8 本章相关内容参见文献 [21], [44], [61], [111], [150], [152], [160], [162] 等.

第 5 章　分歧理论和 Lyapunov-Schmidt 约化方法

5.1 分　　歧

考虑带参数 λ 的方程:

$$F(x, \lambda) = 0.$$

人们注意到依赖于 λ 的解分支 $x(\lambda)$ 当 λ 达到某个临界值时或者消失, 或者分成几个分支, 这种现象称为分歧 (bifurcation). 一个简单的例子, 代数方程:

$$x^3 - \lambda x = 0, \quad \lambda \in \mathbb{R}^1$$

有解 $x = 0, \forall \lambda \in \mathbb{R}^1$. 当 $\lambda \leqslant 0$ 时, 这是唯一解; 但当 $\lambda > 0$ 时, 还有另外两个解分支 $x = \pm\sqrt{\lambda}$.

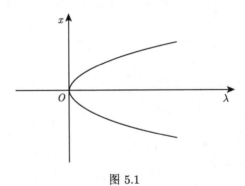

图 5.1

分歧现象在自然界中是普遍存在的. 早在 1744 年, Euler 就曾观察过杆的弯曲现象, 设 φ 为实轴与杆的轴心线切线的夹角, $\lambda > 0$ 是压力, 长度正则化为 π, 我们得到两个自由端点的微分方程:

$$\begin{cases} \varphi'' + \lambda \sin\varphi = 0, \\ \varphi'(0) = \varphi'(\pi) = 0. \end{cases}$$

显然, $\varphi \equiv 0$ 总是此常微分方程的解. 事实上, 当 λ 不是很大时, 此解是唯一的. 但当 λ 增大至某个 λ_0 时, 由实验观察知存在一个弯曲解 $\varphi \neq 0$.

对板、壳的弯曲也有同样的现象. 另外, 在热动力系统、流体旋转、孤立波、超导、激光的研究中也存在着大量的分歧现象.

定义 5.1.1　设 X, Y 是 Banach 空间 (θ 代表零元), Λ 是一拓扑空间. 设 $F: X \times \Lambda \to Y$ 是一连续映射, $\forall \lambda \in \Lambda$. 令

$$S_\lambda = \{x \in X | F(x, \lambda) = \theta\}$$

是方程 $F(x, \lambda) = \theta$ 的解集, 其中 λ 是参数. 设 $\theta \in S_\lambda$, $\forall \lambda \in \Lambda$. 我们称 (θ, λ_0) 是分歧点, 是指对 (θ, λ_0) 的任何邻域 U, 存在 $(x, \lambda) \in U, x \in S_\lambda \backslash \{\theta\}$.

数学家关心的基本问题:

(1) (θ, λ_0) 是分歧点的充要条件是什么?

(2) 在 $\lambda = \lambda_0$ 附近 S_λ 的结构如何?

(3) 怎样计算分歧点附近的解?

(4) $\bigcup_{\lambda \in \Lambda} S_\lambda$ 的大范围结构是什么?

(5) 设 $F(x, \lambda) = \theta$ 是发展方程

$$\dot{x} = F(x, \lambda)$$

的定态方程, 考虑当 $\lambda \to \lambda_0$ 时, 发展方程在 S_λ 中的解的稳定性.

在这一节中我们讨论 (1) 和 (2).

假定 $U \subset X$ 是 Banach 空间 X 中原点 θ 的一个邻域, $F: U \times \Lambda \to Y$ 连续且满足

$$F(\theta, \lambda) = \theta, \quad \forall \lambda \in \Lambda,$$

$\lambda_0 \in \Lambda$ 是分歧点的必要条件是什么?

命题 5.1.2　(1) 设 $F_x(x, \lambda)$ 是连续的, 如果 (θ, λ_0) 是分歧点, 则 $F_x(\theta, \lambda_0)$ 没有有界逆.

(2) 设

$$F(x, \lambda) = Lx - \lambda x + N(x, \lambda),$$

其中 $L \in L(X, Y), \lambda \in \mathbb{R}^1, N: U \times \mathbb{R}^1 \to X$ 连续且有

$$\|N(x, \lambda)\| = o(\|x\|), \quad \text{当 } \|x\| \to 0 \text{ 时},$$

对 λ 在 λ_0 的一个邻域内一致成立. 如果 (θ, λ_0) 是分歧点, 则 $\lambda_0 \in \sigma(L)$, 即 λ_0 是 L 的谱点.

证明　(1) 若 $F_x(\theta, \lambda_0)$ 有有界逆, 由隐函数定理可得 $u = \theta$ 是 λ 在 λ_0 的某个开邻域内的唯一解, 不可能是分歧点.

(2) 若不然, $\lambda_0 \in \rho(L)$. 因为正则集 $\rho(L)$ 是开集, 于是存在 ε 和 $C_\varepsilon > 0$ 使得

$$\|(L - \lambda I)^{-1}\| \leqslant C_\varepsilon, \quad 当 |\lambda - \lambda_0| < \varepsilon 时.$$

由此得

$$\|x\| \leqslant \|(L - \lambda I)^{-1} N(x, \lambda)\| = o(\|x\|), \quad 当 |\lambda - \lambda_0| < \varepsilon, x \in S_\lambda, x \to \theta 时.$$

于是 $\exists \delta > 0$ 使得

$$B_\delta \times (\lambda_0 - \varepsilon, \lambda_0 + \varepsilon) \cap S_\lambda = \{(\theta, \lambda) \| |\lambda - \lambda_0| < \varepsilon\},$$

即 (θ, λ_0) 不是分歧点, 与假设条件矛盾. ■

注意上述条件 (1)(2) 不是充分的. 例如: 设 $X = \mathbb{R}^2$, 令

$$x = \begin{pmatrix} u \\ v \end{pmatrix}$$

和

$$F(x, \lambda) = \begin{pmatrix} u \\ v \end{pmatrix} - \lambda \begin{pmatrix} u \\ v \end{pmatrix} + \begin{pmatrix} -v^3 \\ u^3 \end{pmatrix},$$

则 $F_x(\theta, \lambda) = (1 - \lambda)I, \lambda = 1$ 是其谱点, 但 $(\theta, 1)$ 不是一个分歧点. 事实上, 用 v 乘第一行, 用 u 乘第二行, 相减得

$$F(x, \lambda) = \theta \Leftrightarrow u^4 + v^4 = 0 \Leftrightarrow x = \theta.$$

5.2　Lyapunov-Schmidt 约化

设 X, Y 是 Banach 空间, Λ 是一拓扑空间, 映射 $F : U \times \Lambda \to Y$ 连续, 其中 $U \subset X$ 是 θ 点的一个邻域.

设 $F_x(\theta, \lambda_0)$ 是 **Fredholm 算子**, 即

(1) $\operatorname{Im} F_x(x, \lambda_0)$ 在 Y 中闭;

(2) $d = \dim \ker F_x(x, \lambda_0) < \infty$;

(3) $d^* = \operatorname{codim} \operatorname{Im} F_x(u, \lambda_0) < \infty$.

令

$$X_1 = \ker F_x(\theta, \lambda_0), \quad Y_1 = \operatorname{Im} F_x(\theta, \lambda_0).$$

由于 $d = \dim X_1$ 和 $d^* = \operatorname{codim} Y_1$ 均有限, 我们有直和分解:

$$X = X_1 \oplus X_2, \quad Y = Y_1 \oplus Y_2.$$

令 P 是 $Y \to Y_1$ 的投影算子. $\forall x \in X$, 存在唯一的分解:

$$x = x_1 + x_2, \quad x_i \in X_i, \quad i = 1, 2.$$

于是, 对于问题 $F(x, \lambda) = \theta$, 以下等价关系成立:

$$F(x, \lambda) = \theta \Leftrightarrow \begin{cases} PF(x_1 + x_2, \lambda) = \theta, \\ (I - P)F(x_1 + x_2, \lambda) = \theta. \end{cases} \tag{5.2.1}$$

注意到, $PF_x(\theta, \lambda_0) : X_2 \to Y_1$ 既单又满, 由 Banach 逆算子定理知其有有界逆. 如果 $F(\theta, \lambda_0) = 0$, 则由隐函数定理知, 有唯一解:

$$u : V_1 \times V \to V_2,$$

满足

$$PF(x_1 + u(x_1, \lambda), \lambda) = 0,$$

其中 V_i 是 θ 在 $U \cap X_i$ 上的邻域, $i = 1, 2$, V 表示 λ_0 的邻域. 剩下的问题就是在 $V_1 \times V$ 上解方程:

$$(I - P)F(x_1 + u(x_1, \lambda), \lambda) = 0, \tag{5.2.2}$$

这是一个含有 d 个变元、d^* 个方程的非线性方程组.

上述过程称为 Lyapunov-Schmidt 约化. 它把一个无穷维的问题转化为一个有限维的方程组, 接下来研究解 $x_2 = u(x_1, \lambda)$ 的性质.

引理 5.2.1 如果 $F \in C^p(U \times \Lambda, Y), p \geqslant 1$ 满足 $F(\theta, \lambda) = \theta$, $F_x(\theta, \lambda_0)$ 是 Fredholm 算子, 其中 Λ 是 Banach 空间, 则我们有

$$u(\theta, \lambda) = 0,$$
$$\nabla u = u'(\theta, \lambda_0) = 0.$$

如果 $p = 1$, 则 $u(x_1, \lambda) = o(\|x_1\| + |\lambda - \lambda_0|)$;

如果 $p = 2$, 则 $u(x_1, \lambda) = O(\|x_1\|^2 + |\lambda - \lambda_0|^2)$.

证明 由隐函数定理知 $u(x, \lambda) : V_1 \times V \to V_2$ 是唯一的. 因为 $F(\theta, \lambda) = \theta$, 故 $u(\theta, \lambda) = \theta$.

事实上, 因为 $F(u(x_1, \lambda) + x_1, \lambda) = \theta$, 取 $x_1 = \theta$, 则 $F(u(\theta, \lambda) + \theta, \lambda) = \theta$, 由解的唯一性知 $u(\theta, \lambda) = \theta$.

由隐函数定理结论(2.1.1)知

$$u'(\theta, \lambda_0)(\overline{x}_1, \overline{\lambda}) = -(PF_x(\theta, \lambda_0))^{-1}(PF_x(\theta, \lambda_0)\overline{x}_1 + PF_\lambda(\theta, \lambda_0)\overline{\lambda}),$$

$$\forall (\overline{x}_1, \overline{\lambda}) \in X_1 \times \Lambda.$$

由 $F(\theta, \lambda) = \theta$ 得 $F_\lambda(\theta, \lambda) = \theta$. 因此, 注意 $\overline{x}_1 \in X_1 = \ker F_x(\theta, \lambda_0)$, 则

$$u'(\theta, \lambda_0) = \theta.$$

引理中后两条结论由 Taylor 公式可得. ∎

下面考察 $d = d^* = 1$ 时的情形.

定理 5.2.2 (Crandall-Rabinowitz)　设 $U \subset X$ 是 θ 的一个开邻域, $F \in C^2(U \times \mathbb{R}^1, Y)$ 满足 $F(\theta, \lambda) = \theta$. 如果 $F_x(\theta, \lambda_0)$ 是 Fredholm 的且有 $d = d^* = 1$, 同时如果

$$F_{x\lambda}(\theta, \lambda_0)u_0 \notin \operatorname{Im} F_x(\theta, \lambda_0) \tag{5.2.3}$$

对一切 $u_0 \in \ker F_x(\theta, \lambda_0) \setminus \{\theta\}$ 成立, 则 (θ, λ_0) 是分歧点, 且存在唯一的 C^1 曲线 $(\lambda, \psi) : (-\delta, \delta) \to \mathbb{R}^1 \times Z$ 满足

$$\begin{cases} F(su_0 + \psi(s), \lambda(s)) = \theta, \\ \lambda(0) = \lambda_0, \psi(0) = \psi'(0) = \theta, \end{cases}$$

这里 $\delta > 0, Z$ 是 $\operatorname{span}\{u_0\}$ 在 X 中的补空间. 并且存在 (θ, λ_0) 的一个邻域, 在这个邻域上

$$F^{-1}(\theta) = \{(\theta, \lambda) \mid \lambda \in \mathbb{R}^1\} \cup \{(su_0 + \psi(s), \lambda(s)) \mid |s| < \delta\}.$$

证明　根据 Lyapunov-Schmidt 约化, 将 X, Y 作直和分解, 令

$$X_1 = \ker F_x(\theta, \lambda_0), \quad Y_1 = \operatorname{Im} F_x(\theta, \lambda_0).$$

由 $\dim X_1$ 和 $\operatorname{codim} Y_1$ 均有限, 我们有直和分解:

$$X = X_1 \oplus X_2, \quad Y = Y_1 \oplus Y_2.$$

由假设 $d = d^* = 1$ 知

$$X_1 = \ker F_x(\theta, \lambda_0) = \operatorname{span}\{u_0\}, \quad X_2 = Z.$$

因为 $Y_1 \subset Y$ 是闭的, $d^* = 1$ 蕴含 $\overline{Y_1} \neq Y$, 由 Hahn-Banach 定理 (见 [12, Corollary 1.8] 知 $\exists \phi^* \in Y^* \setminus \{\theta\}$ 使得 $\ker \phi^* = Y_1$. 我们知投影 $P : Y \to Y_1$, 从而在 $V_1 \times V$ 上的约化方程 (5.2.2), 即 $(I - P)F(x_1 + u(x_1, \lambda), \lambda) = 0$ 与下式等价:

$$g(s, \lambda) = \langle \phi^*, F(su_0 + u(su_0, \lambda), \lambda) \rangle = 0. \tag{5.2.4}$$

事实上,

$$(5.2.4) \Leftrightarrow F(su_0 + u(su_0, \lambda), \lambda) \in Y_1 \Leftrightarrow (I - P)F(su_0 + u(su_0, \lambda), \lambda) = \theta.$$

注意引理 5.2.1, (5.2.4)显然有平凡解 $s = 0$, 我们寻求非平凡解. 注意到,

$$g_s'(0, \lambda_0) = \langle \phi^*, F_x(\theta, \lambda_0)(u_0 + u_s'(\theta, \lambda_0))) \rangle$$

及 $u_0 \in \ker F_x(\theta, \lambda)$, 由引理 5.2.1得 $g_s'(0, \lambda_0) = 0$. 因此不可能由隐函数定理直接得到解 $s = s(\lambda)$.

然而, 如果我们考虑 λ 作为 s 的函数, 其唯一的困难点只在于 $g(0, \lambda) = 0$, $\forall \lambda$, $g_\lambda'(0, \lambda_0) = 0$.

[计算 $g_\lambda'(s, \lambda) = \langle \phi^*, F_\lambda(su_0 + u(su_0, \lambda), \lambda) + F_x(su_0 + u(su_0, \lambda), \lambda) \cdot u_\lambda'(su_0, \lambda) \rangle$, 故 $g_\lambda'(0, \lambda_0) = 0$;

$$\begin{aligned} g_{s\lambda}''(s, \lambda) = &\langle \phi^*, F_{x\lambda}(su_0 + u(su_0, \lambda), \lambda)(u_s'(su_0, \lambda) + u_0) \\ &+ [F_{xx}(su_0 + u(su_0, \lambda), \lambda)(u_0 + u_s'(su_0, \lambda)) \cdot u_\lambda'(su_0, \lambda)] \\ &+ F_x(su_0 + u(su_0, \lambda), \lambda)u_{\lambda s}''(su_0, \lambda)u_0 \rangle, \end{aligned}$$

注意 $u_s'(0, \lambda_0) = 0, u_\lambda'(0, \lambda_0) = 0, \ker F_x(\theta, \lambda_0) = \mathrm{span}\{u_0\}$, 故

$$g_{s\lambda}''(0, \lambda_0) = \langle \phi^*, F_{x\lambda}(0, \lambda_0)u_0 + F_x(0, \lambda_0)u_{s\lambda}''(0, \lambda_0)u_0 \rangle = \langle \phi^*, F_{x\lambda}(0, \lambda_0)u_0 \rangle \neq 0.]$$

为此, 引进新函数:

$$h(s, \lambda) = \begin{cases} \dfrac{1}{s}g(s, \lambda), & s \neq 0, \\ g_s'(0, \lambda), & s = 0. \end{cases} \tag{5.2.5}$$

当 $s \neq 0$ 时, $h(s, \lambda) = 0$ 的解同方程 (5.2.4) 一样. 这里我们定义 $g_s'(0, \lambda)$ 为 h 在 $s = 0$ 处的值是为了使得 $h \in C^1$.

此时先假定 $h \in C^1$, 后面将证之. 由引理 5.2.1, $u(\theta, \lambda) = 0, u'(\theta, \lambda_0) = 0$ 可知 $u_s'(0, \lambda_0) = 0$ 和 $u_\lambda'(0, \lambda_0) = 0$, 又由 (5.2.3) 和 $F_{x\lambda}(0, \lambda_0)u_0 \notin Y_1$, 计算可得

$$\begin{aligned} h_\lambda'(0, \lambda_0) &= g_{s\lambda}''(0, \lambda_0) \\ &= \langle \phi^*, F_{x\lambda}(0, \lambda_0)(u_0 + u_s'(0, \lambda_0)) + F_x(0, \lambda_0)u_{s\lambda}''(0, \lambda_0)u_0 \rangle \\ &= \langle \phi^*, F_{x\lambda}(0, \lambda_0)u_0 \rangle \\ &\neq 0. \end{aligned}$$

又

$$h(0, \lambda_0) = g_s'(0, \lambda_0) = 0,$$

应用隐函数定理, 存在 C^1 曲线 $\lambda = \lambda(s), |s| < \delta$ 满足

$$\begin{cases} h(s, \lambda(s)) = 0, \\ \lambda(0) = \lambda_0. \end{cases}$$

令

$$\psi(s) = u(su_0, \lambda(s)),$$

注意引理 5.2.1, $u'(\theta, \lambda_0) = \nabla u(\theta, \lambda_0) = \theta$, 从而有

$$\psi(0) = u(0, \lambda_0) = \theta,$$
$$\psi'(0) = \nabla u(\theta, \lambda_0)(u_0, \lambda'(0)) = \theta$$

和

$$g(s, \lambda(s)) = \langle \phi^*, F(su_0 + u(su_0, \lambda(s)), \lambda(s)) \rangle = \theta,$$

即

$$F(su_0 + \psi(s), \lambda(s)) = \theta,$$

这正是我们所要证的.

下证对某 $\eta > 0, h \in C^1(B_\eta)$, 其中 $B_\eta = \{(s, \lambda) \in \mathbb{R}^2 \,||s|^2 + |\lambda - \lambda_0|^2 < \eta^2\}$. 事实上, 仅需证 h 在 $s = 0$ 处是 C^1 的. 由定义知

$$\lim_{s \to 0} \frac{1}{s} g(s, \lambda) = g'_s(0, \lambda),$$

其蕴含 h 连续. 并且,

$$\begin{aligned} h'_s(0, \lambda) &= \lim_{s \to 0} \frac{1}{s}[h(s, \lambda) - h(0, \lambda)] \\ &= \lim_{s \to 0} \frac{1}{s^2}[g(s, \lambda) - g(0, \lambda) - g'_s(0, \lambda)s] \quad (\text{由 Taylor 展开式}) \\ &= \frac{1}{2} g''_{ss}(0, \lambda), \end{aligned}$$

又

$$h'_s(s, \lambda) = \left(\frac{1}{s} g(s, \lambda)\right)'_s = -\frac{1}{s^2} g(s, \lambda) + \frac{1}{s} g'_s(s, \lambda),$$
$$g(s, \lambda) = g(0, \lambda) + g'_s(0, \lambda)s - \frac{1}{2} g''_{ss}(0, \lambda)s^2 + o(s^2),$$

因此,

$$\begin{aligned} h'_s(s, \lambda) - h'_s(0, \lambda) &= \frac{1}{s^2}[g'_s(s, \lambda)s - g(s, \lambda) - \frac{1}{2} g''_{ss}(0, \lambda)s^2] \\ &= o(1), \quad \text{当} |s| \to 0 \text{时.} \end{aligned}$$

注意

$$g'_\lambda(s,\lambda) = \langle \phi^*, F_\lambda(su_0 + u(su_0,\lambda),\lambda) + F_x(su_0 + u(su_0,\lambda),\lambda)u'_\lambda(su_0,\lambda) \rangle,$$

由引理 5.2.1知 $u(\theta,\lambda) = \theta$, 故 $u'_\lambda(\theta,\lambda) = 0$, 又 $F_\lambda(\theta,\lambda) = 0$, 我们有 $g'_\lambda(0,\lambda) = 0$.
进而由 (注意式 (5.2.5)) $h'_\lambda(0,\lambda) = g''_{s\lambda}(0,\lambda)$ 得

$$h'_\lambda(s,\lambda) - h'_\lambda(0,\lambda) = \frac{1}{s}g'_\lambda(s,\lambda) - g''_{s\lambda}(0,\lambda) \to 0, \quad \text{当 } s \to 0 \text{ 时.} \qquad \blacksquare$$

应用

例 5.2.3 (Euler 弹性杆) 考虑本章开头部分的弹性杆弯曲问题:

$$\begin{cases} \varphi'' + \lambda \sin\varphi = 0, x \in (0,\pi), \\ \varphi'(0) = \varphi'(\pi) = 0, \lambda > 0. \end{cases}$$

令

$$X = \{u \in C^2[0,\pi] \mid u'(0) = u'(\pi) = 0\}, \quad Y = C[0,\pi],$$

以及映射 $F : X \times \mathbb{R}^1 \to Y$ 如下:

$$(u,\lambda) \mapsto u'' + \lambda \sin u.$$

它是连续映射且满足 $F(\theta,\lambda) = \theta$. $F_u(\theta,\lambda) = \left(\dfrac{d}{dt}\right)^2 + \lambda I$, 由 (θ,λ) 是分歧点的必要条件知 λ 是线性算子 $\left(\dfrac{d}{dt}\right)^2 + \lambda I$ 的谱, 即方程 $-w'' = \lambda w, w'(0) = w'(\pi) = 0$ 的特征值,

$$\lambda = n^2, \quad \text{对某个 } n = 1,2,\cdots.$$

由

$$\ker\left(\left(\frac{d}{dt}\right)^2 + n^2 I\right) = \{s\cos nt \mid s \in \mathbb{R}^1\},$$

我们知 $\dim \ker F_u(\theta,n^2) = 1$; 另外 $T = \left(\dfrac{d}{dt}\right)^2$ 在自由端点条件下是自伴的, $\mathrm{Im}F_u(0,n^2)$ 在 $W^{1,2}(0,\pi)$ 中的正交补空间为

$$\mathrm{coker}\, F_u(\theta,n^2) = \{s\cos nt \mid s \in \mathbb{R}^1\}.$$

另外,

$$F''_{u\lambda}(\theta,n^2) = \cos nu|_{u=0} = I,$$

我们得到

$$F''_{u\lambda}(\theta, n^2) \cos nt = \cos nt \notin \operatorname{Im} F_u(\theta, n^2).$$

至此, Crandall-Rabinowitz 定理的条件均满足, 于是我们得到一个 C^1 曲线族 $(\lambda_n(s), \psi_n(s)) : (-\delta, \delta) \to \mathbb{R}^1 \times Z_n$, 其中 Z_n 是 $\operatorname{span}\{\cos nt\}$ 的补空间, 满足

$$\lambda_n(0) = n^2,$$
$$\frac{d}{ds}\psi_n(0) = \psi_n(0) = 0, \quad n = 1, 2, 3, \cdots.$$

令

$$\varphi_n(s, t) = s \cos nt + (\psi_n(s))(t), \quad t \in [0, \pi],$$

则

$$\left(\frac{\partial}{\partial t}\right)^2 \varphi_n(s, t) + \lambda_n(s) \sin \varphi_n(s, t) = 0, \quad 0 < t < \pi, \quad |s| < \delta,$$
$$\frac{\partial}{\partial t}\varphi_n(s, 0) = \frac{\partial}{\partial t}\varphi_n(s, \pi) = 0.$$

我们得到了分歧图 (图 5.2).

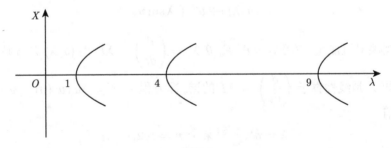

图 5.2

例 5.2.4　考虑下述椭圆边值问题. $\Omega \subset \mathbb{R}^n$ 是具有光滑边界 $\partial\Omega$ 的有界开区域, $p \in (1, \infty)$:

$$\begin{cases} -\Delta u - \lambda u = |u|^{p-1}u, & \forall x \in \Omega, \\ u|_{\partial\Omega} = 0. \end{cases}$$

令

$$X = C^{2,\gamma} \cap C_0(\overline{\Omega}), \quad Y = C^{\gamma}(\overline{\Omega}), \quad \text{对某 } \gamma \in (0,1),$$
$$F : (u, \lambda) \mapsto -\Delta u - \lambda u - |u|^{p-1}u.$$

我们有

$$F_u(0, \lambda) = -\Delta - \lambda I.$$

因此, 若 $(0, \lambda)$ 是分歧点, 则 $-\lambda$ 必是 Δ 的 Dirichlet 边值条件下的谱点.

设 $-\Delta$ 的特征值为 λ_1, 满足 $0 < \lambda_1 < \lambda_2 \leqslant \cdots \leqslant \lambda_i \leqslant \cdots$, 相应的特征函数为 φ_i.

首先考虑 $-\Delta$ 的第一特征值 λ_1, 它是单的, 即 $\ker(-\Delta - \lambda I)$ 是一维的, 令 $\varphi_1 > 0$ 是相应的特征函数. 由 $F_u(\theta, \lambda_1)\varphi_i = (\lambda_i - \lambda_1)\varphi_i, i \geqslant 1$, $F_u(\theta, \lambda_1)$ 的自伴性知 $\operatorname{coker} F_u(\theta, \lambda_1) = Y/\operatorname{Im}F_u(\theta, \lambda_1) = \{s\varphi_1, s \in \mathbb{R}^1\}$ 是一维的, 且有

$$F_{u\lambda}(\theta, \lambda_1)\varphi_1 = -\varphi_1 \notin \operatorname{Im} F_u(\theta, \lambda_1).$$

应用 Crandall-Rabinowitz 定理得到, (θ, λ_1) 是一个分歧点, 其解集是 C^1 曲线:

$$(-\delta, \delta) \mapsto (s\varphi_1(x) + \psi(s)(x), \lambda_1(s))$$

加上平凡解 (θ, λ), 其中 $\psi(s) \in Z$, Z 是 $\operatorname{span}\{\varphi_1\}$ 在 $C^{2,\gamma} \cap C_0(\overline{\Omega})$ 中的补空间.

这里我们没有研究其他的特征值, 因为我们并不清楚其是否为单的, 即不知 $d = 1$ 是否成立. 而事实上, 如果 λ 是单的, 我们会有相似的结果.

若 $d \neq 1$, 则对某些特殊情形我们可将定理 5.2.2 推广如下.

定理 5.2.5 设 Λ, X, Y 都是 Banach 空间. 设 $F \in C^2(X \times \Lambda, Y)$:

$$F(x, \lambda) = L(\lambda)x + P(x, \lambda),$$

这里 $L(\lambda) \in L(X, Y)$, $\forall \lambda \in \Lambda$ 且

$$P(\theta, \lambda) = 0, P_x(\theta, \lambda) = 0, \text{对某 } \lambda_0 \in \Lambda \text{ 有 } P_{x\lambda}(\theta, \lambda_0) = 0.$$

如果存在 $u_0 \in \ker L(\lambda_0)\backslash\{\theta\}$ 和一个闭线性子空间 $Z \subset X$, 使得 $(z, \lambda) \mapsto L(\lambda_0)z + \lambda L'(\lambda_0)u_0 : Z \times \Lambda \to Y$ 线性同胚, 则存在 (θ, λ_0) 在 $\operatorname{span}\{u_0\} \times Z \times \Lambda$ 中的一个邻域 U, $\delta > 0$ 和一个 C^1 映射:

$$(-\delta, \delta) \to Z \times \Lambda$$
$$s \mapsto (\varphi(s), \lambda(s))$$

满足

$$F^{-1}(\theta) \cap U\backslash\{(\theta, \lambda) \mid \lambda \in \Lambda\} = \{(s(u_0 + \varphi(s)), \lambda(s)) \mid |s| < \delta\}$$

和

$$(\varphi(0), \lambda(0)) = (\theta, \lambda_0).$$

证明　类似于定理 5.2.2 的证明, 定义

$$\Phi(s, z, \lambda) = \begin{cases} \dfrac{1}{s} F(s(u_0 + z), \lambda), & s \neq 0, \\ F_x(\theta, \lambda)(u_0 + z), & s = 0. \end{cases} \tag{5.2.6}$$

我们想证 $\Phi \in C^1((\mathbb{R}^1 \times Z) \times \Lambda, Y)$, 只需证其在 $s = 0$ 处是连续可微的. 注意(1.7.4), 由

$$\Phi(s, z, \lambda) - \Phi(0, z, \lambda) = s^{-1} \left[F(s(u_0 + z), \lambda) - F(\theta, \lambda) - F_x(\theta, \lambda)(s(u_0 + z)) \right]$$

$$= s^{-1} \left[\int_0^1 F_x(ts(u_0 + z), \lambda) dt \cdot s(u_0 + z) - \int_0^1 F_x(0, \lambda) dt \cdot s(u_0 + z) \right]$$

$$= s^{-1} \left[\int_0^1 \int_0^1 F_{xx}(rts(u_0 + z), \lambda) t dr dt \cdot s^2 (u_0 + z)^2 \right]$$

$$= s \int_0^1 \int_0^1 F_{xx}(rts(u_0 + z), \lambda) t dt dr \cdot (u_0 + z)^2,$$

以及 $F \in C^2(X \times \Lambda, Y)$, 我们有

$$\Phi_s(0, z, \lambda) = \lim_{s \to 0} \frac{\Phi(s, z, \lambda) - \Phi(0, z, \lambda)}{s}$$

$$= \lim_{s \to 0} \int_0^1 \int_0^1 F_{xx}(rts(u_0 + z), \lambda) t dr dt \cdot (u_0 + z)^2$$

$$= \int_0^1 \int_0^1 F_{xx}(\theta, \lambda)(u_0 + z)^2 t dt dr$$

$$= \frac{1}{2} F_{xx}(\theta, \lambda)(u_0 + z)^2.$$

当 $s \to 0$ 时,

$$\Phi_s(s, z, \lambda) - \Phi_s(0, z, \lambda)$$

$$= -s^{-2} F(s(u_0 + z), \lambda) + s^{-1} F_x(s(u_0 + z), \lambda)(u_0 + z) - \frac{1}{2} F_{xx}(\theta, \lambda)(u_0 + z)^2$$

$$= -s^{-2} \left[F(s(u_0 + z), \lambda) - s F_x(\theta, \lambda)(u_0 + z) - \frac{s^2}{2} F_{xx}(\theta, \lambda)(u_0 + z)^2 \right]$$

$$+ s^{-1} [F_x(s(u_0 + z), \lambda) - F_x(\theta, \lambda)](u_0 + z) - F_{xx}(\theta, \lambda)(u_0 + z)^2$$

$$= o(1),$$

且 (注意 $F_\lambda(\theta, \lambda) = L'(\lambda)\theta + P_\lambda(\theta, \lambda) = \theta$)

$$\Phi_\lambda(s,z,\lambda) - \Phi_\lambda(0,z,\lambda)$$
$$= s^{-1}[F_\lambda(s(u_0+z),\lambda) - F_\lambda(\theta,\lambda) - F_{x\lambda}(\theta,\lambda)s(u_0+z)]$$
$$= s^{-1}\left[\int_0^1 F_{x\lambda}(rs(u_0+z),\lambda)dr \cdot s(u_0+z) - \int_0^1 F_{x\lambda}(0,\lambda)dr \cdot s(u_0+z)\right]$$
$$= o(1).$$

于是, $\Phi \in C^1$. 至此, 注意 $u_0 \in \ker L(\lambda_0)$, $P_x(\theta,\lambda) = \theta$, $P_{x\lambda}(\theta,\lambda_0) = \theta$, 我们有

$$\Phi(0,z,\lambda) = L(\lambda)(u_0+z) + P_x(\theta,\lambda)(u_0+z),$$
$$\Phi(0,\theta,\lambda_0) = L(\lambda_0)u_0 + P_x(\theta,\lambda_0)u_0 = \theta,$$

以及

$$\Phi_{(z,\lambda)}(s,z,\lambda) \cdot (\bar{z},\bar{\lambda}) = \frac{1}{s}F_x(s(u_0+z),\lambda) \cdot s\bar{z} + \frac{1}{s}F_\lambda(s(u_0+z),\lambda)\bar{\lambda},$$
$$F_x(x,\lambda) = L(\lambda) + P_x(x,\lambda), \quad F_\lambda(x,\lambda) = L'(\lambda)x + P_\lambda(x,\lambda),$$
$$F_z = F_x \cdot s, \quad x = su_0 + z,$$

代入 $(0,\theta,\lambda_0)$, 有

$$\Phi_{(z,\lambda)}(0,\theta,\lambda_0)(\bar{z},\bar{\lambda}) = L(\lambda_0)\bar{z} + L'(\lambda_0)u_0 \cdot \bar{\lambda} + P_{\lambda x}(\theta,\lambda_0)u_0 + P_x(\theta,\lambda_0)\bar{z}$$
$$= L(\lambda_0)\bar{z} + \bar{\lambda}L'(\lambda_0)u_0, \quad \forall (\bar{z},\bar{\lambda}) \in Z \times \Lambda.$$

由假设知上面的线性算子是同胚的. 于是对于 $\Phi(s,(z,\lambda)) = \theta$, 由隐函数定理知存在 (θ,λ_0) 的一个邻域 U 和唯一的 C^1 曲线: $s \mapsto (\varphi(s),\lambda(s)) \in Z \times \Lambda$, $\forall |s| < \varepsilon$, 满足

$$\begin{cases} (\varphi(0),\lambda(0)) = (\theta,\lambda_0), \\ \Phi(s,\varphi(s),\lambda(s)) = \theta, \ \text{即} \ F(s(u_0+\varphi(s)),\lambda(s)) = \theta. \end{cases} \blacksquare$$

附注 5.2.6 这部分主要选自 [21]. Li C, Li S J 和 Liu Z L 在文献 [80] 中讨论了更弱光滑条件下的 Crandall-Rabinowitz 定理, 允许有两个参数, 解决了 Fučík 谱是单重情况下从 Fučík 谱线分歧出曲面问题, 当两个参数相等时就是 Crandall-Rabinowitz 定理.

5.3 Krasnoselski 局部分歧定理

设 X 是 Banach 空间, $f(x,\lambda)$ 是一个从 $D \subset X \times \mathbb{R}$ 到 X 的映射, 具有形式

$$f(x,\lambda) = x - (\mu_0 + \lambda)Tx + g(x,\lambda). \tag{5.3.1}$$

设

(1) $\mu_0 \neq 0, (0, \mu_0) \in D$;

(2) T 是线性全连续映射 $X \to X$;

(3) $g(x, \lambda)$ 是从 D 到 X 的非线性全连续映射;

(4) $g(0, \lambda) \equiv 0$ 和 $g(x, \lambda) = o(\|x\|)$ 对 $|\lambda| < \varepsilon$ 是一致的.

定理 5.3.1(Krasnoselski)　在假设 (1)—(4) 之下, 设 $1/\mu_0$ 是 T 的具有奇重数的特征值, 则 $(0,0)$ 是 $f(x, \lambda) = 0$ 的分歧点. 这里 $1/\mu_0$ 的代数重数是 $\dim \bigcup_{p=1}^{\infty} \ker(\mu_0^{-1} I - T)^p$.

证明　设 $(0,0)$ 不是分歧点, 则对 $\varepsilon > 0$ 充分小和 λ 是固定值, $|\lambda|$ 充分小, $\deg(f(x, \lambda), B_\varepsilon, 0)$ 有定义, 且与 λ 无关, 其中 $B_\varepsilon = \{x \in X, \|x\| < \varepsilon\}$. 由 Leray-Schauder 度理论知, 对充分小 $\lambda_1 > 0$,

$$\deg(f(x, \lambda_1), B_\varepsilon, 0) = (-1)^{\beta(\lambda_1)}.$$

这里 $\beta(\lambda_1)$ 是 T 的大于 $(\mu_0 + \lambda_1)^{-1}$ 的特征值的重数和. 对充分小 $\lambda_2 < 0$,

$$\deg(f(x, \lambda_2), B_\varepsilon, 0) = (-1)^{\beta(\lambda_2)}.$$

$\beta(\lambda_1) - \beta(\lambda_2) = $ 特征值 μ_0^{-1} 的重数. 由 μ_0^{-1} 的重数是奇的, 我们有

$$\deg(f(x, \lambda_2), B_\varepsilon, 0) = -\deg(f(x, \lambda_1), B_\varepsilon, 0).$$

这和 $\deg(f(x, \lambda), B_\varepsilon, 0)$ 与 λ 无关矛盾. ∎

例 5.3.2　如果 μ_0^{-1} 是偶重数, 上述定理结论不真. 设 $X = \mathbb{R}^2, x = \begin{pmatrix} x_1 \\ x_2 \end{pmatrix}$. 考虑方程

$$\begin{pmatrix} x_1 \\ x_2 \end{pmatrix} - (\mu_0 + \lambda) \begin{pmatrix} x_1 \\ x_2 \end{pmatrix} + \begin{pmatrix} -x_2^3 \\ x_1^3 \end{pmatrix} = 0.$$

这里研究 $\mu_0 = 1$ 时的情形. 于是 $T = I$. 对上述方程, 分别乘 x_2 和 x_1, 再相减, 得 $x_2^4 + x_1^4 = 0$, 于是 $x_1 = x_2 = 0$, 仅有平凡解, 因此 $(0,0)$ 不是分歧点. 这时 $\ker(I - T) = \mathbb{R}^2$, 于是 $\mu_0 = 1$ 的重数是 2.

例 5.3.3（在 $\mathbb{R}^2$ 中一个类似的例子）

$$x_2 - \lambda x_1 + x_2^3 = 0,$$
$$-\lambda x_2 - x_1^3 = 0.$$

对照(5.3.1)形式, 这里 $I - T = \begin{pmatrix} 0 & 1 \\ 0 & 0 \end{pmatrix}, \ker(I-T) = \mathbb{R}^1, \ker(I-T)^2 = \mathbb{R}^2$. $\mu_0 = 1$ 的重数也是 2. 如上述解 (x_1, x_2) 满足 $x_2^2 + x_1^4 + x_2^4 = 0$, 因此是平凡的.

例 5.3.4 在 g 光滑时, 如果 $1/\mu_0$ 的代数重数 $m = 1$, 定理 5.3.1 是 Crandall-Rabinowitz 定理 (定理 5.2.2) 的一个特殊情形. 这时, 除平凡解线 $(0, \lambda)$ 之外, 还有另一光滑曲线, 且它与平凡解线 $(0, \lambda)$ 横截相交.

如果 $m > 1$, 则不然. 例如, $X = \mathbb{R}^3, T = I, \mu_0 = 1, g$ 与 λ 无关,

$$g(x) = v\left(\frac{x}{|x|}\right) \exp\left(-\frac{1}{|x|^2}\right).$$

这里 v 是从 S^2 到 $\mathbb{R}^3$ 的映射, 且有 $v(y) \perp y$, 对每个 y, v 仅在一点 (北极) 为零. 这时 $\ker(I - T) = \mathbb{R}^3$, 于是 $\mu_0 = 1$ 的重数是 3. 对照(5.3.1), 如果 $x \neq 0$ 是

$$-\lambda x + g(x) = 0$$

的解, 则由 $g(x) \perp x$, 我们有 $\lambda = 0$ 和 $x = (0, 0, x_3), \forall x_3 > 0$, 于是存在一个非平凡解集 $\{(0, 0, x_3), \forall x_3 > 0, \lambda = 0\}$. 此时解在 X 的上半轴, 它与平凡解线 $(0, \lambda)$ 没有横截相交.

5.4 Rabinowitz 大范围分歧定理

Rabinowitz 把 Krasnoselski 定理推广到大范围情形.

定理 5.4.1 (Rabinowitz) 设 X 是一个 Banach 空间, $f(x, \mu)$ 是从 $X \times \mathbb{R}$ 中区域 (domain) G 到 X 的具有下述形式的连续映射

$$f(x, \mu) = (I - \mu T)x - g(x, \mu),$$

满足

(i) T 是从 X 到 X 的线性全连续映射;

(ii) g 是从 G 到 X 的非线性全连续映射, $g(x, \mu) = o(\|x\|)$, 关于 μ 的有界区间上是一致的;

(iii) $(\theta, \mu_0) \in G, \mu_0 \neq 0$, 且 μ_0^{-1} 是 T 具有奇重数的特征值.

设 S 表示 $f(x, \mu) = 0$ 在 G 中的非平凡解 (即 $x \neq 0$)(x, μ) 的闭包, 设 C 是 S 的包含 (θ, μ_0) 的连通分支,
则或者

(1) C 在 G 中是非紧的, 且当 $G = X \times \mathbb{R}$ 时, C 是无界的,
或者

(2) C 有界, 包含了有限个 (θ, μ_j), 这里 μ_j^{-1} 是 T 的特征值, 并且含有奇重数特征值的这些点包括 (θ, μ_0) 在内总个数是偶的.

我们采用 Ize[68,Theorem 2.1] 的证明. 先给一个引理.

引理 5.4.2 (Ize)   考虑 $f(x,\mu)$ 如定理 5.4.1 所描述, 对 $\mu = \mu_0 + \lambda, \lambda \neq 0, |\lambda|$ 足够小, μ^{-1} 不是 T 的特征值, 因此

$$i_- = (I - \mu T) \text{ 在 } 0 \text{ 的指标} = \deg(I - \mu T, B_r, 0), \quad \lambda < 0,$$

对 $r = r(\lambda)$ 充分小时有定义, 且同 r, λ 无关, 其中 $B_r = \{x \in X, \|x\| < r\}$.
还有

$$i_+ = \deg(I - \mu T, B_r, 0), \quad \lambda > 0.$$

对固定的 $r > 0$, 考虑在 $X \times \mathbb{R}$ 原点的一个邻域, 在 $X \times \mathbb{R}$ 中定义映射

$$H_r(x, \lambda) = ((I - (\mu_0 + \lambda)T)x - g(x, \mu_0 + \lambda), \|x\|^2 - r^2), \tag{5.4.1}$$

则对适当小的 $\lambda_0, r > 0$,

$$\deg(H_r, \Omega_{r,\lambda_0}, (0,0)) = i_- - i_+, \tag{5.4.2}$$

其中 $\Omega_{r,\lambda_0} = \{(x, \lambda) \in X \times \mathbb{R}, \|x\|^2 + \lambda^2 < r^2 + \lambda_0^2\}$.

证明   选 $\lambda_0 > 0$ 足够小, 使得在区间 $[\mu_0 - \lambda_0, \mu_0 + \lambda_0]$ 上 T 的特征值的倒数只有 μ_0(注意紧算子的非零特征值是孤立的). 由前面知 $[I - (\mu_0 \pm \lambda_0)T]^{-1}$ 存在且有界,

$$[I - (\mu_0 \pm \lambda_0)T]x - g(x, \mu_0 \pm \lambda_0) = 0 \tag{5.4.3}$$

使 $\|x\|$ 充分小的解是 $x = 0$.

往证对 $r > 0$ 充分小, $H_r(x, \lambda) = (0,0)$ 无解满足 $\|x\|^2 + \lambda^2 = r^2 + \lambda_0^2$.

事实上, 如果 (x, λ) 是这样的解, 则 $\lambda = \pm\lambda_0$, 又因为对 r 充分小, (5.4.3) 只有零解, 故在 $\partial\Omega_{r,\lambda_0}$ 上 $H_r(x, \lambda) \neq (0,0)$.

考虑形变 $0 \leqslant t \leqslant 1$,

$$H_r^t(x, \lambda) = (y^t, \tau^t),$$
$$y^t = (I - (\mu_0 + \lambda)T)x - tg(x, \mu_0 + \lambda),$$
$$\tau^t = t(\|x\|^2 - r^2) + (1-t)(\lambda_0^2 - \lambda^2),$$

如前述可证, $\deg(H_r^t(x, \lambda), \Omega_{r,\lambda_0}, (0,0))$ 有定义 (即边界上无解), 因此拓扑度与 t 无关.

对 $t = 0$,
$$H_r^0(x, \lambda) = ((I - (\mu_0 + \lambda)T)x, \lambda_0^2 - \lambda^2).$$

如果 $H_r^0(x, \lambda) = (0,0)$, 则 $\lambda = \pm\lambda_0, x = 0$, 于是仅有的解是 $(0, \lambda_0), (0, -\lambda_0)$.

但是 $H_r^0(x, \lambda)$ 在 $(0, \lambda)$ 的 Fréchet 导算子是

$$DH_r^0(0, \lambda)(x, \lambda') = ((I - (\mu_0 + \lambda)T)x, -2\lambda\lambda').$$

这是一个乘积映射, 于是由笛卡儿乘积公式 (先用有限维有界连续算子逼近, 再应用定理 4.1.14, 或 [111, 命题 1.4.7]), 在 $(0, \lambda) = (0, \lambda_0)$ 的拓扑度是 $-i_+$, 在 $(0, \lambda) = (0, -\lambda_0)$ 的拓扑度是 i_-. 因此整个拓扑度是 $i_- - i_+$. 事实上,

$$\begin{aligned}
&\deg(H_r^0(x, \lambda), \Omega_{r, \lambda_0}, (0, 0)) \\
&= \deg(DH_r^0(0, \lambda_0), B_\varepsilon(0, 0), (0, 0)) + \deg(DH_r^0(0, -\lambda_0), B_\varepsilon(0, 0), (0, 0)) \\
&= \deg(I - (\mu_0 + \lambda_0)T, B_\varepsilon(0), 0) \cdot \deg(-2\lambda_0 I, B_\varepsilon(0), 0) \\
&\quad + \deg(I - (\mu_0 - \lambda_0)T, B_\varepsilon(0), 0) \cdot \deg(2\lambda_0 I, B_\varepsilon(0), 0) \\
&= i_- - i_+.
\end{aligned}$$

最后由同伦不变性知 $t = 1$ 时 (5.4.2) 成立. ■

定理 5.4.1 的证明如下.

证明 由于全连续算子 $\mu Tx + g(x, \mu)$ 把有界闭集 C 映成 X 中的紧集, 故注意 $x = \mu Tx + g(x, \mu)$, 有 $\{x : x \in C\}$ 是 X 中的紧集, 从而 C 是 G 中的紧集 (这里 C 有界与 C 紧等价), 故只需考虑第二种情况. 设 C 在 G 中是紧的, 注意线性紧算子仅有可能的特征值的聚点是零, 于是在任何 $\mathbb{R}$ 的有限区间, 存在特征值的倒数的个数是有限的, 于是 C 包含最多有限个 $(0, \mu_j), j = 0, \cdots, k$, 使 u_j^{-1} 是 T 的特征值 (图 5.3).

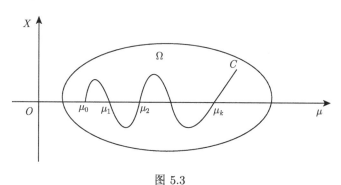

图 5.3

设 Ω 是在 G 中的任意有界开集, 满足包含 C 并且在 $\partial\Omega$ 上方程 $f(x, \mu) = 0$ 没有非平凡解 (x, μ), $x \neq 0$. 于是 Ω 除了 $(0, \mu_j), j = 0, \cdots, k$ 之外不含其他的 $(0, \mu)$, 使得 μ^{-1} 是 T 的特征值.

在 Ω 中, 对 $r > 0$, 考虑映射

$$f_r(x,\mu) : \overline{\Omega} \to X \times \mathbb{R}, f_r(x,\mu) = (f(x,\mu), \|x\|^2 - r^2).$$

$\deg(f_r(x,\mu), \Omega, (0,0))$ 有定义. 因为在 $\partial\Omega$ 上, $f(x,\mu) = 0$ 无非零解, 因此 $0 = \|x\| < r$, 并且拓扑度是同 r 无关的. 当 r 充分大时, $f_r(x,\mu) = 0$ 在 Ω 中无解, 因此

$$\deg(f_r(x,\mu), \Omega, (0,0)) = 0.$$

另一方面, 对 r 充分小, 如果 (x,μ) 是 $f_r(x,\mu) = 0$ 的解, 则 $\|x\| = r$, 因此如前述, μ 接近某个 μ_j, $j = 0, \cdots, k$ (即如果不是这种情形, 则 $(I - \mu T)^{-1}$ 是有界的和 $x = 0$ 是 $f(x,\mu) = 0$ 的仅有解, 同 $\|x\| = r > 0$ 矛盾). 于是由 Ize 引理知 f_r 在 μ_j 的每个邻域关于 $(0,0)$ 的局部拓扑度之和是零,

$$0 = \sum_{j=0}^{k} (i_-(j) - i_+(j)).$$

因为 $i_+(j) = (-1)^{m_j} i_-(j)$, 这里 m_j 是 μ_j 的重数, 对于偶代数重数特征值 $\dfrac{1}{\mu_j}$, 有 $i_-(j) - i_+(j) = 0$, 所以和式中非零项包含只能是具有奇重数的 $\dfrac{1}{\mu_j}$, 这些项总和是零, 因此必须是偶数个 (注意 $i_+(j) = i_-(j+1)$, $i_-(0) = (-1)^\beta \neq 0$ 对某非负整数 β). ∎

附注 5.4.3　对于第一种情况: C 在 G 中是非紧, 若 G 是有界区域, 则 $C \cap \partial G \neq \varnothing$.

例 5.4.4　[29] 中第 208 页的 Theorem 8.4 是关于以下常微分方程两点边值问题的大范围分歧定理.

$$\begin{cases} x'' + \lambda x = \phi(t, x, x'), t \in (0, \pi), \\ x(0) = x(\pi) = 0, \end{cases} \tag{5.4.4}$$

其中 $\phi = O(|x|^2 + |x'|^2)$ 关于 $t \in [0,\pi]$ 一致成立. 易知 $\lambda_n = n^2, n = 1, 2, \cdots$ 是以下问题的特征值

$$\begin{cases} x'' + \lambda x = 0, t \in (0, \pi), \\ x(0) = x(\pi) = 0. \end{cases} \tag{5.4.5}$$

分歧在点 $(\lambda_n, 0)$ 发生. 设 $X = \{x \in C^2[0,\pi] : x(0) = x(\pi) = 0\}$, 每个解分支均是 $\mathbb{R} \times X$ 中无界的且两两互不相交.

附注 5.4.5　解的稳定性及分支在分歧点附近的局部性质可见 [111]; 无穷远分歧见 [119] 及后续研究工作.

附注 5.4.6　本章相关内容参见 [21], [29], [68], [80], [111], [150] 等.

第 6 章　变 分 方 法

变分方法的基本思想是把求非线性偏微分方程、算子方程的解的问题归结为在某函数空间求某泛函的临界点 (特别是极值点) 的问题. 变分方法在偏微分方程、积分方程以及许多数学物理问题中具有广泛的应用.

变分方法是从约翰・伯努利 (Johann Bernoulli) 1696 年 6 月公开提出最速降线 (brachistochrone curve) 问题开始的, 18 世纪是变分方法的草创时期, 建立了极值应满足的 Euler 方程并据此解决了大量具体问题. 19 世纪人们把变分方法广泛应用到数学物理中去, 建立了极值函数的充分条件.

20 世纪伊始, Hilbert 在巴黎国际数学家大会讲演中提到的 23 个著名数学问题中就有 3 个与变分方法有关, 变分方法的思想贯穿了 Courant 和 Hilbert 所著的《数学物理方法》一书. 20 世纪 70 年代以来发展起来的以 Ambresetti 和 Rabinowitz 建立的山路定理 (mountain pass theorem) 为代表的极大极小方法是现代变分理论的重要内容, 而 Morse 的大范围变分方法 (Morse 理论) 则是 20 世纪变分方法发展的标志.

6.1　经典变分方法: 极小化方法及特征值问题

定义 6.1.1　设泛函 $\phi : U \to \mathbb{R}$, 其中 U 是 Banach 空间 E 中的开子集, 称泛函 ϕ 在 $u_0 \in U$ 处有 Gâteaux 导算子 $f \in E^*$ 是指对每个 $h \in E$,

$$\lim_{t \to 0} \frac{1}{t} [\phi(u_0 + th) - \phi(u_0) - \langle f, th \rangle] = 0,$$

记为 $\phi'(u_0) = f$.

定义 6.1.2　泛函 $\phi : U \to \mathbb{R}$ 在 $u_0 \in U$ 处有 Fréchet 导算子 $f \in E^*$ 是指

$$\lim_{h \to 0} \frac{1}{\|h\|} [\phi(u_0 + h) - \phi(u_0) - \langle f, h \rangle] = 0.$$

定义 6.1.3　设 E 是一个实 Banach 空间, Ω 是 E 中开集, $f : \Omega \to \mathbb{R}^1$ 是 Ω 上的一个泛函. 如果在 Ω 中每一点, f 都具有有界线性的 Gâteaux 微分, 记 $F(x) = f'(x), \forall x \in \Omega$, 则称算子 $F : \Omega \to E^*$ 为泛函 f 的梯度, 记为 $F(x) = \operatorname{grad} f(x) = \nabla f(x)$, 或简记为 $F = \operatorname{grad} f = \nabla f$. 这时称泛函 f 为算子 F 的位势.

于是, 梯度算子 F 满足

$$\lim_{t \to 0} \frac{1}{t}[f(x+th) - f(x)] = F(x)h, \quad \forall h \in E. \tag{6.1.1}$$

例 6.1.4 实 Hilbert 空间 H 上的泛函 $f(x) = \|x\|$ 和 $g(x) = \|x\|^2$ 的梯度分别为

$$\mathrm{grad}\, f(x) = \frac{x}{\|x\|}, \quad \forall x \neq \theta, \quad x \in H,$$

$$\mathrm{grad}\, g(x) = 2x, \quad \forall x \in H.$$

事实上,

$$f(x+th) - f(x) = \|x+th\| - \|x\| = \frac{2t(h,x) + t^2\|h\|^2}{\|x+th\| + \|x\|},$$

由此可知

$$\lim_{t \to 0} \frac{1}{t}[f(x+th) - f(x)] = \frac{(h,x)}{\|x\|}, \quad \forall x \neq \theta,$$

故有

$$\mathrm{grad}\, \|x\| = \frac{x}{\|x\|}, \quad \forall x \neq \theta, \quad x \in \mathbb{H}.$$

类似我们有

$$g(x+th) - g(x) = \|x+th\|^2 - \|x\|^2 = 2t(h,x) + t^2\|h\|^2,$$

故有

$$\lim_{t \to 0} \frac{1}{t}[g(x+th) - g(x)] = 2(h,x),$$

从而

$$\mathrm{grad}\, (x,x) = 2x, \quad \forall x \in \mathbb{H}.$$

例 6.1.5 考察 Nemytski 算子

$$\mathbb{f}\varphi(x) = f(x, \varphi(x)), \tag{6.1.2}$$

其中 $f(x,u)(x \in G, -\infty < u < +\infty)$ 满足 Caratheodory 条件 ($G \subset \mathbb{R}^N, 0 < \mathrm{mes}\, G \leqslant +\infty, \mathrm{mes}\, G$ 为 G 面 Lebesgue 测度), 且满足

$$|f(x,u)| \leqslant a(x) + b|u|^{p-1},$$

其中 $p > 1$, $a(x) \in L^q(G)$, $q = \dfrac{p}{p-1}$. 于是, 根据定理 1.3.10 知 $\mathbb{f} : L^p(G) \to L^q(G)$ 连续、有界. 我们证明 $\mathbb{f} = \mathrm{grad}\, \Phi$, 即

$$\mathbb{f}\varphi = \mathrm{grad}\, \Phi(\varphi), \quad \forall \varphi \in L^p(G), \tag{6.1.3}$$

$$\Phi(\varphi) = \int_G dx \int_0^{\varphi(x)} f(x,u)du. \tag{6.1.4}$$

先证 $\Phi(\varphi)$ 是定义在整个 $L^p(G)$ 上的, 事实上, 当 $\varphi \in L^p(G)$ 时, 由积分学中值定理知

$$\int_0^{\varphi(x)} f(x,u)du = f(x,\theta(x)\varphi(x))\varphi(x), \tag{6.1.5}$$

其中 $0 \leqslant \theta(x) \leqslant 1$, 若将 $\theta(x)$ 取为满足 (6.1.5) 中的最小者, 则可证明 (仿 [61] 第一章定理 1.3 函数 $\varphi_k(x)$ 可测性的证明) $\theta(x)$ 是 G 上的可测函数. 于是 $\theta(x)\varphi(x) \in L^p(G)$, 从而 $f(x,\theta(x)\varphi(x)) \in L^q(G)$, 因此 $f(x,\theta(x)\varphi(x))\varphi(x) \in L^1(G)$. 于是, 由 (6.1.5) 与 (6.1.4) 知 $\Phi(\varphi)$ 存在, 即 $\Phi: L^p(G) \to \mathbb{R}^1$.

再证 (6.1.3). 事实上, 对 $h(x) \in L^p(G)$, 有

$$\frac{1}{t}[\Phi(\varphi+th) - \Phi(\varphi)] = \frac{1}{t}\int_G dx \int_{\varphi(x)}^{\varphi(x)+th(x)} f(x,u)du$$

$$= \frac{1}{t}\int_G f(x,\varphi(x)+t\theta_1(x)h(x))th(x)dx$$

$$= \int_G [f(x,\varphi(x)+t\theta_1(x)h(x)) - f(x,\varphi(x))]h(x)dx$$

$$+ \int_G f(x,\varphi(x))h(x)dx,$$

其中 $0 \leqslant \theta_1(x) \leqslant 1$ 是可测函数 (如上述, 取最小的即可). 注意到算子 f 的连续性, 知当 $t \to 0$ 时,

$$\left|\frac{1}{t}[\Phi(\varphi+th) - \Phi(\varphi)] - \int_G (\mathbb{f}\varphi)hdx\right|$$

$$\leqslant \|\mathbb{f}(\varphi+t\theta_1 h) - \mathbb{f}\varphi\|_{L_q} \cdot \|h\|_{L_p} \to 0.$$

故 (6.1.3) 获证.

定义 6.1.6 设 D 是实 Banach 空间 E 中的开集, 泛函 $f: D \to \mathbb{R}^1$ 在 D 上具有有界线性的 Gâteaux 微分. 若 $x_0 \in D$, 使

$$\mathrm{grad}\, f(x_0) = f'(x_0) = \theta, \tag{6.1.6}$$

则称 x_0 是泛函 $f(x)$ 的临界点, $c = f(x_0)$ 称为 $f(x)$ 的一个临界值.

定义 6.1.7 设 E 是实 Banach 空间, $D \subset E$, $f: D \to \mathbb{R}^1$ 是 D 上的一个泛函, $x_0 \in D$.

(i) 如果对于任何 $x_n \in D$, $x_n \rightharpoonup x_0$, 都有 $f(x_n) \to f(x_0)$, 则称 $f(x)$ 在 x_0 处弱连续;

(ii) 如果对于任何 $x_n \in D$, $x_n \rightharpoonup x_0$, 都有 $f(x_0) \leqslant \varliminf\limits_{n\to\infty} f(x_n)$, 则称 $f(x)$ 在 x_0 处弱下半连续;

(iii) 如果对于任何 $x_n \in D$, $x_n \rightharpoonup x_0$, 都有 $f(x_0) \geqslant \varlimsup\limits_{n\to\infty} f(x_n)$, 则称 $f(x)$ 在 x_0 处弱上半连续;

(iv) 若 $f(x)$ 在 D 中每一点都弱连续 (弱下半连续、弱上半连续), 则称 $f(x)$ 在 D 上弱连续 (弱下半连续、弱上半连续). 显然, $f(x)$ 在 x_0 处弱连续, 当且仅当 $f(x)$ 在 x_0 处弱下半连续且弱上半连续.

例 6.1.8　实 Banach 空间 E 上的范数 $\|\cdot\|$ 在 E 上弱下半连续, 即若 $x_n \rightharpoonup x_0$, 则

$$\|x_0\| \leqslant \varliminf_{n\to\infty} \|x_n\|. \tag{6.1.7}$$

实际上, 若 (6.1.7) 不成立, 即 $\|x_0\| > \varliminf\limits_{n\to\infty} \|x_n\|$. 取 c 使得

$$\|x_0\| > c > \varliminf_{n\to\infty} \|x_n\|. \tag{6.1.8}$$

从而存在子列 $\{x_{n_k}\}$ 使得 $c > \|x_{n_k}\|$ $(k = 1, 2, \cdots)$. 由 Hahn-Banach 定理, 存在 $f \in E^*, \|f\| = 1, f(x_0) = \|x_0\|$. 由

$$f(x_{n_k}) \leqslant \|f\| \cdot \|x_{n_k}\| = \|x_{n_k}\| < c \quad (k = 1, 2, \cdots),$$

以及 $x_{n_k} \rightharpoonup x_0$, 有

$$\|x_0\| = f(x_0) = \lim_{k\to\infty} f(x_{n_k}) \leqslant c,$$

此与 (6.1.8) 矛盾. 故 (6.1.7) 成立.

定义 6.1.9　设 D 是实 Banach 空间 E 中的开集, 泛函 $f : D \to \mathbb{R}^1$, $x_0 \in D$.

(i) 若存在 x_0 的邻域 $U(x_0, \delta) = \{x | \|x - x_0\| < \delta\}$, 使 $x \in U(x_0, \delta)$ 时, 恒有

$$f(x) \geqslant f(x_0) \quad (f(x) \leqslant f(x_0)), \tag{6.1.9}$$

则称泛函 $f(x)$ 在 $x = x_0$ 处达到极小值 (极大值); 极小值与极大值统称为极值.

(ii) 设 $\varphi : E \to E_1$(E_1 是实 Banach 空间), 令 $M = \{x \in E | \varphi(x) = \theta\}$, 设 $x_0 \in M$. 若存在 x_0 的邻域 $U(x_0, \delta)$, 使当 $x \in U(x_0, \delta) \cap M$ 时, 恒有 (6.1.9) 式成立, 则称泛函 $f(x)$ 关于条件 $\varphi(x) = \theta$ 在 $x = x_0$ 达到条件极小值 (条件极大值); 条件极小值与极大值统称为条件极值.

定理 6.1.10　若泛函 $f : D \to \mathbb{R}^1$(D 是实 Banach 空间 E 中的开集) 在 x_0 处达到极值, 并且 $f(x)$ 在 x_0 具有有界线性的 Gâteaux 微分, 则必有 $f'(x_0) = \theta$.

证明　$\forall h \in E$, 实函数 $\phi(t) = f(x_0 + th)$ 在 $t = 0$ 达到极值, 而且

$$\phi'(0) = \lim_{t \to 0} \frac{f(x_0 + th) - f(x_0)}{t} = f'(x_0)h, \tag{6.1.10}$$

因此由 $\phi'(0) = 0$ 知 $f'(x_0)h = 0$. 由 h 的任意性得 $f'(x_0) = \theta$.　∎

以下定理 6.1.11 及推论证明可见 [31], [61].

定理 6.1.11　设 E, E_1 是实 Banach 空间, 泛函 $f : E \to \mathbb{R}^1$ 在 E 上 Fréchet 可微, $\varphi : E \to E_1$ 是 C^1 映象. 若泛函 $f(x)$ 关于条件 $\varphi(x) = \theta$ 在 $x = x_0$ 处达到条件极值, 并且线性算子 $\varphi'(x_0) : E \to E_1$ 是满射的, 那么必存在 $l \in E_1^*$, 使 $f'(x_0) = l\varphi'(x_0)$, 即

$$f'(x_0)x = l(\varphi'(x_0)x), \quad \forall x \in E. \tag{6.1.11}$$

推论 6.1.12　设 E 是实 Banach 空间, 泛函 $f : E \to \mathbb{R}^1$ 在 E 上 Fréchet 可微, $\varphi : E \to \mathbb{R}^1$ 是 C^1 泛函. 若泛函 $f(x)$ 关于条件 $\varphi(x) = \theta$ 在 $x = x_0$ 处达到条件极值, 并且 $\varphi'(x_0) \neq \theta$, 那么必有 $\mu \in \mathbb{R}^1$ 存在, 使

$$f'(x_0) = \mu\varphi'(x_0), \ \text{即 } \operatorname{grad} f(x_0) = \mu \operatorname{grad} \varphi(x_0). \tag{6.1.12}$$

推论 6.1.13　设 H 是实 Hilbert 空间, 泛函 $f : H \to \mathbb{R}^1$ 在 H 上 Fréchet 可微. 若泛函 $f(x)$ 关于球面 $\|x\| = r(r > 0)$ 在点 $x = x_0(\|x\| = r)$ 达到条件极值, 则必存在 $\mu \in \mathbb{R}^1$, 使

$$f'(x_0) = \mu x_0, \ \text{即 } \operatorname{grad} f(x_0) = \mu x_0. \tag{6.1.13}$$

极值存在性——从有限维到无穷维

设 X 是一个 Banach 空间, $f : X \to \mathbb{R}^1 \cup \{+\infty\}$, $f \not\equiv +\infty$, 寻找极值点 $(\min\{f(x) | x \in X\})$ 的存在性.

定义 6.1.14　设 X 是一个 Banach 空间, $f : X \to \mathbb{R}^1 \cup \{+\infty\}$, 但 $f \not\equiv +\infty$, f 称为下半连续的, 当 $x_n \to x_0$ 时, $\varliminf_{n \to \infty} f(x_n) \geqslant f(x_0)$.

定义 6.1.15　设 X 是一个 Banach 空间, $f : X \to \mathbb{R}^1 \cup \{+\infty\}$, 但 $f \not\equiv +\infty$, f 称为强制的, 若 $\lim_{\|x\| \to +\infty} f(x) = +\infty$.

先分析 $X = \mathbb{R}^n$ 的情形.

命题 6.1.16　若 $f : \mathbb{R}^n \to \mathbb{R}^1 \cup \{+\infty\}$ 满足

(1) f 下半连续;

(2) f 是强制的,

则 f 必取到极小值.

证明   由 (1),(2),

$$-\infty < c := \inf\{f(x)|\ x \in \mathbb{R}^n\},$$

由 $f \not\equiv +\infty$ 知, $c < +\infty$, 取极小化序列 $\{x_n\}$, 使得

$$f(x_n) < c + \frac{1}{n}, \quad n = 1, 2, \cdots.$$

由 (2), $\{x_n\}$ 有界. 从而有收敛子列 $x_{n_i} \to x^*$, 再由 f 的下半连续性知

$$c \leqslant f(x^*) \leqslant \varliminf_{i \to \infty} f(x_{n_i}) \leqslant c.$$

得 $f(x^*) = c$, 因此 x^* 是极小值点.   ■

关键: $\mathbb{R}^n$ 中的有界序列有收敛子列, 在无穷维 Banach 空间中该结论不再成立, 但我们有如下结论.

命题 6.1.17   设 X 是一个自反 Banach 空间, 则其中任一有界点列必有一弱收敛子列.

例 6.1.18   对于自反 Banach 空间 $X, D \subset X, D$ 弱列紧 $\Leftrightarrow D$ 有界.

不难推广命题 6.1.16 到无穷维自反 Banach 空间.

选取极小值点不一定是在全空间中进行, 更一般的情形是是否能在一个子集上取到.

定义 6.1.19 X 中的一个子集 M 称为是**弱闭**的, 如果 $x_n \in M, x_n \rightharpoonup x_0 \Rightarrow x_0 \in M$.

Banach 空间凸闭集是弱闭的.

从而与命题 6.1.16 的证明类似, 可以证明下面的经典变分方法的几个定理.

定理 6.1.20   设 M 是自反 Banach 空间 X 中的一个弱闭非空子集, 又设 $f : M \to \mathbb{R}^1 \cup \{+\infty\}, f \not\equiv +\infty$ 是弱下半连续的强制泛函, 则 f 在 M 上达到极小值.

注意弱下半连续 $\Rightarrow$ 下半连续, 反之不然. 但当 f 是凸泛函, 即

$$f(\lambda x + (1 - \lambda)y) \leqslant \lambda f(x) + (1 - \lambda)f(y), \quad \forall x, y \in M, \quad \forall \lambda \in [0, 1], \quad M \text{ 是凸集}$$

时, 由 Mazur 命题 (命题 3.2.10) 可证明有下述命题.

命题 6.1.21   设 $f : M \to \mathbb{R}^1 \cup \{+\infty\}$ 是弱闭凸子集 M 上的凸函数, 则 f 弱下半连续 $\Longleftrightarrow f$ 下半连续.

由定理 6.1.20 和命题 6.1.21 立得以下定理.

定理 6.1.22   设 X 是自反 Banach 空间, $f : X \to \mathbb{R}^1 \cup \{+\infty\}, f \not\equiv +\infty$, 下半连续, 凸, 且满足强制条件, 则 f 达到极小值.

若把 f 限制在一个列紧集 K 上, 则有如下定理.

定理 6.1.23 设 K 是一个列紧的拓扑空间, $f : K \to \mathbb{R}^1 \cup \{+\infty\}$, 下半连续, 即 $x_n \to x_0 \Rightarrow \varliminf_{n \to \infty} f(x_n) \geqslant f(x_0)$, 且 $f \not\equiv +\infty$, 则 f 在 K 上达到极小值.

对于一般 Banach 空间, 有如下定理.

定理 6.1.24 (魏尔斯特拉斯定理) 设 D 是实 Banach 空间 E 中一个弱列紧的弱闭集, 泛函 $f : D \to \mathbb{R}^1$ 是弱下 (上) 半连续的, 那么, f 在 D 上必有下 (上) 界, 且存在 $x_0 \in D$, 使

$$f(x_0) = \inf_{x \in D} f(x) \quad \left(f(x_0) = \sup_{x \in D} f(x) \right). \tag{6.1.14}$$

证明 设泛函 $f : D \to \mathbb{R}^1$ 是弱下半连续的, 令 $c = \inf_{x \in D} f(x) \geqslant -\infty$. 存在 $x_n \in D$ 满足 $f(x_n) \to c$. 因为 D 弱列紧弱闭, 故有子列 $x_{n_k} \rightharpoonup x_0 \in D$. 由 f 的弱下半连续性知

$$c \leqslant f(x_0) \leqslant \varliminf_{n_k \to \infty} f(x_{n_k}) = c,$$

即存在 $x_0 \in D$, 使 $f(x_0) = \inf_{x \in D} f(x)$. ■

应用于椭圆边值问题

用极小化方法重新考虑方程 (1.2.1).

例 6.1.25 设 $\Omega \subset \mathbb{R}^N \ (N \geqslant 2)$ 是有界光滑区域, $g \in L^2(\Omega)$.

$$\begin{cases} -\Delta u = g(x), x \in \Omega, \\ u|_{\partial\Omega} = 0. \end{cases} \tag{6.1.15}$$

在 $H_0^1(\Omega)$ 中考察 C^1 泛函

$$f(u) = \int_\Omega \frac{1}{2} |\nabla u|^2 dx - \int_\Omega g(x) u(x) dx. \tag{6.1.16}$$

取范数 $\|u\|_{H_0^1(\Omega)} := \left(\int_\Omega |\nabla u|^2 dx \right)^{\frac{1}{2}}$, 由例 6.1.8 知 Hilbert 空间中的范数平方是弱下半连续的, 而 $- \int_\Omega g(x) u(x) dx$ 是弱连续的, 因此 $f(u)$ 是弱下半连续的, 且在 $H_0^1(\Omega)$ 中是强制的. 由定理 6.1.20 知, f 在 $H_0^1(\Omega)$ 中达到极小值. 由定理 6.1.10 知 $f(u)$ 在 $H_0^1(\Omega)$ 中的极小值点是 (6.1.15) 的弱解. 故 (6.1.15) 有弱解 $u \in H_0^1(\Omega)$.

例 6.1.26 Dirichlet 原理是指将 Laplace 方程 Dirichlet 问题化为变分问题的方法. 设 $\Omega \subset \mathbb{R}^N \ (N \geqslant 2)$ 是有界光滑区域, $g \in C(\overline{\Omega}), \phi \in C(\partial\Omega)$. 考虑

$$\begin{cases} -\Delta u = g, \\ u|_{\partial\Omega} = \phi. \end{cases} \tag{6.1.17}$$

设 $\tilde{\phi}$ 是 ϕ 在 Ω 上的 C^2 延拓, 令 $\phi_0 = \Delta\tilde{\phi} + g$. 令 $v = u - \tilde{\phi}$, 则 (6.1.17) 与以下方程等价

$$\begin{cases} -\Delta v = g + \Delta\tilde{\phi} = \phi_0, \\ v|_{\partial\Omega} = 0. \end{cases} \tag{6.1.18}$$

应用 Dirichlet 原理, 考虑泛函

$$f_{\phi_0}(v) = \frac{1}{2}\int_\Omega |\nabla v|^2 dx - \int_\Omega \phi_0(x)vdx.$$

f_{ϕ_0} 在 $H_0^1(\Omega)$ 中是弱下半连续的, 这是因为第一项是 $H_0^1(\Omega)$ 中的范数平方, 由例 6.1.8 知总有 $u_n \rightharpoonup u \Rightarrow \varliminf\limits_{n\to\infty} \|u_n\|^2 \geqslant \|u\|^2$, 第二项 $\int_\Omega \phi_0(x)vdx$ 是弱连续的, 因此, f_{ϕ_0} 是弱下半连续的、强制的, 由定理 6.1.20 知在 $H_0^1(\Omega)$ 中达到极小值, 该极小值点是 (6.1.18) 的弱解 $\xrightarrow{\text{正则化}}$ 古典解, 进而得到 (6.1.17) 的古典解.

附注 6.1.27 上述 Dirichlet 原理用变分方法给出的证明非常漂亮. 长期以来, Dirichlet 原理的严格证明曾困惑了一代又一代的大数学家! 而现在用泛函分析方法来处理竟如此简单! 古诗说得好 "欲穷千里目, 更上一层楼". 正是因为有了一代又一代数学家的艰苦工作, 才有了广义函数和微分方程的正则化理论. 当代分析学上了新的台阶之后, 数学家的视野更加开阔了!

例 6.1.28 约束极小化方法应用于特征值问题.

设有界光滑区域 $\Omega \subset \mathbb{R}^n$, 考虑椭圆偏微分方程 Dirichlet 问题的特征值和特征函数.

$$\begin{cases} -\Delta u = \lambda u, x \in \Omega, \\ u|_{\partial\Omega} = 0. \end{cases} \tag{6.1.19}$$

定理 6.1.29[148] 方程 (6.1.19) 存在一列特征值 $0 < \lambda_1 \leqslant \lambda_2 \leqslant \cdots \to +\infty$, 以及相应的特征函数 $\varphi_1, \varphi_2, \cdots \subset H_0^1(\Omega)$(实际上属于 $C_0^2(\overline{\Omega})$), 满足

$$\begin{cases} -\Delta\varphi_i = \lambda_i\varphi_i, x \in \Omega, \\ \int_\Omega |\varphi_i|^2 dx = 1, \\ \varphi|_{\partial\Omega} = 0, i = 1, 2, \cdots, \end{cases}$$

以及 $\varphi_1 > 0$,

$$\int_\Omega \nabla\varphi_i\nabla\varphi_j dx = \lambda_i\int_\Omega \varphi_i\varphi_j dx = 0, \quad \forall i \neq j.$$

证明　令

$$I(u) = \int_\Omega |\nabla u|^2 dx,$$

$$J(u) = \int_\Omega |u|^2 dx.$$

$$M_1 = \{u \in H_0^1(\Omega) | J(u) = 1\}.$$

若我们证明 I 在 M_1 达到极小值点 $\varphi_1 \in H_0^1(\Omega)$, 显然可取 $\varphi_1 \geqslant 0$, 应用 Lagrange 乘子法, 对于调节后的 Lagrange 函数的 Euler-Lagrange 方程, 存在 $\lambda_1 \in \mathbb{R}^1$, 使得

$$-\Delta\varphi_1 = \lambda_1\varphi_1, \quad x \in \Omega, \quad \varphi_1|_{\partial\Omega} = 0. \tag{6.1.20}$$

因为 $J(\varphi_1) = 1$, 故 $\varphi_1 \neq 0$. 由椭圆方程正则化理论和极大值原理知道 $\varphi_1 \in C_0^2(\bar\Omega), \varphi_1(x) > 0$. 再对 (6.1.20) 乘以 φ_1 积分知

$$I(\varphi_1) = \int_\Omega |\nabla\varphi_1|^2 dx = \lambda_1,$$

即

$$\lambda_1 = \min\{I(u) | u \in H_0^1(\Omega) \cap M_1\}. \tag{6.1.21}$$

下证 I 在 M_1 达到极小值. 显然 $I(u)$ 在 M_1 上是强制的, 由例 6.1.8 知 $I(u)$ 弱下半连续, 只需证明 M_1 是弱闭的 (即 $u_j \in M_1, u_j \rightharpoonup u_0 \Rightarrow u_0 \in M_1$), 由定理 6.1.20 就可以证明 I 在 M_1 达到极小值. 由嵌入定理, $H_0^1(\Omega) \hookrightarrow L^2(\Omega)$ 是紧的. 在 $H_0^1(\Omega)$ 中 $u_j \rightharpoonup u_0$, 蕴含着存在子列在 $L^2(\Omega)$ 中 $u_j' \to u_0$. 由 $\int_\Omega u_j^2 dx = 1$ 知 $\int_\Omega u_0^2 dx = 1$, 即 $u_0 \in M_1$.

继续用约束极小化方法求第二个特征值. 令

$$M_2 = \left\{u \in M_1 \middle| \int_\Omega u\varphi_1 dx = 0\right\},$$

求解

$$\min\{I(u)|u \in M_2\}.$$

若 φ_2 是它的一个极小值点, 显然 $\varphi_2 \neq 0$, 存在 Lagrange 乘子 λ_2, μ_1 使得

$$-\Delta\varphi_2 = \lambda_2\varphi_2 + \mu_1\varphi_1, \quad x \in \Omega, \quad \varphi_2|_{\partial\Omega} = 0. \tag{6.1.22}$$

在 (6.1.20) 两边乘以 φ_2 积分得

$$\int_\Omega \nabla\varphi_2\nabla\varphi_1 dx = \int_\Omega \nabla\varphi_1\nabla\varphi_2 dx = \lambda_1 \int_\Omega \varphi_2\varphi_1 dx = 0;$$

在 (6.1.22) 两边乘以 φ_1 积分得

$$\int_\Omega \nabla\varphi_1 \nabla\varphi_2 dx = \mu_1 \int_\Omega \varphi_1^2 dx.$$

故 $\mu_1 = 0$. 我们有

$$-\Delta\varphi_2 = \lambda_2\varphi_2, \quad x \in \Omega, \quad \varphi_2|_{\partial\Omega} = 0. \tag{6.1.23}$$

为了证明 I 在 M_2 上能达到极小值, 需要验证 M_2 的弱闭性. 设 $\{u_j\} \subset M_2, u_j \rightharpoonup$ $u(H_0^1(\Omega))$, 则由 $\{u_j\} \subset M_1, M_1$ 是弱闭的知 $u \in M_1$, 注意 $\displaystyle\int_\Omega u_j\varphi_1 dx = 0$, 得 $\displaystyle\int_\Omega u\varphi_1 dx = 0$, 即 $u \in M_2$.

如此继续下去, 令 $M_n = \left\{ u \in M_{n-1} \middle| \displaystyle\int_\Omega u\varphi_{n-1}dx = 0 \right\}$, 同上证明 M_n 是弱闭的, 从而极值问题

$$\min\{I(u)|u \in M_n\}$$

有解 φ_n, 满足

$$-\Delta\varphi_n = \lambda_n\varphi_n + \sum_{j=1}^{n-1} \mu_j\varphi_j.$$

用数学归纳法可证: $\mu_1 = \mu_2 = \cdots = \mu_{n-1} = 0$, 从而得

$$-\Delta\varphi_n = \lambda_n\varphi_n, \quad x \in \Omega, \quad \varphi_n|_{\partial\Omega} = 0, \tag{6.1.24}$$

其中

$$\lambda_n = I(\varphi_n) = \min\{I(u)|u \in M_n\} \geqslant \lambda_{n-1}. \tag{6.1.25}$$

$(-\Delta)^{-1} : H_0^1(\Omega) \to H_0^1(\Omega)$ 是线性紧算子, 由紧算子的谱理论知, $\lambda_n \to \infty$. ■

附注 6.1.30   在 $\mathbb{R}^1$ 中, 当 $\Omega = [0, \pi]$ 时, 对于方程

$$-u'' = \lambda u, \quad u(0) = u(\pi) = 0,$$

特征值、特征函数分别为

$$\lambda_n = n^2, \quad \varphi_n(x) = \sin nx, \quad n = 1, 2, \cdots.$$

附注 6.1.31   定理 6.1.29 已经证明了特征函数组 $\{\varphi_i\}_{i=1}^\infty$ 在 $H_0^1(\Omega)$ 和 $L^2(\Omega)$ 内积下都是两两正交的, 还可以证明这是空间 $H_0^1(\Omega)$ 中和空间 $L^2(\Omega)$ 中的一组完备正交基.

关于特征值极小极大刻画如下.

定理 6.1.32 (Courant 极小极大定理)

$$\lambda_n = \max_{E_{n-1}} \min_{u \in E_{n-1}^{\perp} \setminus \{\theta\}} \frac{\displaystyle\int_{\Omega} |\nabla u|^2 dx}{\displaystyle\int_{\Omega} |u|^2 dx}, \tag{6.1.26}$$

其中 E_{n-1} 是 $H_0^1(\Omega)$ 中任意 $n-1$ 维线性子空间, $E_{n-1}^{\perp}$ 是其在 $L^2(\Omega)$ 中的正交补空间.

证明 设 $v_1, v_2, \cdots, v_{n-1} \in H_0^1(\Omega)$ 是一组线性无关函数, 令

$$E_{n-1} = \operatorname{span}\{v_1, v_2, \cdots, v_{n-1}\},$$

以及

$$\mu(E_{n-1}) = \min_{u \in E_{n-1}^{\perp} \setminus \{\theta\}} \frac{\displaystyle\int_{\Omega} |\nabla u|^2 dx}{\displaystyle\int_{\Omega} |u|^2 dx}.$$

下证

$$\mu(E_{n-1}) \leqslant \lambda_n.$$

令 $\{\varphi_1, \cdots, \varphi_n\}$ 为前 n 个特征函数, 则 $(E_{n-1}^{\perp}) \setminus \{\theta\} \cap \operatorname{span}\{\varphi_1, \cdots, \varphi_n\} \neq \varnothing$, 即存在非零 u 满足

$$\begin{cases} u = \displaystyle\sum_{i=1}^{n} c_i \varphi_i, \\ \displaystyle\int_{\Omega} u v_j dx = 0, j = 1, \cdots, n-1 \end{cases}$$

或

$$\sum_{i=1}^{n} c_i \int_{\Omega} \varphi_i v_j dx = 0, \quad j = 1, \cdots, n-1.$$

这是因为一个以 $\displaystyle\int_{\Omega} \varphi_i v_j dx$ 为系数的含有 n 个未知数 $c_1, c_2, \cdots, c_n$ 的 $n-1$ 个方程构成的方程组必有非平凡解. 注意 $\lambda_1 \leqslant \lambda_2 \leqslant \cdots \leqslant \lambda_n$, 有

$$\mu(E_{n-1}) \leqslant \frac{\displaystyle\int_{\Omega} |\nabla u|^2 dx}{\displaystyle\int_{\Omega} |u|^2 dx} = \frac{\displaystyle\sum_{i=1}^{n} \lambda_i |c_i|^2}{\displaystyle\sum_{i=1}^{n} |c_i|^2} \leqslant \lambda_n.$$

又特别取 $\tilde{E}_{n-1} = \text{span}\{\varphi_1, \cdots, \varphi_{n-1}\}$，则注意 (6.1.25)，有

$$\max_{E_{n-1}} \mu(E_{n-1}) \geqslant \mu(\tilde{E}_{n-1}) = \lambda_n.$$

故结论 (6.1.26) 成立.   ■

附注 6.1.33   有时在复数域 $\mathbb{C}$ 中考虑算子的谱、预解集. 设 H 是 Hilbert 空间，有界线性算子 $A: H \to H$ 的**预解集** $\rho(A)$ 是一个复数 $\lambda \in \mathbb{C}$ 构成的集合，使得 $(\lambda I - A)^{-1}$ 是有界线性算子. 集合 $\mathbb{C} \setminus \rho(A)$ 称为**谱集** (spectrum)，记为 $\sigma(A)$. 如果 $\lambda I - A$ 不是单射的，则 λ 属于**点谱** $\sigma_p(A)$. 否则 $\lambda I - A$ 是单射的，且 $\text{Im}(\lambda I - A)$ 在 H 中是稠密的 (dense)，但与 H 不同，我们称 λ 是**连续谱** (continuous spectrum)，记为 $\sigma_c(A)$.

Hilbert 空间 H 中的一个闭线性对称算子 A 是自共轭的当且仅当 $\sigma(A)$ 是实的 [48, Chapter 4, Theorem 12].

有时经常用到**本质谱** (essential spectrum) $\sigma_{\text{ess}}(A)$ 这个概念: $\lambda \in \sigma(A)$ 不是孤立的有限重的特征值. 易见 $\lambda \in \sigma_{\text{ess}}(A) \Leftrightarrow$ 存在一列相互正交的无穷多个单位向量 $\{v_j\}$ 使得 $\|Av_j - \lambda v_j\| \to 0 (j \to \infty)$.

例如在 $L^2(\mathbb{R}^N)$ 中考虑，我们有**定理**: 如果当 $|x| \to \infty$ 时，$V(x) \to 0$，则 Schrödinger 算子 $L = -\Delta + V(x)$ 的本质谱是 $[0, \infty)$ [48, Chapter 4, Theorem 27].   ■

应用于 p-Laplacian 方程

定理 6.1.34   设 Ω 是 $\mathbb{R}^N$ 中的有界区域，$p \in [2, \infty)$，$\frac{1}{p} + \frac{1}{q} = 1$，令 $W^{-1,q}(\Omega)$ 表示 $W_0^{1,p}(\Omega)$ 的共轭空间，$f \in W^{-1,q}(\Omega)$，则下述边值问题

$$-\text{div}(|\nabla u|^{p-2}\nabla u) = f(x), \quad x \in \Omega, \quad u|_{\partial\Omega} = 0 \qquad (6.1.27)$$

在 $W_0^{1,p}(\Omega)$ 中存在一个弱解 u，即 u 满足

$$\int_\Omega (|\nabla u|^{p-2}\nabla u \nabla \phi - f\phi)dx = 0, \quad \forall \phi \in C_0^\infty(\Omega). \qquad (6.1.28)$$

证明   注意 C^1 泛函

$$J(u) = \frac{1}{p}\int_\Omega |\nabla u|^p dx - \int_\Omega fu\, dx$$

在 Banach 空间 $W_0^{1,p}(\Omega)$ 的 ϕ 方向上的方向导数是 (6.1.28) 的左端. 因此 (6.1.27)

有变分结构. $W_0^{1,p}$ 是自反的, J 是强制的, 事实上, 我们有

$$J(u) \geqslant \frac{1}{p}\|u\|_{W_0^{1,p}(\Omega)}^p - \|f\|_{W^{-1,q}(\Omega)}\|u\|_{W_0^{1,p}}$$

$$\geqslant \frac{1}{p}(\|u\|_{W_0^{1,p}(\Omega)}^p - c\|u\|_{W_0^{1,p}})$$

$$\geqslant c_1\|u\|_{W_0^{1,p}(\Omega)}^p - c_2.$$

注意命题 6.1.21, J 是弱下半连续的: ① $\|u\|_{W_0^{1,p}}^p$ 是凸的下半连续的; ②由弱收敛的定义, 在 $W_0^{1,p}$ 中若 $u_m \rightharpoonup u$, 因为 $f \in W^{-1,q}(\Omega)$, 我们得

$$\int_\Omega fu_m dx \to \int_\Omega fu dx.$$

因此, 由定理 6.1.20 得 J 在 $W_0^{1,p}$ 中的极小值点 u 满足 (6.1.28). ∎

当 $p \geqslant 2$ 时, p-Laplacian 是强单调的, 即

$$\int_\Omega (|\nabla u|^{p-2}\nabla u - |\nabla v|^{p-2}\nabla v)(\nabla u - \nabla v)dx \geqslant c\|u-v\|_{W_0^{1,p}}^p,$$

这时解是唯一的. 如果 f 正则性强, 例如 $f \in C^{m,\alpha}(\overline{\Omega})$, 应当期望解有更好的正则性, 当 $p = 2$ 时, 这是对的. 但当 $p > 2$ 时, p-Laplacian 算子在 $|\nabla u|$ 的零点失去一致椭圆性, 解的光滑性最好能达到 $C^{1,\alpha}(\overline{\Omega})$.

附注 6.1.35 若 $f(x) \geqslant 0$, 则由 [140] 知方程(6.1.27)的解 $u > 0$.

6.2 Ekeland 变分原理

一个下方有界的下半连续泛函不一定达到极小值. Ekeland 变分原理告诉我们可以找到一串近似极小值点, 当泛函 $f(x) \in C^1$ 时, 近似极小值点 x_n 满足 $f'(x_n) \to 0$.

定理 6.2.1[47](Ekeland) 设 M 是一个完备度量空间, $f : M \to \mathbb{R}^1 \cup \{+\infty\}$ 下半连续, 下方有界, 且 $f \not\equiv +\infty$. 若存在 $\varepsilon > 0, u \in M$, 满足

$$f(u) \leqslant \inf_M f + \varepsilon,$$

则存在 $v \in M$, 使得

$$f(v) \leqslant f(u), \quad d(u,v) \leqslant 1, \tag{6.2.1}$$

且对每个 $w \neq v, w \in M$, 有

$$f(w) > f(v) - \varepsilon d(v,w). \tag{6.2.2}$$

附注 6.2.2   同极小化序列相比较, 这里的 v 序列 $\{v_n\}$ 不仅满足 $f(v_n) < c + \dfrac{1}{n}$, 还满足 $f(w) > f(v_n) - \varepsilon d(v_n, w)$. 当 v 是 f 的真正极小值点时, 上述锥是过 v 点的上半空间.

证明   定义 M 上的半序关系

$$w \leqslant v \iff f(w) + \varepsilon d(v, w) \leqslant f(v).$$

逐次定义 u_n 如下: $u_0 = u$, 若 u_n 已知, 令 $S_n := \{w \in M : w \leqslant u_n\}$. 选 $u_{n+1} \in S_n$ (即 $u_{n+1} \leqslant u_n$) 便 $f(u_{n+1}) \leqslant \inf\limits_{S_n} f + \dfrac{1}{n+1}$. 易见 $S_{n+1} \subset S_n(u_{n+1} \leqslant u_n)$, 由 f 的下半连续性知, S_n 是闭的.

如果 $w \in S_{n+1}$, 则 $w \leqslant u_{n+1} \leqslant u_n$, 因此

$$\varepsilon d(w, u_{n+1}) \leqslant f(u_{n+1}) - f(w) \leqslant \inf_{S_n} f + \frac{1}{n+1} - \inf_{S_n} f = \frac{1}{n+1}.$$

于是有

$$\operatorname{diam} S_{n+1} \leqslant \frac{2}{\varepsilon(n+1)}.$$

即当 $n \to \infty$ 时, $\operatorname{diam} S_n \to 0$. 由于 M 完备, 故存在 v, 使得

$$\{v\} = \bigcap_{n \in \mathbb{N}} S_n, \tag{6.2.3}$$

特别是 $v \in S_0$, 即 $v \leqslant u_0 = u$. 于是 $f(v) \leqslant f(u) - \varepsilon d(u, v) \leqslant f(u)$.

由 $v \leqslant u$ 定义知, $d(u, v) \leqslant \varepsilon^{-1}(f(u) - f(v)) \leqslant \varepsilon^{-1}\left(\inf\limits_M f + \varepsilon - \inf\limits_M f\right) = 1$. (6.2.1) 得证.

为证 (6.2.2), 我们采用反证法, 如果 $w \neq v, f(w) \leqslant f(v) - \varepsilon d(v, w)$, 即 $w \leqslant v$, 由 $v \leqslant u_n$, 则对每个 $n \in \mathbb{N}$, 有 $w \leqslant u_n$, 于是 $w \in \bigcap\limits_{n \in \mathbb{N}} S_n$, 由 (6.2.3) 知 $w = v$, 矛盾. ∎

推论 6.2.3 M 是完备度量空间, $f : M \to \mathbb{R}^1 \cup \{+\infty\}$, $f \not\equiv +\infty$, 下半连续, 下方有界, 则对任给的 $\varepsilon > 0$, $\exists v \in M$, 使得

$$f(v) < \inf_M f + \varepsilon,$$

$$f(w) \geqslant f(v) - \varepsilon d(v, w), \quad \forall w \in M.$$

附注 6.2.4   Brezis-Nirenberg 形式的变分原理, 把定理 6.2.1 结论 (6.2.1), (6.2.2) 改成如下形式:

则存在 $v \in M$, 使得 $\forall u, w \in M$,

$$f(v) \leqslant f(u) - \varepsilon d(u, v), \tag{6.2.1'}$$

$$f(w) \geqslant f(v) - \varepsilon d(w, v). \tag{6.2.2'}$$

设 X 是一个 Banach 空间, 以下考虑 f 可微的情形.

定义 6.2.5 设 $f \in C^1(X, \mathbb{R}^1)$, 称 f 满足 Palais-Smale(PS) 条件是指, 对任何序列 $\{u_n\} \subset X$, 若 $|f(u_n)| < c$ (即有界), 且 $f'(u_n) \to 0$, 则 $\{u_n\}$ 必有收敛子列.

附注 6.2.6 (PS) 条件是一种紧性条件, 应用中许多椭圆偏微分方程问题相应的泛函满足这一条件. 斯蒂芬 • 斯梅尔 (Stephen Smale, 1930 年 7 月 15 日一), 美国著名数学家, 美国加州大学伯克利分校荣誉退休教授, 1966 年菲尔兹奖得主, 2007 年沃尔夫奖得主. 因证明了五维及以上的庞加莱猜想而成名, 后转向研究动力系统并作出重要成就, 1998 年他还提出十八个重要的数学问题 (Smale's problems) 给 21 世纪的数学家参考研究.

推论 6.2.7 $f \in C^1(X, \mathbb{R}^1)$ 满足 (PS) 条件且下方有界, 则 f 在 X 上达到极小值, 即 $\exists u_0 \in X$, 使得 $f(u_0) = \inf\limits_X f$, 且 $f'(u_0) = 0$.

证明 由推论 6.2.3, $\exists \{u_n\} \subset X$, 使得 $f(u_n) \to \inf\limits_X f$, 且 $f(u) \geqslant f(u_n) - \varepsilon\|u_n - u\|, \forall u \in M$. 我们可得到 $f'(u_n) \to 0$.

事实上, 由 (1.4.1) 我们有

$$\langle f'(u_n), u - u_n \rangle = f(u) - f(u_n) + o(\|u - u_n\|) \geqslant -2\varepsilon\|u - u_n\|,$$

$$\langle -f'(u_n), (u - u_n) \rangle = -(f(u) - f(u_n)) + o(\|u - u_n\|) \leqslant 2\varepsilon\|u - u_n\|.$$

故

$$|\langle f'(u_n), u - u_n \rangle| \leqslant 2\varepsilon\|u - u_n\| \Rightarrow f'(u_n) \to 0.$$

由 (PS) 条件, $\exists \{u_{n_i}\}$, 使得 $u_{n_i} \to u_0 \in X, i \to \infty$. 注意到 f, f' 皆连续, 于是

$$f(u_0) = \inf\limits_X f, \quad f'(u_0) = 0. \qquad \blacksquare$$

定理 6.2.8 设 X 是一个 Banach 空间, $f : X \to \mathbb{R}^1$ 下方有界且在 X 上可微, 则对每个 $\varepsilon > 0$ 和 $u \in X$, 使得

$$f(u) \leqslant \inf\limits_X f + \varepsilon, \tag{6.2.4}$$

存在 $v \in X$, 使

$$f(v) \leqslant f(u), \tag{6.2.5}$$

$$\|u - v\| \leqslant \sqrt{\varepsilon}, \tag{6.2.6}$$

$$\|f'(v)\| \leqslant \sqrt{\varepsilon}. \tag{6.2.7}$$

证明　　注意到 (6.2.1),(6.2.2) 可以替换成: 对任给的 $\lambda > 0$, $d(u,v) \leqslant \dfrac{1}{\lambda}$, $f(w) > f(v) - \varepsilon\lambda d(v,w)$ (这时定理 6.2.1的证明中只需将定义 X 上的半序关系改为: $w \leqslant v \iff f(w) + \varepsilon\lambda d(v,w) \leqslant f(v)$). 选 $\dfrac{1}{\lambda} = \sqrt{\varepsilon}$, 如果 u 满足 (6.2.4), 则 $\exists v \in X$, 使 (6.2.5),(6.2.6) 成立, 且有

$$f(w) > f(v) - \sqrt{\varepsilon}\|v - w\|.$$

类似于推论 6.2.7的证明, 有

$$\|f'(v)\| < \sqrt{\varepsilon}. \qquad\blacksquare$$

6.3　定性形变引理和山路定理

设 U 是 Banach 空间 X 中的开子集, $\phi \in C^1(U, \mathbb{R})$ 是指 ϕ 的 Fréchet 导算子存在且在 U 上连续. 而 Gâteaux 导算子由下式给出:

$$\langle \phi'(u), h \rangle = \lim_{t \to 0} \frac{1}{t}[\phi(u + th) - \phi(u)].$$

我们知道 Fréchet 可导 (简称 F 可导)$\Rightarrow$ Gâteaux 可导 (简称 G 可导).

由中值定理知, 如果 ϕ 在 U 上有连续的 G 导算子, 则 $\phi \in C^1(U, \mathbb{R})$.

定义 6.3.1　　设 $\phi \in C^1(U, \mathbb{R})$, 称泛函 ϕ 在 $u \in U$ 处有二阶 G 导算子 $L \in \mathscr{L}(X, X^*)$ 是指对每个 $h, v \in X$,

$$\lim_{t \to 0} \frac{1}{t}\langle \phi'(u + th) - \phi'(u) - Lth, v \rangle = 0,$$

记为 $\phi''(u)$.

称泛函 ϕ 在 $u \in U$ 处有二阶 F 导算子 $L \in \mathscr{L}(X, X^*)$ 是指

$$\lim_{h \to 0} \frac{1}{\|h\|}[\phi'(u + h) - \phi'(u) - Lh] = 0.$$

$\phi \in C^2(U, \mathbb{R})$ 是指在 U 上 ϕ 的二阶 F 导算子存在且连续.

二阶 G 导算子由下式给出

$$\langle \phi''(u)h, v \rangle := \lim_{t \to 0} \frac{1}{t} \langle \phi'(u+th) - \phi'(u), v \rangle.$$

我们知道二阶 F 可导 $\Rightarrow$ 二阶 G 可导.

由中值定理易证, 如果 ϕ 在 U 上有连续的二阶 G 导算子, 则 $\phi \in C^2(U, \mathbb{R})$.
下面讨论定性形变定理.

令 $\phi^d := \phi^{-1}((-\infty, d]) = \{u \in X : \phi(u) \leqslant d\}$, 称为**水平集**.

定理 6.3.2 (形变定理) 设 X 是一个 Hilbert 空间, $\phi \in C^2(X, \mathbb{R}), c \in \mathbb{R}, \varepsilon > 0$, 设 $\forall u \in \phi^{-1}([c - 2\varepsilon, c + 2\varepsilon])$, 有 $\|\phi'(u)\| \geqslant 2\varepsilon$, 则存在 $\eta \in C(X, X)$, 使得

(1) $\eta(u) = u, \forall u \notin \phi^{-1}([c - 2\varepsilon, c + 2\varepsilon])$;

(2) $\eta(\phi^{c+\varepsilon}) \subset \phi^{c-\varepsilon}$.

证明 令 $A := \phi^{-1}([c - 2\varepsilon, c + 2\varepsilon]), B := \phi^{-1}([c - \varepsilon, c + \varepsilon]), \psi(u) :=$ $\dfrac{\mathrm{dist}(u, X\backslash A)}{\mathrm{dist}(u, X\backslash A) + \mathrm{dist}(u, B)}, \psi$ 是局部 Lipschitz 连续的. 在 B 上 $\psi \equiv 1$, 在 $X\backslash A$ 上 $\psi \equiv 0$. 定义局部 Lipschitz 连续向量场

$$f(u) := \begin{cases} -\psi(u)\|\nabla\phi(u)\|^{-2}\nabla\phi(u), & u \in A, \\ 0, & u \in X\backslash A. \end{cases}$$

显然在 X 上 $\|f(u)\| \leqslant (2\varepsilon)^{-1}$. 对每个 $u \in X$, Cauchy 问题

$$\begin{cases} \dot{\sigma}(t, u) = f(\sigma(t, u)), \\ \sigma(0, u) = u \end{cases}$$

有定义在 $\mathbb{R}$ 上的唯一解 $\sigma(\cdot, u)$. σ 在 $\mathbb{R} \times X$ 上是连续的, 由 $\eta(u) := \sigma(2\varepsilon, u)$ 定义在 X 上的映射 η 满足结论 (1).

因为

$$\frac{d}{dt}\phi(\sigma(t, u)) = (\nabla\phi(\sigma(t, u)), \dot{\sigma}(t, u)) = (\nabla\phi(\sigma(t, u)), f(\sigma(t, u)))$$
$$= -\psi(\sigma(t, u)) < 0, \qquad (6.3.1)$$

$\phi(\sigma(\cdot, u))$ 关于 t 不增, 令 $u \in \phi^{c+\varepsilon}$. 如果 $\exists t \in [0, 2\varepsilon]$ 使得 $\phi(\sigma(t, u)) < c - \varepsilon$, 则 $\phi(\sigma(2\varepsilon, u)) < c - \varepsilon$, 结论 (2) 成立. 如果 $\sigma(t, u) \in \phi^{-1}([c - \varepsilon, c + \varepsilon]), \forall t \in [0, 2\varepsilon]$, 则 $\sigma(t, u) \in B, \psi(\sigma(t, u)) = 1$, 由 (6.3.1) 得

$$\phi(\sigma(2\varepsilon, u)) = \phi(u) + \int_0^{2\varepsilon} \frac{d}{dt}\phi(\sigma(t, u))dt$$

$$= \phi(u) - \int_0^{2\varepsilon} \psi(\sigma(t,u))dt \leqslant c + \varepsilon - 2\varepsilon = c - \varepsilon,$$

结论 (2) 也成立. ∎

山路定理是 Minimax 原理中最简单也是最有用的定理, 1973 年由 Ambre-setti 和 Rabinowitz 给出.

引理 6.3.3   设 X 是一个 Hilbert 空间, $\phi \in C^2(X, \mathbb{R})$, $e \in X$ 和 $r > 0$ 使得 $\|e\| > r$, 且有

$$b := \inf_{\|u\|=r} \phi(u) > \phi(\theta) \geqslant \phi(e), \tag{6.3.2}$$

令 $c := \inf_{\gamma \in \Gamma} \max_{t \in [0,1]} \phi(\gamma(t))$, 其中 $\Gamma := \{\gamma \in C([0,1], X) : \gamma(0) = \theta, \gamma(1) = e\}$. 则对每个 $\varepsilon > 0$ 存在 $u \in X$, 使得

(1) $c - 2\varepsilon \leqslant \phi(u) \leqslant c + 2\varepsilon$;

(2) $\|\phi'(u)\| < 2\varepsilon$.

证明   (6.3.2) 意味着

$$b \leqslant \max_{t \in [0,1]} \phi(\gamma(t)).$$

于是

$$b \leqslant c \leqslant \max_{t \in [0,1]} \phi(te).$$

假如对某个 $\varepsilon > 0$, 定理结论不真, 即定理 6.3.2 条件满足. 我们可以假设

$$c - 2\varepsilon \geqslant \phi(\theta) \geqslant \phi(e). \tag{6.3.3}$$

由 c 的定义, 存在 $\gamma \in \Gamma$, 使得

$$\max_{t \in [0,1]} \phi(\gamma(t)) \leqslant c + \varepsilon. \tag{6.3.4}$$

考虑 $\beta := \eta \circ \gamma$, η 由定理 6.3.2 给出, 应用定理 6.3.2 的结论 (1) 和 (6.3.3) 式得

$$\beta(0) = \eta \circ \gamma(0) = \eta(\theta) = \theta.$$

类似地, $\beta(1) = e$. 于是 $\beta \in \Gamma$. 由定理 (6.3.2) 的结论 (2) 和 (6.3.4) 式得

$$c \leqslant \max_{t \in [0,1]} \phi(\beta(t)) \leqslant c - \varepsilon,$$

矛盾. ∎

为证明 c 是 ϕ 的临界值, Brezis-Coron-Nirenberg 于 1980 年引入下述紧性条件.

定义 6.3.4 设 X 是一个 Banach 空间, $\phi \in C^1(X, \mathbb{R})$, $c \in \mathbb{R}$, 称 ϕ 满足 $(\text{PS})_c$ 条件, 是指对任何序列 $\{u_n\} \subset X$ 使得

$$\phi(u_n) \to c, \quad \phi'(u_n) \to 0 \tag{6.3.5}$$

都有收敛子序列.

$(\text{PS})_c$ 条件比 (PS) 条件弱, 对每个 $c \in \mathbb{R}$, $(\text{PS})_c$ 条件成立 $\iff$ (PS) 条件成立.

定理 6.3.5[2](山路定理) 在引理 6.3.3 的假设之下, 如果 ϕ 满足 $(\text{PS})_c$ 条件, 则 c 是 ϕ 的临界值.

证明 由引理 6.3.3 的证明知, 存在 $\{u_n\} \subset X$, 满足 (6.3.5). 由 $(\text{PS})_c$, $\{u_n\}$ 有子列收敛到 $u \in X$, 且 $\phi(u) = c$, $\phi'(u) = 0$. ∎

Brezis 和 Nirenberg 于 1991 年给出下面的例子说明 $(\text{PS})_c$ 条件是不可少的.

例 6.3.6 在引理 6.3.3 中, c 可以不是 ϕ 的临界值, 定义 $\phi \in C^\infty(\mathbb{R}^2, \mathbb{R})$ 如下:

$$\phi(x, y) := x^2 + (1-x)^3 y^2.$$

显然 ϕ 满足引理 6.3.3, 但 ϕ 只有临界点 $(0,0)$, 其临界值为 0.

6.4 定量形变定理

前面讲的形变引理要求 $\phi \in C^2$, 为了推广到 Banach 空间中 $\phi \in C^1$ 泛函的情形, 我们首先要介绍由 1966 年 Palais 引进的伪梯度 (pseudo gradient).

定义 6.4.1 设 M 是一个距离空间, X 是一个赋范空间, $\phi' : M \to X^* \backslash \{\theta\}$ 是一个连续映射, ϕ' 在 M 上的**伪梯度向量场**是一个局部 Lipschitz 连续的向量场 $g : M \to X$, 使得对每个 $u \in M$,

$$\|g(u)\| \leqslant 2\|\phi'(u)\|,$$

$$\langle \phi'(u), g(u) \rangle \geqslant \|\phi'(u)\|^2.$$

附注 6.4.2 下面应用时取 $M = X \backslash K$, 其中 $K = \{x \in X, \phi'(x) = \theta\}$. $\langle \phi'(u), g(u) \rangle \geqslant \|\phi'(u)\|^2$ 蕴含着 $\|\phi'(u)\| \leqslant \|g(u)\|$.

引理 6.4.3 在上述定义的假设之下, 存在 ϕ' 在 M 上的伪梯度向量场.

证明 对每个 $v \in M$, 存在 $x \in M$, 使得 $\|x\| = 1$ 且

$$\langle \phi'(v), x \rangle > \frac{2}{3}\|\phi'(v)\|.$$

令 $y := \dfrac{3}{2}\|\phi'(v)\|x$, 于是

$$\|y\| < 2\|\phi'(v)\|, \quad \langle \phi'(v), y \rangle > \|\phi'(v)\|^2.$$

因为 ϕ' 是连续的, 存在 v 的开邻域 N_v, 使得

$$\|y\| \leqslant 2\|\phi'(u)\|, \quad \langle \phi'(u), y \rangle \geqslant \|\phi'(u)\|^2, \quad \forall u \in N_v. \tag{6.4.1}$$

集族

$$N := \{N_v : v \in M\}$$

是 M 的一个开覆盖, 因为 M 是距离空间, 所以 M 是仿紧 (paracompact) 的. 存在一个 M 的局部有限加细开覆盖 $\mathcal{M} = \{M_i : i \in I\}$, 使得对每个 $i \in I$, 存在 $v \in M$, 使得 $M_i \subset N_v$, 因此存在 $y = y_i$, 使 (6.4.1) 对每个 $u \in M_i$ 成立. 在 M 上定义

$$\rho_i(u) := \operatorname{dist}(u, X \backslash M_i),$$
$$g(u) := \sum_{i \in I} \frac{\rho_i(u)}{\displaystyle\sum_{j \in I} \rho_j(u)} y_i.$$

容易验证 g 是 ϕ' 在 M 上的伪梯度向量场, 即 g 是局部 Lipschitz 连续的,

$$\|g(u)\| \leqslant \sum_{i \in I} \frac{\rho_i(u)}{\displaystyle\sum_{j \in I} \rho_j(u)} \|y_i\| \overset{(6.4.1)}{\leqslant} 2\|\phi'(u)\|,$$

$$\langle \phi'(u), g(u) \rangle = \sum_{i \in I} \langle \phi'(u), y_i \rangle \frac{\rho_i(u)}{\displaystyle\sum_{j \in I} \rho_j(u)} \overset{(6.4.1)}{\geqslant} \|\phi'(u)\|^2. \qquad \blacksquare$$

显然, 如此定义的伪梯度向量场不止一个.

附注 6.4.4 若 ϕ 具有紧群 G 作用下的对称性, 伪梯度场 $g(u)$ 可构造成满足 G-等变的 (G-equivariant, 即 $\phi(lu) = l\phi(u), \forall u \in M, \forall l \in G$). 特别地, ϕ 是偶泛函时, 即 $\phi(-u) = \phi(u)$, 对称群 $G = \{id, -id\} \cong \mathbb{Z}_2$, 我们可定义 $\tilde{g}(u) = \dfrac{1}{2}(g(u) - g(-u))$, $\tilde{g}$ 就是 ϕ 的 $\mathbb{Z}_2$-等变的伪梯度场 (奇的, $\tilde{g}(-u) = -\tilde{g}(u)$), 其中 g 是 ϕ 的任意伪梯度场.

下面的定量形变定理是由 M. Willem 在 1983 年给出的.

定理 6.4.5 设 X 是一个 Banach 空间, $\phi \in C^1(X, \mathbb{R})$, $S \subset X, c \in \mathbb{R}, \varepsilon, \delta > 0$, 使得

$$\forall u \in \phi^{-1}([c - 2\varepsilon, c + 2\varepsilon]) \cap S_{2\delta}, \quad \|\phi'(u)\| \geqslant \frac{8\varepsilon}{\delta}, \tag{6.4.2}$$

则存在 $\eta \in C([0, 1] \times X, X)$, 使得

(1) $\eta(t, u) = u$, 当 $t = 0$ 或 $u \notin \phi^{-1}([c - 2\varepsilon, c + 2\varepsilon]) \cap S_{2\delta}$ 时;

(2) $\eta(1, \phi^{c+\varepsilon} \cap S) \subset \phi^{c-\varepsilon}$;

(3) $\forall t \in [0, 1], \eta(t, \cdot)$ 是 X 上的同胚;

(4) $\|\eta(t, u) - u\| \leqslant \delta, \forall u \in X, \forall t \in [0, 1]$;

(5) $\phi(\eta(\cdot, u))$ 不增, $\forall u \in X$;

(6) $\phi(\eta(t, u)) < c, \forall u \in \phi^c \cap S_\delta, \forall t \in (0, 1]$.

证明 由引理 6.4.3, 存在 ϕ' 在 $M := \{u \in X : \phi'(u) \neq \theta\}$ 上的伪梯度向量场 g, 令

$$A := \phi^{-1}([c - 2\varepsilon, c + 2\varepsilon]) \cap S_{2\delta},$$

$$B := \phi^{-1}([c - \varepsilon, c + \varepsilon]) \cap S_\delta,$$

$$\psi(u) := \frac{\text{dist}(u, X \backslash A)}{\text{dist}(u, X \backslash A) + \text{dist}(u, B)}.$$

ψ 局部 Lipschitz 连续, 且在 B 上 $\psi \equiv 1$, 在 $X \backslash A$ 上 $\psi \equiv 0$. 定义局部 Lipschitz 连续的向量场

$$f(u) := \begin{cases} -\psi(u)\|g(u)\|^{-2}g(u), & u \in A, \\ 0, & u \in X \backslash A. \end{cases}$$

由定义 6.4.1 和假定 (6.4.2), $\|f(u)\| \leqslant \dfrac{\delta}{8\varepsilon}$. 对每个 $u \in X$, Cauchy 问题

$$\begin{cases} \dot{\sigma}(t, u) = f(\sigma(t, u)), \\ \sigma(0, u) = u \end{cases}$$

在 $\mathbb{R}$ 上有唯一解 $\sigma(\cdot, u)$. 并且 σ 在 $\mathbb{R} \times X$ 上是连续的, 在 $[0, 1] \times X$ 上定义 $\eta(t, u) := \sigma(8\varepsilon t, u)$, 由定义 6.4.1 和式 (6.4.2), 有

$$\|\sigma(t, u) - u\| = \left\| \int_0^t f(\sigma(\tau, u))d\tau \right\|$$

$$\leqslant \int_0^t \|f(\sigma(\tau, u))\|d\tau \leqslant \frac{\delta t}{8\varepsilon}, \quad \forall t \geqslant 0 \tag{6.4.3}$$

和

$$\frac{d}{dt}\phi(\sigma(t, u)) = \langle \phi'(\sigma(t, u)), \dot{\sigma}(t, u) \rangle$$

$$= \langle \phi'(\sigma(t, u)), f(\sigma(t, u)) \rangle \leqslant -\frac{\psi(\sigma(t, u))}{4}. \tag{6.4.4}$$

容易验证 (1), (3)—(6) 成立.

设 $u \in \phi^{c+\varepsilon} \cap S$, 如果存在 $t \in [0, 8\varepsilon]$, 使得 $\phi(\sigma(t,u)) < c-\varepsilon$, 则 $\phi(\sigma(8\varepsilon, u)) < c-\varepsilon$, (2) 成立; 如果

$$\sigma(t,u) \in \phi^{-1}([c-\varepsilon, c+\varepsilon]), \quad \forall t \in [0, 8\varepsilon],$$

由 (6.4.3),(6.4.4),

$$\phi(\sigma(8\varepsilon, u)) = \phi(u) + \int_0^{8\varepsilon} \frac{d}{dt}\phi(\sigma(t,u))dt$$
$$\leqslant \phi(u) - \frac{1}{4}\int_0^{8\varepsilon} \psi(\sigma(t,u))dt$$
$$= c + \varepsilon - 2\varepsilon = c - \varepsilon.$$

(2) 还是成立. ∎

用定理 6.4.5 可以证明下述形式的 Ekeland 变分原理.

定理 6.4.6 (Ekeland 变分原理) 设 X 是一个 Banach 空间, $\phi \in C^1(X, \mathbb{R})$, 下方有界, $v \in X, \varepsilon, \delta > 0$, 如果

$$\phi(v) \leqslant \inf_X \phi + \varepsilon,$$

则存在 $u \in X$, 使得

$$\phi(u) \leqslant \inf_X \phi + 2\varepsilon, \quad \|\phi'(u)\| < \frac{8\varepsilon}{\delta}, \quad \|u - v\| \leqslant 2\delta.$$

证明 由定理 6.4.5, 令 $S := \{v\}, c := \inf_X \phi$, 假设对每个 $u \in \phi^{-1}([c, c+2\varepsilon]) \cap S_{2\delta}, \|\phi'(u)\| \geqslant \frac{8\varepsilon}{\delta}$, 则 $\eta(1,v) \in \phi^{c-\varepsilon}$, 同 c 的定义矛盾. ∎

定理 6.4.7 设 X 是一个 Banach 空间, $\phi \in C^1(X, \mathbb{R})$, 下方有界, ϕ 满足 $(\text{PS})_c$, 其中 $c = \inf_X \phi$, 则 ϕ 的每一个极小化序列包含有一个收敛子列, 特别是 ϕ 达到极小值.

证明 设 $\{v_n\} \subset X$ 是 ϕ 的极小化序列, 由定理 6.4.6, 选 $\varepsilon_n = \max\left\{\frac{1}{n}, \phi(v_n) - c\right\}, \delta_n = \sqrt{\varepsilon_n}$, 则存在序列 $\{u_n\} \subset X$, 使得

$$\phi(u_n) \leqslant \inf_X \phi + 2\varepsilon_n \to c,$$
$$\|\phi'(u_n)\| < \frac{8\varepsilon_n}{\delta_n} = 8\sqrt{\varepsilon_n} \to 0,$$
$$\|u_n - v_n\| \leqslant 2\sqrt{\varepsilon_n} \to 0.$$

再应用 $(\text{PS})_c$ 条件, 即得定理. ∎

定理 6.4.8[15] 设 X 是一个 Banach 空间, $\phi \in C^1(X, \mathbb{R})$, 如果

$$c := \varliminf_{\|u\| \to \infty} \phi(u) \in \mathbb{R},$$

则对每个 $\varepsilon, \delta > 0, R > 2\delta$, 存在 $u \in X$, 使得

(1) $c - 2\varepsilon \leqslant \phi(u) \leqslant c + 2\varepsilon$;

(2) $\|u\| > R - 2\delta$;

(3) $\|\phi'(u)\| < \dfrac{8\varepsilon}{\delta}$.

证明 若不然, 由定量形变定理, 取 $S := X \backslash B_R(\theta), B_R(\theta) = \{x \in X, \|x\| < R\}$, 由 c 的定义, $\phi^{c+\varepsilon} \cap S$ 是无界的. $\phi^{c-\varepsilon} \subset B_r(\theta)$ 对 $r > 0$ 足够大. 由定量形变定理, $\eta(1, \phi^{c+\varepsilon} \cap S) \subset \phi^{c-\varepsilon}$, 且有

$$\phi^{c+\varepsilon} \cap S \subset (\phi^{c-\varepsilon})_\delta \subset B_{r+\delta}(\theta),$$

矛盾. ■

定理 6.4.9(Shujie Li) 设 $\phi \in C^1(X, \mathbb{R})$ 下方有界, 如果每个序列 $\{u_n\} \subset X$ 使得

$$\phi(u_n) \to c, \quad \phi'(u_n) \to 0$$

是有界的, 则

$$\phi(u) \to +\infty, \quad \|u\| \to +\infty.$$

证明 如不然, 则有 $c := \varliminf_{\|u\| \to \infty} \phi(u) \in \mathbb{R}$, 由定理 6.4.8 知, 存在序列 $\{u_n\} \subset X$, 使得

$$\phi(u_n) \to c, \quad \phi'(u_n) \to 0, \quad \|u_n\| \to \infty,$$

与假设条件矛盾. ■

注: 原定理叙述为 $\phi \in C^1(X, \mathbb{R})$ 且下方有界, 满足 (PS) 条件必是强制的.

其他形式的两个形变引理 (证明略) 如下.

定理 6.4.10 [130, Chapter 2, Theorem 3.4] (形变引理) 设 V 是 Banach 空间, $E \in C^1(V)$ 满足 (PS) 条件. 取 $\beta \in \mathbb{R}$, 给定 $\bar{\varepsilon} > 0$, 再令 N 是 $K_\beta := \{u \in V, E(u) = \beta, E'(u) = 0\}$ 的任意邻域. 则存在实数 $\varepsilon \in (0, \bar{\varepsilon})$ 以及 V 的连续单参数同胚 $\Phi(\cdot, t)$, 其中 $0 \leqslant t < \infty$, 具有如下性质:

(i) 当 $t = 0$ 或 $E'(u) = 0$, 或 $|E(u) - \beta| \geqslant \bar{\varepsilon}$ 时, 有 $\Phi(u, t) = u$;

(ii) 对于任意的 $u \in V$, $E(\Phi(u, t))$ 关于 t 是非增的;

(iii) 有 $\Phi(E^{\beta+\varepsilon} \backslash N, 1) \subset E^{\beta-\varepsilon}$, $\Phi(E^{\beta+\varepsilon}, 1) \subset E^{\beta-\varepsilon} \cup N$.

而且, $\Phi : V \times [0, \infty] \to V$ 有半群性质, 也就是说, 对于任意的 $s, t \geqslant 0$, 有 $\Phi(\cdot, t) \circ \Phi(\cdot, s) = \Phi(\cdot, s + t)$.

附注 6.4.11   (i) 因为形变 $\Phi : V \times [0, \infty) \to V$ 是通过在一个合适的截断的伪梯度向量场上积分得到的, Φ 可以称作一个 (局部的) 伪梯度流.

(ii) 若 $K_\beta = \varnothing$, 我们可以选择 $N = \varnothing$, 从而在这个情况下, β 附近的能量会一致地下降.

(iii) 若 E 在一个紧群作用 G 下不变, 我们有 Φ 是 G-等变的, 即有

$$\Phi(gu, t) = g\Phi(u, t)$$

对于所有 $u \in V$, $g \in G$, $t \geqslant 0$ 成立.

定理 6.4.12 [130, Chapter 2, Theorem 3.11] (形变引理)   假设 M 是一个完备的 $C^{1,1}$-Finsler 流形. $E \in C^1(M)$ 满足 (PS) 条件. 取 $\beta \in \mathbb{R}$, 给定 $\varepsilon > 0$, 再令 N 是 K_β 的任意邻域. 则存在实数 $\varepsilon \in (0, \bar{\varepsilon})$ 以及 M 的连续单参数同胚 $\Phi(\cdot, t)$, 其中 $0 \leqslant t < \infty$, 具有如下性质:

(i) 当 $t = 0$ 或 $E'(u) = 0$, 或 $|E(u) - \beta| \geqslant \bar{\varepsilon}$ 时, 有 $\Phi(u, t) = u$;

(ii) 对于任意的 $u \in M$, $E(\Phi(u, t))$ 关于 t 是非增的;

(iii) 有 $\Phi(E^{\beta+\varepsilon} \backslash N, 1) \subset E^{\beta-\varepsilon}$, $\Phi(E^{\beta+\varepsilon}, 1) \subset E^{\beta-\varepsilon} \cup N$.

而且, $\Phi : M \times [0, \infty] \to M$ 有半群的特性, 也就是说, 对于任意的 $s, t \geqslant 0$, 有 $\Phi(\cdot, t) \circ \Phi(\cdot, s) = \Phi(\cdot, s + t)$. 若 M 上有对称紧群作用 G, 且 E 是 G 不变的, 则 Φ 可以构造为 G-等变的, 即 $\Phi(gu, t) = g\Phi(u, t)$, 对于所有 $u \in V$, $g \in G$, $t \geqslant 0$ 成立.

6.5   极大极小原理

本节建立更一般形式的极大极小原理, 用于寻找鞍点型的临界点.

定理 6.5.1   设 X 是一个 Banach 空间, M_0 是距离空间 M 的闭子空间, $\Gamma_0 \subset C(M_0, X)$, 定义

$$\Gamma := \{\gamma \in C(M, X) : \gamma|_{M_0} \in \Gamma_0\}.$$

如果 $\phi \in C^1(X, \mathbb{R})$ 满足

$$\infty > c := \inf_{\gamma \in \Gamma} \sup_{u \in M} \phi(\gamma(u)) > a := \sup_{\gamma_0 \in \Gamma_0} \sup_{u \in M_0} \phi(\gamma_0(u)), \qquad (6.5.1)$$

则对每个 $\varepsilon \in \left(0, \dfrac{c-a}{2}\right), \delta > 0$ 和 $\gamma \in \Gamma$ 满足

$$\sup_M \phi \circ \gamma \leqslant c + \varepsilon, \qquad (6.5.2)$$

存在 $u \in X$ 使得

(1) $c - 2\varepsilon \leqslant \phi(u) \leqslant c + 2\varepsilon$;

(2) $\mathrm{dist}(u, \gamma(M)) \leqslant 2\delta$;

(3) $\|\phi'(u)\| < \dfrac{8\varepsilon}{\delta}$.

证明 如不然, 由定量形变定理 (定理 6.4.5), 取 $S = \gamma(M)$. 假设

$$c - 2\varepsilon > a. \tag{6.5.3}$$

我们定义 $\beta(u) := \eta(1, \gamma(u))$, 对每个 $u \in M_0$, 由 (6.5.3),

$$\beta(u) = \eta(1, \gamma_0(u)) = \gamma_0(u).$$

于是 $\beta \in \Gamma$, 由 (6.5.2),

$$c \leqslant \sup_{u \in M} \phi(\beta(u)) = \sup_{u \in M} \phi(\eta(1, \gamma(u))) \leqslant c - \varepsilon,$$

同 c 的定义矛盾. ∎

定理 6.5.2 在 (6.5.1) 假设之下, 存在序列 $\{u_n\} \subset X$, 满足

$$\phi(u_n) \to c, \quad \phi'(u_n) \to 0.$$

特别当 ϕ 满足 $(\mathrm{PS})_c$ 条件时, c 是 ϕ 的临界值.

三个特殊的环绕 (linking) 定理

定理 6.5.3[2] (山路定理) 设 X 是 Banach 空间, $\phi \in C^1(X, \mathbb{R})$, $e \in X$ 和 $r > 0$, 使 $\|e\| > r$ 和

$$b := \inf_{\|u\| = r} \phi(u) > \phi(0) \geqslant \phi(e).$$

如果 ϕ 满足 $(\mathrm{PS})_c$ 条件, 这里

$$c := \inf_{\gamma \in \Gamma} \max_{t \in [0,1]} \phi(\gamma(t)),$$

$$\Gamma := \{\gamma \in C([0,1], X) : \gamma(0) = \theta, \gamma(1) = e\},$$

则 c 是 ϕ 的临界值.

证明 取 $M = [0,1], M_0 = \{0,1\}, \Gamma_0 = \{\gamma_0 : \gamma_0(0) = \theta, \gamma_0(1) = e\}$, 应用定理 6.5.2 得征. ∎

定理 6.5.4[122] (鞍点定理 (saddle point theorem)) 设 $X = Y \oplus Z$ 是一个 Banach 空间, $\dim Y < \infty$. 定义 (图 6.1)

$$M := \{u \in Y : \|u\| \leqslant \rho\}, \quad M_0 := \{u \in Y : \|u\| = \rho\}, \quad \forall \rho > 0.$$

设 $\phi \in C^1(X, \mathbb{R})$ 使得

$$b := \inf_Z \phi > a := \max_{M_0} \phi.$$

如果 ϕ 满足 $(PS)_c$ 条件, 其中

$$c := \inf_{\gamma \in \Gamma} \max_{u \in M} \phi(\gamma(u)),$$

$$\Gamma := \{\gamma \in C(M, X) : \gamma|_{M_0} = I\},$$

则 c 是 ϕ 的临界值.

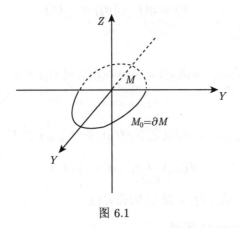

图 6.1

证明   要应用定理 6.5.2, 只需证 $c \geqslant b$. 为此, 往证 $\forall \gamma \in \Gamma, \gamma(M) \cap Z \neq \varnothing$. 用 P 表示 X 到 Y 上的投影, 使 $PZ = \{0\}$. 如果 $\gamma(M) \cap Z = \varnothing$, 则映射

$$u \mapsto \frac{\rho P\gamma(u)}{\|P\gamma(u)\|}$$

是闭球 M 到它的边界 M_0 的收缩. 由于 $\dim Y < \infty$, 故 M 不可能收缩到它的边界上, 因此我们得到 $\forall \gamma \in \Gamma, \gamma(M) \cap Z \neq \varnothing$,

$$\max_M \phi \circ \gamma \geqslant b := \inf_Z \phi.$$

于是 $c \geqslant b$.   ■

定理 6.5.5[122] (环绕定理, 又称广义鞍点定理))   设 $X = Y \oplus Z$ 是一个 Banach 空间, $\dim Y < \infty$. 设 $\rho > r > 0$, 令 $z_0 \in Z$, 使 $\|z_0\| = r$. 定义 (图 6.2)

$$M := \{u = y + \lambda z_0 : \|u\| \leqslant \rho, \lambda \geqslant 0, y \in Y\},$$

$$M_0 := \{u = y + \lambda z_0 : y \in Y, \|u\| = \rho, \lambda \geqslant 0 \text{或} \|u\| \leqslant \rho, \lambda = 0\},$$

$$N := \{u \in \mathbb{Z} : \|u\| = r\}.$$

设 $\phi \in C^1(X, \mathbb{R})$, 使

$$b := \inf_N \phi > a := \max_{M_0} \phi.$$

如果 ϕ 满足 $(\mathrm{PS})_c$ 条件, 其中

$$c := \inf_{\gamma \in \Gamma} \max_{u \in M} \phi(\gamma(u)),$$

$$\Gamma := \{\gamma \in C(M, X) : \gamma|_{M_0} = I\},$$

则 c 是 ϕ 的临界值.

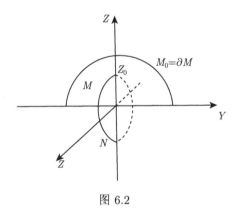

图 6.2

证明 由定理 6.5.2, 只需证 $c \geqslant b$. 我们来证明对每个 $\gamma \in \Gamma$, $\gamma(M) \cap N \neq \varnothing$. 用 P 表示 X 到 Y 上的投影, 它使 $PZ = \{\theta\}$, 用 R 表示从 $Y \oplus \mathbb{R}z_0 \backslash \{z_0\}$ 到 M_0 的收缩. 若 $\gamma(M) \cap N = \varnothing$, 则 $\|(I - P)\gamma(u)\| \neq r, \forall u \in M$, 映射

$$u \mapsto R(P\gamma(u) + \|(I - P)\gamma(u)\|r^{-1}z_0)$$

是从 M 到 M_0 的收缩. 但这是不可能的, 因为 M 同胚于有限维的球, 因此, $\gamma(M) \cap N \neq \varnothing$, 对每个 $\gamma \in \Gamma$,

$$\max_M \phi \circ \gamma \geqslant b := \inf_N \phi.$$

于是 $c \geqslant b$. ∎

附注 6.5.6 扑拓度理论、临界点理论与锥理论和半序方法相结合, 更精细地给出了更多定量的描述, 其中包括在 Banach 空间用形变性质代替 (PS) 条件、下降流不变集方法、序区间和半个序区间 (或锥) 上的山路定理等许多内容, 为讨论椭圆边值问题多解和变号解问题提供了有力的工具. 关于序区间山路定理可见 [91], 涉及椭圆边值问题多解、变号解的相关工作可见 [22]— [24], [42], [73]— [75], [77], [93], [99], [132], [133], [149], [150], [154], [156], [159] 等.

6.6　环绕定理的应用：椭圆 Dirichlet 问题

考虑椭圆 Dirichlet 问题

$$\begin{cases} -\Delta u + a(x)u = f(x,u), \\ u \in H_0^1(\Omega), \end{cases} \tag{6.6.1}$$

其中 Ω 是 $\mathbb{R}^n$ 中的区域.

引进符号和记号: $D(\Omega) := \{u \in C^\infty(\Omega) : u$的支集是 Ω 的紧子集$\}$; $H_0^1(\Omega)$ 是 $D(\Omega)$ 关于范数 $\|u\|_1 := \left(\int_\Omega (|\nabla u|^2 + u^2)dx \right)^{\frac{1}{2}}$ 的闭包.

$H^1(\mathbb{R}^n) := \{u \in L^2(\mathbb{R}^n) : \nabla u \in L^2(\mathbb{R}^n)\}$, 定义内积 $(u,v)_1 := \int_{\mathbb{R}^n} (\nabla u \cdot \nabla u + uv)dx$, $\|u\|_1 := \left(\int_{\mathbb{R}^n} (|\nabla u|^2 + |u|^2)dx \right)^{\frac{1}{2}}$, 从而 $H^1(\mathbb{R}^n)$ 是一个 Hilbert 空间.

设 $n \geqslant 3$, $2^* := \dfrac{2n}{n-2}$. 空间 $D^{1,2}(\mathbb{R}^n) := \{u \in L^{2^*}(\mathbb{R}^n) : \nabla u \in L^2(\mathbb{R}^n)\}$, 引进内积 $\int_{\mathbb{R}^n} \nabla u \cdot \nabla v dx$ 和范数 $\left(\int_{\mathbb{R}^n} |\nabla u|^2 dx \right)^{\frac{1}{2}}$, $D^{1,2}(\mathbb{R}^n)$ 也是一个 Hilbert 空间.

$D_0^{1,2}(\Omega)$ 是 $D(\Omega)$ 在 $D^{1,2}(\mathbb{R}^n)$ 中的闭包. 由 Sobolev 嵌入定理知下面的嵌入是连续的:

$H^1(\mathbb{R}^n) \hookrightarrow L^p(\mathbb{R}^n), 2 \leqslant p < \infty, n = 1, 2$;

$H^1(\mathbb{R}^n) \hookrightarrow L^p(\mathbb{R}^n), 2 \leqslant p \leqslant 2^*, n \geqslant 3$;

$D^{1,2}(\mathbb{R}^n) \hookrightarrow L^{2^*}(\mathbb{R}^n), n \geqslant 3$. 特别地, 有 Sobolev 不等式

$$S := \inf_{u \in D^{1,2}(\mathbb{R}^n), |u|_{2^*}=1} \|\nabla u\|_2^2 > 0.$$

由 Rellich 嵌入定理知：如果 $|\Omega| < \infty$, 下述嵌入是紧的

$$H_0^1(\Omega) \subset L^p(\Omega), \quad 1 \leqslant p < 2^*.$$

由 Poincaré 不等式知：如果 $|\Omega| < \infty$, 则 $\lambda_1(\Omega) := \inf\limits_{u \in H_0^1(\Omega), \|u\|_2=1} \|\nabla u\|_2^2 > 0$ 可以达到.

显然, $H_0^1(\Omega) \subset D_0^{1,2}(\Omega)$, 当 $|\Omega| < \infty$ 时, 由 Poincaré 不等式知 $H_0^1(\Omega) = D_0^{1,2}(\Omega)$.

引理 6.6.1 如果 $n \geqslant 3$, $a \in L^{\frac{n}{2}}(\Omega)$, 则泛函

$$\chi: D_0^{1,2}(\Omega) \to \mathbb{R}: u \mapsto \int_\Omega a(x)u^2 dx$$

是弱连续的.

证明 由 Sobolev 不等式和 Hölder 不等式,

$$\int_\Omega a(x)u^2 dx \leqslant \left(\int_\Omega a^{\frac{n}{2}} dx\right)^{\frac{2}{n}} \cdot \left(\int_\Omega u^{2\frac{n}{n-2}} dx\right)^{\frac{n-2}{n}}$$

$$\leqslant C \cdot \|u\|_{L^{2^*}}^2 \leqslant C\|u\|_{D_0^{1,2}(\mathbb{R}^n)}^2 < \infty.$$

因此 χ 有定义.

假设在 $D_0^{1,2}(\Omega)$ 中 $u_n \rightharpoonup u$, 则在 $D_0^{1,2}(\Omega_1)$ 中 $u_n \rightharpoonup u$, 其中 $\Omega_1 \subset \Omega$ 是任意有界区域. 考虑 $\{u_n\}$ 的一个任意子列 $\{v_n\}$, 因为 $v_n \to u$ 在 L_{loc}^2 中, 再取子列, 不妨可设 (否则可取子列使之成立)$v_n \to u$ 在 Ω 中几乎处处收敛, 于是 $a(x)v_n^2 \to a(x)u^2$ 在 Ω 中几乎处处收敛.

因为 $\{v_n\}$ 在 L^{2^*} 中有界, 故 $\{v_n^2\}$ 在自反空间 $L^{\frac{n}{n-2}}$ 中有界, 因此由命题 6.1.17 知 $v_n^2 \rightharpoonup u^2$ 在 $L^{\frac{n}{n-2}}$ 中成立. 注意到 $a(x) \in L^{\frac{n}{2}}$ 是 $L^{\frac{n}{n-2}}$ 共轭空间中的元素, 于是

$$\int_\Omega a(x)v_n^2(x)dx \to \int_\Omega a(x)u^2 dx,$$

即 χ 是弱连续的. ∎

考虑如下线性椭圆方程的特征值问题:

$$\begin{cases} -\Delta u + a(x)u = \lambda u, \\ u \in H_0^1(\Omega). \end{cases} \tag{6.6.2}$$

引理 6.6.2 如果 $|\Omega| < \infty$, $n \geqslant 3$ 和 $a \in L^{\frac{n}{2}}(\Omega)$, 则

$$\lambda_1 := \inf_{u \in H_0^1(\Omega), \|u\|_2 = 1} \int_\Omega (\|\nabla u\|^2 + a(x)u^2)dx > -\infty.$$

证明 考虑极小化序列 $\{u_n\} \subset H_0^1(\Omega)$,

$$\|\nabla u_n\|_2 = 1, \quad \frac{1 + \chi(u_n)}{\|u_n\|_2^2} \to \lambda_1.$$

取子列可设 $u_n \rightharpoonup u$ 在 $H_0^1(\Omega)$ 中. 由 Rellich 紧嵌入定理和引理 6.6.1,

$$\|u_n\|_2^2 \to \|u\|_2^2, \quad \chi(u_n) \to \chi(u).$$

因为 $\lambda_1 < +\infty$, 于是 $u \neq 0$, 否则 $\chi(u) = 0 \Rightarrow \lambda_1 = \infty$. 因此我们有

$$\lambda_1 \geqslant \frac{\|\nabla u\|_2^2 + \chi(u)}{\|u\|_2^2}. \qquad \blacksquare$$

令 $\lambda_1 < \lambda_2 \leqslant \cdots \leqslant \lambda_n \leqslant 0 < \lambda_{n+1} \leqslant \cdots$ 是 (6.6.2) 的特征值序列 (考虑重数), 设 $e_1, e_2,$ 是相应在 $L^2(\Omega)$ 中正规正交的特征函数.

引理 6.6.3 在引理 6.6.2 假设之下, 令

$$Y := \mathrm{span}\{e_1, \cdots, e_n\},$$

$$Z := \left\{ u \in H_0^1(\Omega) : \int_\Omega uv dx = 0, v \in Y \right\} = Y^\perp,$$

则 $\quad \delta := \inf\limits_{u \in Z, \|\nabla u\|_2 = 1} \int_\Omega (|\nabla u|^2 + a(x)u^2) dx > 0.$

证明 由定义, 在 Z 上我们有

$$\int_\Omega (|\nabla u|^2 + au^2) dx \geqslant \lambda_{n+1} \int_\Omega u^2 dx.$$

考虑 Z 中的极小化序列 $\{u_n\} : \|\nabla u_n\|_2 = 1, 1 + \chi(u_n) \to \delta$, 可设 (否则可选子列使之成立)$u_n \rightharpoonup u \in Z$ 在 $H_0^1(\Omega)$ 中, 由引理 6.6.1,

$$\delta = 1 + \chi(u) \geqslant \int_\Omega (|\nabla u|^2 + \chi(u)) dx \geqslant \lambda_{n+1} \int_\Omega u^2 dx.$$

如果 $u = 0, \delta = 1$; 如果 $u \neq 0, \delta \geqslant \lambda_{n+1} \int_\Omega u^2 dx > 0.$ $\qquad \blacksquare$

现考虑泛函

$$\psi(u) := \int_\Omega F(x, u) dx,$$

其中 $F(x, u) := \int_0^u f(x, s) ds$.

引理 6.6.4 设 $|\Omega| < \infty$, $f \in C(\overline{\Omega} \times \mathbb{R})$ 和

$$|f(x, u)| \leqslant C(1 + |u|^{p-1}),$$

其中 $1 < p < \infty$ 当 $n = 1, 2$ 时和 $1 < p \leqslant 2^*$ 当 $n \geqslant 3$ 时. 则泛函 $\psi \in C^1(H_0^1(\Omega), \mathbb{R})$, 且有

$$\langle \psi'(u), h \rangle = \int_\Omega f(x, u) h dx, \quad \forall u, h \in H_0^1(\Omega).$$

证明 取 $u, h \in H_0^1(\Omega)$，给定 $x \in \Omega$ 和 $0 < |t| < 1$，由中值定理，存在 $\lambda \in (0, 1)$，使得

$$\frac{|F(x, u(x) + th(x)) - F(x, u(x))|}{|t|} = |f(x, u(x) + \lambda th(x))h(x)|.$$

$$\leqslant c(1 + (|u(x)| + |h(x)|)^{p-1})|h(x)|$$

$$\leqslant c(1 + 2^{p-1}(|u(x)|^{p-1}) + |h(x)|^{p-1})|h(x)|.$$

由 Sobolev 嵌入定理知 $h \in L^p(\Omega)$，$(1 + 2^{p-1}(|u(x)|^{p-1}) + |h(x)|^{p-1}) \in L^{p/p-1}(\Omega)$，故由 Hölder 不等式知 $(1 + 2^{p-1}(|u(x)|^{p-1}) + |h(x)|^{p-1})|h(x)| \in L^1(\Omega)$. 从而由 Lebesgue 控制收敛定理知 Gâteaux 微分存在，且

$$\langle \psi'(u), h \rangle = \int_\Omega f(x, u)h \, dx.$$

下证 Gâteaux 微分的连续性. 假设在 $H_0^1(\Omega)$ 中 $u_n \to u$，由 Sobolev 嵌入定理知在 $L^p(\Omega)$ 中 $u_n \to u$. 由定理 1.3.7 知，在 $L^q(\Omega)(q = p/(p-1))$ 中 $f(x, u_n) \to f(x, u)$. 由 Hölder 不等式，我们有

$$|\langle \psi'(u_n) - \psi'(u), h \rangle| \leqslant \|f(x, u_n) - f(x, u)\|_q \|h\|_p$$

$$\leqslant C_p \|f(x, u_n) - f(x, u)\|_q \|h\|_{H_0^1(\Omega)}.$$

于是

$$\|\psi'(u_n) - \psi'(u)\| \leqslant C_p \|f(x, u_n) - f(x, u)\|_q \to 0, \quad n \to \infty.$$

由 Gâteaux 微分的连续性可知 Fréchet 微分连续，故 $\psi \in C^1(H_0^1(\Omega), \mathbb{R})$. ∎

(6.6.1) 的弱解等价于以下泛函在 $H_0^1(\Omega)$ 中的临界点，下面证明在一些限制条件下泛函

$$\phi(u) := \int_\Omega \left(\frac{1}{2}|\nabla u|^2 + \frac{1}{2}a(x)u^2 - F(x, u) \right) dx \tag{6.6.3}$$

满足 $(\mathrm{PS})_c$ 条件，$\forall c \in \mathbb{R}$.

引理 6.6.5 假设 $|\Omega| < \infty$，且

(f_1) 当 $n \geqslant 3$ 时，$a \in L^{\frac{n}{2}}(\Omega)$；当 $n = 2$ 时，$a \in L^q(\Omega), q > 1$；当 $n = 1$ 时 $a \in L^1(\Omega)$. $f \in C(\overline{\Omega} \times \mathbb{R})$ 且对某 $1 < p < 2^*, c > 0$，

$$|f(x, u)| \leqslant c(1 + |u|^{p-1}).$$

(f_2) 存在 $\alpha > 2$ 和 $R > 0$，使得当 $|u| \geqslant R$ 时有 $0 < \alpha F(x, u) \leqslant uf(x, u)$. 则对任何满足

$$d := \sup_{n \in \mathbb{N}} \phi(u_n) < \infty, \quad \phi'(u_n) \to \theta$$

的序列 $\{u_n\} \subset H_0^1(\Omega)$，都包含收敛子列.

证明 考虑 $n \geqslant 3$.

在 $H_0^1(\Omega)$ 中选取范数 $\|u\| := \|\nabla u\|_2$, 由 (f$_2$) 知, 当 $u \geqslant R$ 时, 有 $0 < \dfrac{\alpha}{u} \leqslant$ $\dfrac{f(x,u)}{F(x,u)} \Rightarrow [\alpha \ln u]' \leqslant [\ln F(x,u)]' \Rightarrow \alpha \ln u \leqslant \ln F(x,u) + C \overset{\text{取 e}}{\Longrightarrow} F(x,u) \geqslant$ $C_2(|u|^\alpha - 1), C_2 > 0$.

同理, 当 $u < -R$ 时, 有 $0 < \dfrac{\alpha}{-u} \leqslant \dfrac{-f(x,u)}{F(x,u)} \Rightarrow -\alpha(\ln(-u))' \leqslant -(\ln(f(x,u)))'$ $\Rightarrow \alpha(\ln(-u)) \leqslant \ln(F(x,u)) + C_1 \Rightarrow F(x,u) \geqslant C_2((-u)^\alpha - 1)$. 因此

$$F(x,u) \geqslant C_2(|u|^\alpha - 1). \tag{6.6.4}$$

令 $\beta \in \left(\dfrac{1}{\alpha}, \dfrac{1}{2}\right)$, 对 n 充分大, 有 $C_3, C_4 \geqslant 0$, 使得

$$
\begin{aligned}
& d + 1 + \|u_n\| \\
& \geqslant \phi(u_n) - \beta\langle \phi'(u_n), u_n \rangle \\
& = \int_\Omega \left[\left(\frac{1}{2} - \beta\right)(|\nabla u_n|^2 + a u_n^2) + \beta f(x, u_n) u_n - F(x, u_n) \right] dx \\
& \geqslant \left(\frac{1}{2} - \beta\right)(\delta\|z_n\|^2 + \lambda_1 \|y_n\|_2^2) + (\alpha\beta - 1)\int_\Omega F(x, u_n) dx - C_3 \\
& \geqslant \left(\frac{1}{2} - \beta\right)(\delta\|z_n\|^2 + \lambda_1 \|y_n\|_2^2) + C_2(\alpha\beta - 1)\|u_n\|_\alpha^\alpha - C_4, \tag{6.6.5}
\end{aligned}
$$

其中按引理 6.6.3, $u_n = y_n + z_n, y_n \in Y, z_n \in Z$, 易证 (u_n) 在 $H_0^1(\Omega)$ 中有界. 这是因为 $\dim Y$ 是有限的, $\|y_n\|_2 \sim \|y_n\|$, (6.6.5) 右端含 $\|u_n\|^2$ 项而左端含 $\|u_n\|$ 项, 于是 $\|u_n\|$ 必有界.

可设 $u_n \rightarrow u$ 在 $H_0^1(\Omega)$ 中成立. 由 Rellich 定理, $u_n \rightarrow u$ 在 $L^p(\Omega)$ 中成立. 由定理 1.3.7 知 $f(x, u_n) \rightarrow f(x, u)$ 在 $L^q(\Omega)$ 中成立, 其中 $q := \dfrac{p}{p-1}$. 注意到

$$
\begin{aligned}
\|u_n - u\|^2 = & \langle \phi'(u_n) - \phi'(u), u_n - u \rangle \\
& + \int_\Omega [(f(x, u_n) - f(x, u))(u_n - u) - a(u_n - u)^2] dx,
\end{aligned}
$$

显然

$$\langle \phi'(u_n) - \phi'(u), u_n - u \rangle = \langle \phi'(u_n), u_n - u \rangle - \langle \phi'(u), u_n - u \rangle \rightarrow 0,$$

由引理 6.6.1,

$$\int_\Omega a(u_n - u)^2 dx \rightarrow 0.$$

由 Hölder 不等式, 我们有

$$\left| \int_\Omega (f(x,u_n) - f(x,u))(u_n - u)dx \right|$$
$$\leqslant \|f(x,u_n) - f(x,u)\|_q \|u_n - u\|_p \to 0, \quad n \to \infty.$$

因此 $\|u_n - u\| \to 0$, 故 $(PS)_c$ 成立. ■

下面是我们的存在性定理.

定理 6.6.6 设 $|\Omega| < \infty$, $(f_1), (f_2)$ 成立, 且假设

(f_3) $f(x,u) = o(|u|)$, (当 $|u| \to 0$时) 在 Ω 中一致成立;

(f_4) $\frac{1}{2}\lambda_n u^2 \leqslant F(x,u)(\lambda_1 < \lambda_2 \leqslant \cdots \leqslant \lambda_n \leqslant 0 < \lambda_{n+1} < \cdots)$,

则方程(6.6.1) 有非平凡解.

证明 考虑 $n \geqslant 3$ 的情形.

验证环绕定理 (定理 6.5.5) 的假设条件均满足. $(PS)_c$ 条件由引理 6.6.5 得到. 我们仍取 $\|u\| := \|\nabla u\|_2$. 由 $(f_1), (f_3)$ 有 $\forall \varepsilon > 0, \exists C_\varepsilon > 0$, 使得

$$|F(x,u)| \leqslant \varepsilon |u|^2 + C_\varepsilon |u|^p.$$

由引理 6.6.3, $\forall u \in Z$,

$$\phi(u) \geqslant \frac{\delta}{2}\|u\|^2 - \int_\Omega (\varepsilon|u|^2 + C_\varepsilon|u|^p)dx = \frac{\delta}{2}\|u\|^2 - \varepsilon\|u\|_2^2 - C_\varepsilon\|u\|_p^p.$$

由 Sobolev 嵌入定理, 注意 (f_3), $\exists r > 0$, 使得

$$b := \inf_{\|u\|=r, u \in Z} \phi(u) > 0.$$

由 (f_4), 在 Y 上有

$$\phi(u) \leqslant \int_\Omega \left(\frac{1}{2}\lambda_n u^2 - F(x,u) \right) dx \leqslant 0.$$

定义 $z := \dfrac{re_{n+1}}{\|e_{n+1}\|}$. 由 (6.6.4) 式得

$$\phi(u) \leqslant \frac{\|u\|^2}{2} + |a|_{\frac{N}{2}}\frac{\|u\|_{2^*}^2}{2} - C_2\|u\|_\alpha^\alpha + C_2|\Omega|.$$

由于在有限维空间 $Y \oplus \mathbb{R}z$ 上, 所有范数都等价, 我们有

$$\phi(u) \to -\infty, \quad \|u\| \to \infty, \quad u \in Y \oplus \mathbb{R}z.$$

于是存在 $\rho > r$, 使得

$$0 = \max_{M_0} \phi,$$

其中 $M_0 := \{u = y + \lambda z : y \in Y, \|u\| = \rho, \lambda \geqslant 0 \ \text{或} \ \|u\| \leqslant \rho, \lambda = 0\}$. 由定理 6.5.5 知, ϕ 存在一正临界值, 即 (6.6.1) 存在非平凡解. ∎

如果 $\lambda_1 > 0$, 由山路定理即可证明上述定理, 特别是当 $a(x) = 0$ 时, (6.6.1) 有非平凡解.

推论 6.6.7　设 $|\Omega| < \infty$, $2 < p < 2^*$, 则对每个 $\lambda \in \mathbb{R}$, 问题

$$\begin{cases} -\Delta u + \lambda u = |u|^{p-2} u, \forall x \in \Omega, \\ u \in H_0^1(\Omega) \end{cases} \tag{6.6.6}$$

有非平凡解.

附注 6.6.8　本节主要选自 [146]. 关于临界的非对称 Ambrosetti-Prodi type nonlinearities 的椭圆方程, 发展应用新的环绕方法证明解的存在性定理, 可见 [115], [161].

$$\begin{cases} -\Delta_p u = \lambda |u|^{p-2} u + u_+^{p^*-1}, & x \in \Omega, \\ u = 0, & x \in \partial\Omega, \end{cases} \tag{6.6.7}$$

其中 $\Omega \subset \mathbb{R}^N (N \geqslant 2)$ 是有界光滑区域, $1 < p < N$, $p^* = Np/(N-p)$ 是临界 Sobolev 指标, $\lambda > 0$ 是常数, $u_+(x) = \max\{u(x), 0\}$[115].

6.7　局部环绕方法

定义 6.7.1　设 X 是 Banach 空间, $Q \subset X$ 是一有边流形, 边界为 ∂Q. 设 T 为 X 中的一个闭集, 如果

(1) $\partial Q \cap T = \varnothing$;

(2) 任意连续映射 $\psi : Q \to X$ 满足 $\psi|_{\partial Q} = I|_{\partial Q}$ 都有 $\psi(Q) \cap T \neq \varnothing$, 我们称 ∂Q 与 T 环绕.

总结前面两节内容, 我们知道极大极小方法的基本点有:

(1) 集合的环绕性;

(2) 泛函在其上的值分离性;

(3) 形变性质.

如果 ∂Q 与 T 环绕, C^1 泛函 $\phi : X \to \mathbb{R}^1$ 在 ∂Q 和 T 上是值分离的, 即存在实数 $\beta > \alpha$, 使得 $\sup_{u \in \partial Q} \phi(u) \leqslant \alpha$, $\inf_{u \in T} \phi(u) \geqslant \beta$, 令 $c := \inf_{\varphi \in \Gamma} \sup_{u \in Q} \phi(\varphi(u))$. 则 $c \geqslant \beta$, 其中 $\Gamma := \{\psi : Q \to X \text{连续} : \psi|_{\partial Q} = I|_{\partial Q}\}$.

如果 (PS) 条件成立, 由形变定理易知 c 是 ϕ 的临界值.

以 Rabinowitz 的环绕定理 (定理 6.5.5) 为例, 这里 $Q = M, \partial Q = M_0, T = N$.

这里环绕是指大范围的, 值分离也是大范围的, 应用到半线性椭圆问题中, 我们有定理 6.6.6. 特别是在假设 (f_1)—(f_4) 下, 证明了

$$\begin{cases} -\Delta u + a(x)u = f(u), \\ u|_{\partial\Omega} = 0 \end{cases}$$

有非平凡解. 这里要特别提到条件 (f_4):

$$\frac{1}{2}\lambda_n u^2 \leqslant F(x, u), \text{ 其中 } \lambda_n \text{ 是 } -\Delta u + a(x)u \text{ 的最大非正特征值}.$$

(f_4) 要求对一切 u 都成立. 这是一个很强的整体条件, 它用来保证泛函 ϕ 在 M_0 和 N 上的值分离性. 这是定理 6.6.6 的一个主要条件.

能否把整体条件减弱为较弱的局部条件, 使得极大极小方法基本思想还可以用呢? 在一定的条件下是可以做到的. 这就是局部环绕方法.

定义 6.7.2　设 X 是 Banach 空间, $X = X_1 \oplus X_2, \dim X_2 = m < \infty$, $\phi \in C^1(X, \mathbb{R})$. 如果存在 $\rho > 0, \beta > 0$, 使

$\phi(x) \geqslant \beta, \forall x \in S_1 = \partial B_1 := \partial(B_\rho(\theta) \cap X_1)$;

$\phi(x) \geqslant 0, \forall x \in B_1 := \overline{B}_\rho(\theta) \cap X_1$;

$\phi(x) \leqslant 0, \forall x \in B_2 := \overline{B}_\rho(\theta) \cap X_2$;

$\phi(x) \leqslant -\beta, \forall x \in S_2 := \partial B_2$,

则我们说 ϕ 在 θ 点有一个关于 X_1, X_2 的**局部环绕**, 其中 $B_\rho(\theta) = \{x \in X, \|x\| < \rho\}$.

附注 6.7.3　1988 年, Silver 在他的博士论文中去掉了 $\phi(x) \leqslant -\beta$ 的条件; 1991 年, Brezis-Nirenberg 则去掉了 $\phi(x) \geqslant \beta$ 的条件; 1995 年, Li-Willem[92] 又去掉了 $\dim X_2 < \infty$ 的条件.

定理 6.7.4[98]　设 X 是 Banach 空间, $X = X_1 \oplus X_2, \dim X_2 = m < \infty, \phi \in C^1(X, \mathbb{R})$, 满足 (PS) 条件

(1) ϕ 是下方有界的;

(2) ϕ 在 θ 有一个关于 X_1, X_2 的局部环绕,

则 ϕ 至少有 3 个临界点.

证明　由 ϕ 下方有界及 (PS) 条件知, 存在 x_0, 使得 $\phi(x_0) = m_0 = \inf_{x \in X} \phi(x)$. 注意 θ 是 ϕ 的一个临界点, 因此我们不妨设在唯一点 x_0 达到极小值 m_0. 否则

定理获证. 注意 $0 > m_0$, 如果 ϕ 在 $(m_0, 0)$ 之间没有其他临界值, 可以证明, 用 Cauchy 问题

$$\begin{cases} \dfrac{d\overline{\eta}(t, u)}{dt} = -\dfrac{V(\overline{\eta}(t, u))}{\|V(\overline{\eta}(t, u))\|_{X^*}^2}, \\ \overline{\eta}(0, u) = u \end{cases}$$

产生的流 $\overline{\eta}(t, \cdot)$ 可以使 $\overline{\eta}(T_x, \partial B_2) = x_0$, 这里 V 是 ϕ' 的伪梯度向量场, T_x 是从点 x 出发使

$$\lim_{t \to T_x - 0} \phi(\overline{\eta}(t, x)) = m_0$$

的时间. 注意伪梯度定义 (定义 6.4.1), 可证 $T_x < +\infty$, 这是因为

$$\begin{aligned} \frac{d\phi(\overline{\eta}(t, u))}{dt} &= \left\langle \phi'(\overline{\eta}(t, u)), \frac{d\overline{\eta}(t, u)}{dt} \right\rangle \\ &= \left\langle \phi'(\overline{\eta}(t, u)), -\frac{V(\overline{\eta}(t, u))}{\|V(\overline{\eta}(t, u))\|_{X^*}^2} \right\rangle \\ &\leqslant \frac{-\|\phi'(\overline{\eta}(t, u))\|^2}{\|V(\overline{\eta}(t, u))\|_{X^*}^2} \\ &\leqslant -\frac{1}{4}. \end{aligned}$$

令 $\eta(t, x) := \overline{\eta}(T_x t, x)$, 则有 $\eta(1, x) = x_0, \forall x \in \partial B_2$, 令

$$\Gamma := B_2 \cup \eta([0, 1] \times S_2),$$

$$\Omega = B_1 \times B_2.$$

定义 $\psi : \partial(B_2 \times [0, 1]) \to \phi^0$ 如下:

$$\psi(x, t) = \begin{cases} x, & \forall x \in B_2, t = 0, \\ \eta(t, x), & \forall x \in S_2, t \in [0, 1], \\ x_0, & \forall x \in B_2, t = 1. \end{cases}$$

令

$$F_t = x_1 - \tilde{\psi}(x_2, t), \quad \forall x_1 \in B_1, \quad x_2 \in B_2, \quad t \in [0, 1],$$

其中 $\tilde{\psi}$ 是 $\psi(x, t)$ 在 $B_2 \times [0, 1]$ 上的任意连续延拓 (这里用到 Dugundji 定理). 欲证明存在 $t_0 \in [0, 1]$, $x_2^0 \in B_2$, $x_1^0 \in \partial B_1$, 使得

$$x_1^0 = \tilde{\psi}(x_2^0, t_0), \tag{6.7.1}$$

若不然, 则有 $F_t(\partial B_1 \times B_2) \neq 0, \forall t \in [0,1]$. 由于 $\phi(x_1) \geqslant 0, \forall x \in B_1$,

$$\phi(\tilde{\psi}(x_2, t)) = \phi(\phi(x_2, t)) < -\beta, \quad \forall t \in (0,1], \quad x_2 \in S_2,$$

因此, 有 $S_2 \cap B_1 = \varnothing, F_t(B_1 \times \partial B_2) \neq 0$, 于是 $F_t(\partial(B_1 \times B_2)) \neq 0$. 设 $P: X \to X_2$ 是投影, 它是连续的线性紧算子, 计算拓扑度

$$(-1)^m = \deg(I - 2P, \Omega, \theta) = \deg(x_1 - x_2, \Omega, \theta) = \deg(F_0, \Omega, \theta)$$
$$= \deg(F_1, \Omega, \theta) = \deg(x_1 - x_0, \Omega, \theta) = 0. \tag{6.7.2}$$

(6.7.2) 是不可能成立的, 这说明 (6.7.1) 成立.

而 (6.7.1) 意味着 S_1 与 Γ 是非平凡环绕的, 而且 ϕ 在其上的值是分离的 (图 6.3).

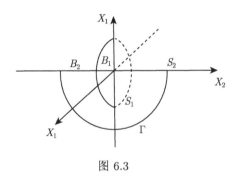

图 6.3

事实上,

$$\phi(x_1) \geqslant \beta > 0, \quad \forall x \in S_1,$$

$$\phi(\psi(x_2, t)) \leqslant 0, \quad \forall (x_2, t) \in \partial(B_2 \times [0,1]).$$

取

$$\Sigma := \{\varphi \in C(B_2 \times [0,1], X) : \varphi|_{\partial(B_2 \times [0,1])} = \psi(x_2, t)\},$$

令

$$c := \inf_{\varphi \in \Sigma} \sup_{(x,t) \in B_2 \times [0,1]} \phi(\varphi(x,t)).$$

易见 $c \geqslant \beta$ 是一个临界值, 它相对应的临界点既不是 θ 也不是 x_0, 定理证毕. ∎

附注 6.7.5 ϕ 在 $(m_0, 0)$ 之间可能有临界值, 只是当 $(m_0, 0)$ 内无临界值时, 才能证明存在临界值 $c \geqslant \beta$.

附注 6.7.6 变分泛函下方有界形式的三解定理最早是由张恭庆[20] 给出的.

附注 6.7.7 (Dugundji 定理)   设 X 是度量空间, $D \subset X$ 是闭集, Y 为局部凸拓扑线性空间, $f: D \to Y$ 连续, 则存在 f 的连续延拓

$$\tilde{f} : X \to \overline{\mathrm{co}} f(D).$$

定义 6.7.8   设 X 是 Hilbert 空间, $e_1, e_2, \cdots, e_n, \cdots$ 是一组完备正交基, 令 $X_n := \mathrm{span}\{e_1, \cdots, e_n\}$. 如果对任何 $x_n \in X_n, \exists M > 0$, 使得

$$\phi(x_n) \leqslant M < +\infty, \quad \|\nabla\phi|_{X_n}(x_n)\| \to 0$$

都在 X 中有收敛子列, 则称 ϕ 满足 (PS)* 条件.

定理 6.7.9[98]   设 $\phi \in C^1(X, \mathbb{R})$, 满足 (PS)* 条件

(1) $\phi_n(x) := \phi|_{X_n}(x) \to -\infty, \|x\| \to \infty$;

(2) ϕ 在 θ 点有局部环绕,

则 ϕ 至少有一个非平凡临界点.

证明   略.   ∎

局部环绕方法可推广到更一般的情形, 见 [92].

对超线性问题的应用

$$\begin{cases} -\Delta u + a(x)u = f(u), \\ u|_{\partial\Omega} = 0. \end{cases}$$

定理 6.6.6 中特别用到大范围条件 (f_4)

$$\frac{1}{2}\lambda_n u^2 \leqslant F(x, u), \quad \forall u \in \mathbb{R}.$$

现在只要求 $|u|$ 充分大时成立就可以.

定理 6.7.10[89]   如果 $\phi \in C^1(\mathbb{R}^n, \mathbb{R})$ 是渐近二次泛函, 即存在一个对称非退化矩阵 A_∞, 使得

$$\frac{\|\nabla\phi(x) - A_\infty x\|}{\|x\|} \to 0, \quad \|x\| \to \infty. \tag{6.7.3}$$

若 ϕ 在 θ 点有一个关于 X_1, X_2 的局部环绕, 则当 $l \neq m := \dim X_2$ 时, ϕ 有非平凡临界点, 这里 l 是 A_∞ 的负空间维数.

附注 6.7.11   这个定理可推广至无穷维情形, 见 [92], 对渐近线性椭圆方程和 Hamilton 系统、波方程都有应用.

6.8 指 标 理 论

在 Minimax 理论中, 不变类 Γ(在负梯度流之下) 决定临界值和临界点的存在性.

如果再考虑到群作用的不变性, 空间的拓扑将更丰富, 这时可以得到对流和群作用都不变的类, 它可以帮助我们找到并区分不同的临界点.

6.8.1 Krasnoselskii 亏格

偶泛函 E 定义在 Banach 空间 V 上, 它关于 $\mathbb{Z}_2$ 群 $\{I, -I\}$ 是对称的. 定义

$$\mathcal{A} := \{A \subset V : A \text{ 闭}, A = -A\}$$

是 V 中的闭对称子集族.

定义 6.8.1 对 $A \in \mathcal{A}, A \neq \varnothing$, 令

$$\gamma(A) := \inf\{m : \exists h \in C^0(A, \mathbb{R}^m \setminus \{\theta\}), h(-u) = -h(u)\}.$$

特别地, 定义 $\gamma(A) = \infty$, 如果上述集合为空 (例如无穷维 Banach 空间单位球面), 特别当 $\theta \in A$ 时. 此外, 定义 $\gamma() = 0$.

称 $\gamma(A)$ 为 **Krasnoselskii 亏格**, 它恰好是通常的余亏格 $\gamma^-(A)$[22].

亏格是线性空间维数概念的推广.

命题 6.8.2 对 $\mathbb{R}^m$ 中的原点 θ 的任何有界对称邻域 Ω, 有 $\gamma(\partial\Omega) = m$.

证明 显然 $\gamma(\partial\Omega) \leqslant m$ (选 $h = I$ 即可). 设 $\gamma(\partial\Omega) = k$, 令 $h \in C^0(\mathbb{R}^m, \mathbb{R}^k)$ 是奇的, 使 $\theta \notin h(\partial\Omega)$. 考虑 $\mathbb{R}^k \subset \mathbb{R}^m$, $h : \mathbb{R}^m \to \mathbb{R}^k \subset \mathbb{R}^m$ 在 Ω 上关于 θ 的 Brouwer 度有意义. 由 Borsuk-Ulam 定理 (定理 4.1.30), 有 $\deg(h, \Omega, \theta) \neq 0$, 因此由 Brouwer 度的连续性, 还有

$$\deg(h, \Omega, y) \neq 0,$$

其中 y 在 $\mathbb{R}^m$ 中是任意靠近 θ 的点. 由 Brouwer 度的性质知, $h(\Omega)$ 覆盖 $\mathbb{R}^m$ 中的原点的一个邻域. 于是 $k = m$. ∎

上述命题之逆亦成立, 如下.

命题 6.8.3 设 $A \subset V$ 是 Hilbert 空间 V 中的紧对称子集, V 有内积 $(\cdot, \cdot)_V$. 设 $\gamma(A) = m < \infty$, 则 A 包括至少 m 个相互正交的向量 $u_k, 1 \leqslant k \leqslant m, (u_k, u_l)_V = 0 (k \neq l)$.

证明 设 $u_1, \cdots, u_l$ 是 A 中相互正交的向量的最大集, 令 $W = \text{span}\{u_1, \cdots, u_l\} \cong \mathbb{R}^l$, $\pi : V \to W$ 是到 W 上的投影. 则由定义知 $\theta \notin A$, 故 $\theta \notin \pi(A)$, π 在 A

上是恒同的, π 定义了一个奇连续映射 $h = \pi|_A : A \to \mathbb{R}^l \backslash \{\theta\}$. 由 $\gamma(A) = m$ 的定义知, $l \geqslant m$. ■

亏格有下述性质.

命题 6.8.4　设 $A, A_1, A_2 \in \mathcal{A}, h \in C^0(V, V)$ 是一连续奇映射, 则有

(1) $\gamma(A) \geqslant 0, \gamma(A) = 0 \iff A = \varnothing$;

(2) $A_1 \subset A_2 \Rightarrow \gamma(A_1) \leqslant \gamma(A_2)$;

(3) $\gamma(A_1 \cup A_2) \leqslant \gamma(A_1) + \gamma(A_2)$;

(4) $\gamma(A) \leqslant \gamma(\overline{h(A)})$;

(5) 如果 $A \in \mathcal{A}$ 是紧的, $\theta \notin A$, 则 $\gamma(A) < \infty$, 且存在 A 在 V 中的邻域 N, 使 $\overline{N} \in \mathcal{A}$ 和 $\gamma(A) = \gamma(\overline{N})$.

即 γ 是非负、单调、次可加、某种意义下的连续映射

$$\gamma : \mathcal{A} \to N_0 \cup \{\infty\}.$$

证明　(1) 由定义立得.

(2) 如果 $\gamma(A_2) = \infty$, 结论显然成立. 若 $\gamma(A_2) = m$, 由定义, 存在 $h \in C^0(A_2, \mathbb{R}^m \backslash \{\theta\})$, $h(-u) = -h(u)$. 把 h 限制到 A_1, 得奇映射 $h|_{A_1} \in C^0(A_1, \mathbb{R}^m \backslash \{\theta\})$. 因此 $\gamma(A_1) \leqslant \gamma(A_2)$.

(3) 设 $\gamma(A_1) = m_1, \gamma(A_2) = m_2$ 有限, h_1, h_2 是奇映射, $h_i \in C^0(A_i, \mathbb{R}^{m_i} \backslash \{\theta\})$, $i = 1, 2$. 由 Tietze 延拓定理, 对任何 $A \in \mathcal{A}$, 任何奇映射 $h \in C^0(A, \mathbb{R}^m)$ 可被延拓为 $\tilde{h} \in C^0(V, \mathbb{R}^m)$. 令 $h(u) := \dfrac{1}{2}(\tilde{h}(u) - \tilde{h}(-u))$, 则其为一个奇延拓. 因此我们可以把 h_i 奇延拓到 $V, i = 1, 2$. 令 $h(u) := (h_1(u), h_2(u))$, 它定义了一个奇映射 $h \in C^0(V, \mathbb{R}^{m_1+m_2})$, 对任何 $u \in A_1 \cup A_2, h(u)$ 不为零.

(4) 对任何奇映射 $\tilde{h} \in C^0(\overline{h(A)}, \mathbb{R}^m \backslash \{\theta\})$, 诱导出奇映射 $\tilde{h} \circ h \in C^0(A, \mathbb{R}^m \backslash \{\theta\})$. 立得结论 (4).

(5) 如果 A 紧, $\theta \notin A$, 存在 $\rho > 0$, 使 $A \cap B_\rho(\theta) = \varnothing$. A 的覆盖 $\{\tilde{B}_\rho(u) := B_\rho(u) \cup B_\rho(-u)\}_{u \in A}$ 有有限子覆盖 $\{\tilde{B}_\rho(u_1), \cdots, \tilde{B}_\rho(u_m)\}$.

设 $\{\phi_j\}_{1 \leqslant j \leqslant m}$ 是 A 上相应于 $\{\tilde{B}_\rho(u_j)\}_{1 \leqslant j \leqslant m}$ 的单位分解, 即 $\phi_j \in C^0(\tilde{B}_\rho(u_j))$ 且支集在 $\tilde{B}_\rho(u_j)$ 中, 满足 $0 \leqslant \phi_j \leqslant 1, \sum\limits_{j=1}^m \phi_j(u) = 1, \forall u \in A$. 可以用 $\overline{\phi}_j(u)$ 替换 ϕ_j, 这里 $\overline{\phi}_j(u) := \dfrac{1}{2}(\phi_j(u) + \phi_j(-u))$. 因此我们可以假设 ϕ_j 是偶的, $1 \leqslant j \leqslant m$. 由 ρ 的选取, 对任何 $j, B_\rho(u_j), B_\rho(-u_j)$ 的邻域可以是不交的. 因此, 如果定义映

射 $h: V \to \mathbb{R}^m$ 的第 j 个分量是

$$h_j(u) = \begin{cases} \phi_j(u), & u \in B_\rho(u_j), \\ -\phi_j(u), & u \in B_\rho(-u_j), \\ 0, & \text{其他处}. \end{cases}$$

如此得到的 h 是连续的、奇的, 且在 A 上不为零. 这意味着 $\gamma(A) < \infty$.

最后设 A 是紧的 $\theta \notin A, \gamma(A) = m < \infty$. 令 $h \in C^0(A, \mathbb{R}^m \backslash \{\theta\})$ 是 $\gamma(A)$ 定义中的 h, 可以假设 $h \in C^0(V, \mathbb{R}^m)$. 由 A 紧知 $h(A)$ 紧, 故存在 $h(A)$ 在 $\mathbb{R}^m \backslash \{\theta\}$ 中的对称开邻域 $\tilde{N}$. 取 $N = h^{-1}(\tilde{N})$, 由上述构造知, $\theta \notin h(\overline{N}), \gamma(\overline{N}) \leqslant m$. 另一方面, $A \subset \overline{N}$, 因此 $m = \gamma(A) \leqslant \gamma(\overline{N}) \leqslant m, \gamma(\overline{N}) = \gamma(A)$(这里用到单调性 (2)). ■

附注 6.8.5 如果 A 由有限个对径点 $u_i, -u_i(u_i \neq \theta)$ 组成, 则 $\gamma(A) = 1$.

6.8.2 偶泛函的 Minimax 原理

设 E 是定义在 Banach 空间 V 的一个闭对称 $C^{1,1}$ 子流形 M 上的 C^1 泛函, 满足 (PS) 条件, E 是偶的, $\mathcal{A}$ 如前述, 对任何 $k \leqslant \gamma(M) \leqslant \infty$, 由命题 6.8.4 的 (4), 族

$$\mathcal{F}_k := \{A \in \mathcal{A} : A \subset M, \gamma(A) \geqslant k\}$$

非空, 且在奇连续映射作用下是不变的, 如果

$$\beta_k = \inf_{A \in \mathcal{F}_k} \sup_{u \in A} E(u) \tag{6.8.1}$$

是有限的, 由定理 6.4.12 及 [130, Chapter 2, Definition 3.8, Remark 3.10] 知可取下降流是奇的 (因为 $E'(-u) = -E'(u)$), 则 β_k 是 E 的临界值.

同线性特征值问题著名的 Courant-Fischer Minimax 原理比较: 我们回忆若 $\mathbb{R}^n$ 有内积 $(\cdot, \cdot)$, 对于对称线性算子 $K: \mathbb{R}^n \to \mathbb{R}^n$ 的第 k 个特征值, 有下述公式给出

$$\lambda_k = \min_{V' \subset V, \dim V' = k} \max_{u \in V', \|u\| = 1} (Ku, u).$$

在 β_k 的 Minimax 表达式中取 $E(u) = (Ku, u), M = \mathbb{S}^{n-1}$, 并计算 β_k. 显然 E 满足 (PS) 条件, 易证 $\beta_k = \lambda_k$(事实上, 由命题 6.8.2 立得 $\beta_k \leqslant \lambda_k$. $\beta_k \geqslant \lambda_k$ 由命题 6.8.3 和 K 的线性性质得到).

对线性情形, 当 $\lambda_k = \lambda_{k+1} = \cdots = \lambda_{k+l-1} = \lambda$ 时, 则 K 有 l 维的本征空间. 它由满足 $Ku = \lambda u$ 的本征函数 $u \in V$ 生成. 对非线性情形如何? 事实上类似结论还成立, 设 $E \in C^1(M)$ 是定义在闭对称 $C^{1,1}$ 子流形 $M \subset V \backslash \{\theta\}$ 上的偶泛函, 且满足 (PS) 条件. 设 $\beta_k, k \leqslant \gamma(M)$ 如前述定义.

引理 6.8.6　设对某个 k, l 有

$$-\infty < \beta_k = \beta_{k+1} = \cdots = \beta_{k+l-1} = \beta < \infty,$$

则 $\gamma(K_\beta) \geqslant l$. 由附注 6.8.5, 如果 $l > 1$, 则 K_β 的元素个数是无穷的, 其中 K_β 是对应于临界值 β 的临界点集.

证明　由 (PS) 条件, 集 K_β 是紧的、对称的, $\gamma(K_\beta)$ 有定义. 由命题 6.8.4 的 (5) 知, 存在 K_β 在 M 中的对称邻域 N 使得 $\gamma(\overline{N}) = \gamma(K_\beta)$. 对 N, β 如前述, 由定理 6.4.12, 我们可以设下降流 η 是奇的 (因为 $E'(-u) = -E'(u)$). 选 $A \subset M$, 使 $\gamma(A) \geqslant k + l - 1$ 和 $E(u) < \beta + \varepsilon, \; \forall u \in A$.

令 $\overline{\eta(1, A)} = \tilde{A} \in \mathcal{A}$, 由流性质 (在形变定理中) 知, $\tilde{A} \subset \overline{(E^{\beta-\varepsilon} \cup N)}$. 由 $\beta = \beta_k$ 的式 (6.8.1) 得

$$\gamma(\overline{E^{\beta-\varepsilon}}) < k.$$

于是由命题 6.8.4 的 (2)—(4), 我们有

$$\gamma(\overline{N}) \geqslant \gamma(\overline{E^{\beta-\varepsilon} \cup N}) - \gamma(\overline{E^{\beta-\varepsilon}}) > \gamma(\tilde{A}) - k$$
$$\geqslant \gamma(A) - k \geqslant k + l - 1 - k = l - 1.$$

于是 $\gamma(\overline{N}) = \gamma(K_\beta) \geqslant l$.　∎

综上所述, 我们有以下定理.

定理 6.8.7　设 V 是 Banach 空间, $E \in C^1(M)$ 是定义在 $V \backslash \{\theta\}$ 上的一个完备对称 $C^{1,1}$ 子流形 M 上的偶泛函, 满足 (PS) 条件且在 M 上是下方有界的. 设 $\hat{\gamma}(M) := \sup\{\gamma(K) : K \subset M \text{ 紧且对称}\}$. 则泛函 E 至少有 $\hat{\gamma}(M) \leqslant \infty$ 对临界点.

附注 6.8.8　注意到 $\hat{\gamma}(M)$ 的定义意味着当 $k \leqslant \hat{\gamma}(M)$ 时 β_k 是有限的. M 的完备性可用 "M 上的伪梯度向量场产生的流在任何正时刻存在" 这一条件替换.

6.8.3　偶泛函的 Minimax 原理的应用: 非线性椭圆问题

定理 6.8.7 包含了 Ljusternik-Schnirelman 的下述经典结果: $C^1(\mathbb{R}^n)$ 上的任何偶函数限制在 $\mathbb{S}^{n-1}$ 上至少有 n 对不同的临界点.

对无穷维情形, 定理 6.8.7 及其变形可用来讨论具有 $\mathbb{Z}_2$ 对称性的非线性微分方程和非线性特征值问题解的存在性. 考虑

$$\begin{cases} -\Delta u + \lambda u = |u|^{p-2}u, \; x \in \Omega, \\ u|_{\partial \Omega} = 0. \end{cases} \tag{6.8.2}$$

定理 6.8.9　设 Ω 是 $\mathbb{R}^n$ 中的有界区域, $p > 2$, $p < \dfrac{2n}{n-2} (n \geqslant 3$ 时$)$, 则对任何 $\lambda \geqslant 0$, 问题 (6.8.2) 有无穷多对不同的解.

证明 取

$$E(u) = \frac{1}{2} \int_\Omega (|\nabla u|^2 + \lambda |u|^2) dx.$$

由定理 6.8.7 知, $E(u)$ 在 $S := \{u \in H_0^1(\Omega) : \|u\|_{L^p(\Omega)} = 1\}$ 上有无穷多对不同的临界点 (对任何 $\lambda \geqslant 0$). 利用齐次性重新变换就得到 (6.8.2) 无穷多解的存在性 ($-\Delta u + \lambda u = \delta |u|^{p-2} u, \delta$ 是 Lagrange 乘子, 令 $u = \zeta v, \zeta = (1/\delta)^{\frac{1}{p-2}}, v$ 满足原方程). ∎

6.8.4 一般指标理论

设 M 是完备的 $C^{1,1}$ Finsler 流形, 其上有一个紧群 G 作用[121]. 设

$$\mathcal{A} := \{A \subset M : A \text{ 闭}, g(A) = A \text{ 对一切 } g \in G\}.$$

它由 M 上 G 不变子集所组成, 设

$$\Gamma := \{h \in C^0(M, M) : h \circ g = g \circ h \text{ 对一切 } g \in G\},$$

它是 M 上的 G 等变映射的族, 满足 $\forall A \in \mathcal{A}, g \circ h(A) = h \circ g(A) = h(A)$, 我们还可以限制 Γ 是 M 上 G 等变同胚 (因为定理 6.4.12 中的流在 Γ 中). 最后如果 $G \neq \{I\}$, 记

$$\text{Fix } G := \{u \in M : gu = u, \forall g \in G\}$$

是 G 的不动点集.

定义 6.8.10 关于 $(G, \mathcal{A}, \Gamma)$ 的一个指标 (index) 是一个映射 $i : \mathcal{A} \to \mathbb{N}_0 \cup \{\infty\}$, 满足对一切 $A, B \in \mathcal{A}, h \in \Gamma$, 有

(1) 确定性 (definiteness): $i(A) \geqslant 0, i(A) = 0 \iff A = \varnothing$;

(2) 单调性 (monotonicity): $A \subset B \Rightarrow i(A) \leqslant i(B)$;

(3) 次可加性 (sub-additivity): $i(A \cup B) \leqslant i(A) + i(B)$;

(4) 超变性 (supervariance): $i(A) \leqslant i(\overline{h(A)})$;

(5) 连续性 (continuity): 如 A 紧, $A \cap \text{Fix } G = \varnothing$, 则 $i(A) < \infty$, 且存在一个 A 的 G 不变邻域 N, 使 $i(\overline{N}) = i(A)$;

(6) 正规性 (normalization): 如果 $u \notin \text{Fix } G$, 则 $i\left(\bigcup_{g \in G} gu\right) = 1$.

注记和例子

(1) 如果 $A \in \mathcal{A}$ 和 $A \cap \text{Fix } G \neq \varnothing$, 则 $i(A) = \sup_{B \in \mathcal{A}} i(B)$, 事实上, 由单调性, 对 $u_0 \in A \cap \text{Fix } G$, 有 $i(\{u_0\}) \leqslant i(A) \leqslant \sup_{B \in \mathcal{A}} i(B)$. 另一方面, 对任何 $B \in \mathcal{A}$, 由 $h(u) = u_0, \forall u \in B$ 给出的映射 $h : B \to \{u_0\}$ 是连续等变的, 由定义 6.8.10

的性质 (4)(超变性), $i(B) \leqslant i(\{u_0\})$. 因此, 一般我们定义当 $A \cap \mathrm{Fix}\, G \neq \varnothing$ 时, $i(A) = \infty$.

(2) Krasnoselskii 亏格 γ 是关于群 $G := \{I, -I\}$、闭对称子集类 $\mathcal{A}$ 和连续奇映射族 Γ 的指标.

类似于定理 6.8.7, 我们有对一般指标理论的下述结果.

定理 6.8.11   设 $E \in C^1(M)$ 是完备的 $C^{1,1}$ Finsler 流形 M 上的泛函, E 下方有界, 满足 (PS) 条件. G 是作用在 M 上的紧群, G 在 M 上没有不动点. 设 $\mathcal{A}$ 是 M 上 G 不变的闭子集族, Γ 是 M 上的 G 等变同胚构成的群, 设 i 是 $(G, \mathcal{A}, \Gamma)$ 的一个指标, 设 $\hat{i}(M) := \sup\{i(K) : K \subset M$是紧的和 G 不变的$\} \leqslant \infty$, 则 E 至少有 $\hat{i}(M)$ 个临界点, 它们在模掉 G 之后是不同的.

这个定理证明类似于引理 6.8.6 和定理 6.8.7.

6.8.5 Ljusternik-Schnirelman 畴数

Ljusternik-Schnirelman 于 1934 年引进畴数这一概念, 也是指标理论最早的例子.

定义 6.8.12   设 M 是一个拓扑空间, 考虑闭子集 $A \subset M$, 称 A 相对于 M 的畴数是 k, 如果 A 可被 k 个闭子集 $A_j (1 \leqslant j \leqslant k)$ 覆盖, 且每个 A_j 在 M 中是可缩的, 而 k 是具有这一性质的最小数, 我们记 $\mathrm{cat}_M(A) = k$. 如果不存在这样的 k, 则记 $\mathrm{cat}_M(A) = \infty$.

若令 $G = \{I\}$, $\mathcal{A} = \{A \subset M : A$ 闭$\}$, $\Gamma = \{h \in C^0(M, M) : h$ 是同胚$\}$, 则有以下定理.

定理 6.8.13 cat_M 是对 $(G, \mathcal{A}, \Gamma)$ 的一个指标.

证明   定义 6.8.10 中的 (1)—(3) 显然成立.

(4) 成立是因为覆盖 A 的任何集 A_j 在同胚 h 之下保持其拓扑性质 (可缩性).

(5) 对紧集 A 的任何开覆盖, 如其开集的闭包是可缩的, 则都有有限子覆盖 $\{O_j : 1 \leqslant j \leqslant k\}$. 令 $N := \bigcup_j O_j$.

(6) 是显然的.   ∎

例 6.8.14   (1) 如果 $M = \mathbb{T}^m = \dfrac{\mathbb{R}^m}{\mathbb{Z}^m}$, 是 m 维环面 (torus), 则畴数 $\mathrm{cat}_{\mathbb{T}^m}(\mathbb{T}^m) = m + 1$. 于是任何泛函 $E \in C^1(\mathbb{T}^m)$ 至少有 $m + 1$ 个不同的临界点. 特别当 $m = 2$ 时, 在标准环面上的任何 C^1 泛函除有绝对极小值点和极大值点之外, 至少还有一个临界点.

(2) 对 m 维球面 $\mathbb{S}^n \subset \mathbb{R}^{m+1}$, 有 $\mathrm{cat}_{\mathbb{S}^m}(\mathbb{S}^m) = 2$(取包含南北极的两个部分重叠的半球面).

(3) 对无穷维 Banach 空间中的单位球面 $\mathbb{S}$, 有 $\text{cat}_{\mathbb{S}}(\mathbb{S}) = 1$. 即 $\mathbb{S}$ 在自身可缩.

(4) 对实或复的 m 维投影空间 $\mathbb{P}^m$, 有 $\text{cat}_{\mathbb{P}^m}(\mathbb{P}^m) = m + 1 (m \leqslant \infty)$.

对实投影 $\mathbb{P}^m = \mathbb{S}^m / \mathbb{Z}_2$, $\mathbb{Z}_2$ 对称 $(u \to -u)$ 下畴数和 Krasnoselskii 亏格之间的关系由下述命题给出.

命题 6.8.15[118] 设 $A \subset \mathbb{R}^m \backslash \{\theta\}$ 是紧的对称集, 令 $\tilde{A} = A/\mathbb{Z}_2$(对径点叠合), 则 $\gamma(A) = \text{cat}_{\mathbb{R}^m \backslash \{\theta\}/\mathbb{Z}_2}(\tilde{A})$.

6.8.6 对称山路定理

在问题 (6.8.2) 中, 我们证明有无穷多个解, 但在非线性项没有齐次性时, 不可能化成在 L^p 中单位球面上的变分问题. 不过有一个具有 $\mathbb{Z}_2$ 对称的高维形式的 Ambrosetti-Rabinowitz 的山路定理[2] 可解决这个问题:

定理 6.8.16 设 V 是 Banach 空间, $E \in C^1(V)$ 是偶泛函, 即 $E(u) = E(-u)$, 且满足 (PS) 条件. 设 $V^+, V^- \subset V$ 是 V 的闭子空间, $\text{codim}\, V^+ \leqslant \dim V^- < \infty$, 假设 $V = V^- + V^+$, 且有

(1) $E(\theta) = 0$;

(2) $\exists \alpha > 0, \rho > 0, \forall u \in V^+, \|u\| = \rho \Rightarrow E(u) \geqslant \alpha$;

(3) $\exists R > 0, \forall u \in V^-, \|u\| \geqslant R \Rightarrow E(u) \leqslant 0$,

则对每个 $j, 1 \leqslant j \leqslant k = \dim V^- - \text{codim}\, V^+$,

$$\beta_j := \inf_{h \in \Gamma} \sup_{u \in V_j} E(h(u))$$

是临界值, 且 $\beta_k \geqslant \beta_{k-1} \geqslant \cdots \geqslant \beta_1 \geqslant \alpha$, 其中

$$\Gamma := \{h \in C^0(V, V) : h(-v) = -h(v), \forall v \in V; h(u) = u, \forall u \in V^-, \|u\| \geqslant R\},$$

$V_1 \subset V_2 \subset \cdots \subset V_k = V^-$ 是维数 $\dim V_j = \text{codim}\, V^+ + j$ 的固定子空间.

这个定理的证明需要下述的拓扑引理.

引理 6.8.17 设 $V, V^+, V^-, \Gamma, V_j, R$ 如定理 6.8.16 所述, 则对任何 $\rho > 0$, $h \in \Gamma$, 有

$$\gamma(h(V_j) \cap \mathbb{S}_\rho \cap V^+) = j,$$

其中 $\mathbb{S}_\rho := \{u \in V : \|u\| = \rho\}, \gamma$ 表示亏格, 特别有 $h(V_j) \cap \mathbb{S}_\rho \cap V^+ \neq \varnothing$.

证明 记 $\mathbb{S}_\rho^+ := \mathbb{S}_\rho \cap V^+$. 对任何 $h \in \Gamma$, 集合 $A := h(V_j) \cap \mathbb{S}_\rho^+$ 是对称的, 紧的, $\theta \notin A$. 这是由于若 $h \in \Gamma$, 则 $h(V_j) \cap \mathbb{S}_\rho^+$ 必是有界的、闭的, 显然 $\theta \notin A$. 由命题 6.8.4 中的 (5)(连续性), 存在 A 的一个邻域 U, 使 $\gamma(\overline{U}) = \gamma(A)$. 于是

$$\gamma(h(V_j) \cap \mathbb{S}_\rho^+) \overset{\text{连续性}}{=\!=\!=} \gamma(\overline{U}) \overset{\text{单调性}}{\geqslant} \gamma(h(V_j) \cap \mathbb{S}_\rho \cap \overline{U})$$

$$\overset{\text{次可加性}}{\geqslant} \gamma(h(V_j) \cap \mathbb{S}_\rho) - \gamma(h(V_j) \cap (\mathbb{S}_\rho \backslash U)). \tag{6.8.3}$$

令 $Z \subset V^-$ 是 V^+ 的正交补, 即 $V = V^+ \oplus Z$. 记 π 是从 V 到 Z 的投影, 因为 U 是 $h(V_j) \cap \mathbb{S}_\rho^+$ 的邻域, 易证 $\pi(h(V_j) \cap (\mathbb{S}_\rho \backslash U))$ 中的点在 $Z \backslash \{\theta\}$ 之中. 事实上, $h(V_j) \cap (\mathbb{S}_\rho \backslash U)$ 中的点不在 V^+ 中, 因此 $\pi(h(V_j) \cap (\mathbb{S}_\rho \backslash U)) \subset Z \backslash \{\theta\}$. 注意 π 是奇的, 因此

$$\gamma(h(V_j) \cap (\mathbb{S}_\rho \backslash U)) \leqslant \dim Z = \operatorname{codim} V^+ < \infty. \tag{6.8.4}$$

另一方面, 由命题 6.8.4 中的 (2), (4),

$$\gamma(h(V_j) \cap \mathbb{S}_\rho) \overset{\text{单调性 2}}{\geqslant} \gamma(h(h^{-1}(\mathbb{S}_\rho) \cap V_j)) \overset{\text{超变性 4}}{\geqslant} \gamma(h^{-1}(\mathbb{S}_\rho) \cap V_j).$$

注意 $h(\theta) = \theta$, 在 $V_j \backslash B_R(\theta)$ 上 $h = I$. 因此对每个 $u \in \partial B_R(\theta) \cap V_j$, $h(u) = u, \|h(u)\| = \|u\| = R, \|h(\theta)\| = 0$. 因为 $\|h(tu)\|$ 关于 t 连续, 因此存在 $t_0 > 0$, 使 $\|h(t_0u)\| = \rho$ (不论 $0 < \rho \leqslant R$ 还是 $\rho > R$). 这说明 $t_0u \in h^{-1}(\mathbb{S}_\rho) \cap V_j$, 因此 $h^{-1}(\mathbb{S}_\rho) \cap V_j$ 围成一个原点在 V_j 中的对称邻域. 由命题 6.8.2 知, $\gamma(h^{-1}(\mathbb{S}_\rho) \cap V_j) \geqslant \dim V_j$. 于是由命题 6.8.4(4),

$$\gamma(h(V_j) \cap \mathbb{S}_\rho) \geqslant \gamma(h^{-1}(\mathbb{S}_\rho) \cap V_j) = \dim V_j := \operatorname{codim} V^+ + j. \tag{6.8.5}$$

结合 (6.8.3),(6.8.4),(6.8.5), 有

$$\gamma(h(V_j) \cap \mathbb{S}_\rho^+) \overset{(6.8.3)}{\geqslant} \gamma(h(V_j) \cap \mathbb{S}_\rho) - \gamma(h(V_j) \cap (\mathbb{S}_\rho \backslash U))$$
$$\geqslant \operatorname{codim} V^+ + j - \operatorname{codim} V^+ = j.$$

再由 $\gamma(h(V_j) \cap \mathbb{S}_\rho^+) \leqslant j$, 引理证毕. ∎

定理 6.8.16的证明 由引理 6.8.17 知, $h(V_j) \cap \mathbb{S}_\rho \cap V^+$ 非空. 因此 $\beta_j \geqslant \alpha, \forall j \in \{1, \cdots, k\}$. 并有 $\beta_{j+1} \geqslant \beta_j, \forall j$. 如果对某个 $j \in \{1, \cdots, k\}$, β_j 不是临界值, 由 E 满足 (PS) 条件, 取 $\beta := \beta_j$, 并取 $\varepsilon > 0$, 使 E 在 $[\beta - 2\varepsilon, \beta + 2\varepsilon]$ 中无临界值, 且 $\beta - 2\varepsilon > 0$. 由定理 6.4.5 (或定理 6.4.10), 知存在 $\eta(t, \cdot)$, 使得 $\eta(t, \cdot)$ 对任何 $t > 0$ 对第二变元是奇的 (因为 E 是偶的). 事实上, 只需取伪梯度向量场 $\tilde{g}(u) = \frac{1}{2}(g(u) - g(-u))$, 则 η 也保持奇映射的性质. 由 ε 的选取, 有 $\eta(t, \cdot) \circ h \in \Gamma$, 对任何 $h \in \Gamma$. 选 $h \in \Gamma$, 使 $E(h(u)) < \beta + \varepsilon, \forall u \in V_j$. 则 $h_1 := \eta(1, \cdot) \circ h \in \Gamma$, 且 $\forall u \in V_j$, 有

$$E(h_1(u)) = E(\eta(h(u), 1)) < \beta - \varepsilon.$$

这与 β 的定义矛盾. ∎

定理 6.8.18 假设 V 是无穷维 Banach 空间, 设 $E \in C^1(V)$ 满足 (PS), $E(u) = E(-u), \forall u \in V, E(\theta) = 0$. 设 $V = V^- \oplus V^+$, 其中 V^- 是有限维的, 还假设

(1) $\exists \alpha > 0, \rho > 0, \forall u \in V^+, \|u\| = \rho \Rightarrow E(u) \geqslant \alpha$;

(2) $\forall W \subset V, \dim W < \infty, \exists R = R(W)$ 使得 $\forall u \in W, \|u\| \geqslant R, E(u) \leqslant 0$, 则 E 有一个无界临界值序列.

证明 选 V^+ 的基为 $\{\phi_1, \phi_2, \cdots\}$, 对 $k \in \mathbb{N}$, 令 $W_k := V^- \oplus \operatorname{span}\{\phi_1, \cdots, \phi_k\}$, $R_k := R(W_k)$. 由 $W_k \subset W_{k+1}$, 可设 $R_k \leqslant R_{k+1}, \forall k \in \mathbb{N}$. 定义

$$\Gamma_k := \{h \in C^0(V, V) : h(-v) = -h(v), \forall v \in V;$$
$$\forall j \leqslant k, u \in W_j, \|u\| \geqslant R_j \Rightarrow h(u) = u\}.$$

令

$$\beta_k := \inf_{h \in \Gamma_k} \sup_{u \in W_k} E(h(u)),$$

则由定理 6.8.16 的证明知, β_k 是 E 的临界值, $\beta_k \geqslant \alpha$. 事实上, 对每个 $k \in \mathbb{N}$, 使 W_k 代替定理 6.8.16 中 V^- 的角色, 考虑 $j = k$ 时, 取 $V_k = W_k$, 对伪梯度流 $\eta(\cdot, t)$, 有 $\eta(\cdot, t) \in \Gamma_k$, 并且

$$\Gamma_k \subset \Gamma := \{h \in C^0(V, V) : h(-v) = -h(v), \forall v \in V;$$
$$u \in W_k, \|u\| \geqslant R_k \Rightarrow h(u) = u\}.$$

引理 6.8.17 对 Γ_k 还成立, β_k 是临界值. $\{\beta_k\}$ 无界性证明见 [130, Theorem 6.5]. ∎

定理 6.8.19 设 $V = \overline{\operatorname{span}\{\phi_1, \phi_2, \cdots, \phi_l, \phi_{l+1}, \cdots\}}$ 是 Banach 空间, $E \in C^1(V)$ 是偶泛函, 对 $k \geqslant 2$, 定义

$$\beta_k := \inf_{\gamma \in \Gamma_k} \max_{u \in B_k} E(\gamma(u)),$$

其中

$$\Gamma_k := \{\gamma \in C(B_k, V) : \gamma(-v) = -\gamma(v), \forall v \in B_k, \gamma|_{\partial B_k} = I\},$$
$$B_k := \{u \in Y_k : \|u\| \leqslant \rho_k\}, \quad Y_k := \operatorname{span}\{\phi_1, \cdots, \phi_k\}.$$

令 $Z_k := \operatorname{span}\{\phi_k, \phi_{k+1}, \cdots\}$, $N_k := \{u \in Z_k : \|u\| = r_k\}$, 这里 $\rho_k > r_k > 0$, 见图 6.4.

如果 $b_k := \inf\limits_{u \in Z_k, \|u\| = r_k} E(u) > a_k := \max\limits_{u \in Y_k, \|u\| = \rho_k} E(u)$, 则 $\beta_k \geqslant b_k$, 且对每个 $\varepsilon \in \left(0, \dfrac{\beta_k - a_k}{2}\right), \delta > 0$ 和每个满足 $\max\limits_{B_k} E \circ \gamma \leqslant \beta_k + \varepsilon$ 的 $\gamma \in \Gamma_k$, 都存在 $u \in V$ 使得

(1) $\beta_k - 2\varepsilon \leqslant E(u) \leqslant \beta_k + 2\varepsilon$;

(2) $\mathrm{dist}(u, \gamma(B_k)) \leqslant 2\delta$;

(3) $\|E'(u)\| \leqslant \dfrac{8\varepsilon}{\delta}$.

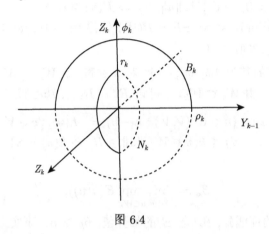

图 6.4

证明　首先 $\gamma(B_k) \cap N_k \neq \varnothing, \forall \gamma \in \Gamma_k$. 事实上, 定义 $U := \{u \in B_k : \|\gamma(u)\| < r_k\}$. 因为 $\rho_k > r_k$ 和 $\gamma(\theta) = \theta$, U 是 θ 点在 Y_k 中开的有界对称邻域, 其边界 $\partial U := \{u \in B_k : \|\gamma(u)\| = r_k\}$, 存在超变奇映射 $\partial B_k \to \partial U$. 其亏格 $\gamma(\partial U) \geqslant k$. 用 P_k 表示到 Y_{k-1} 上的投影, 使 $P_k Z_k = \{\theta\}$, 则连续奇映射 $\partial U \to Y_{k-1} : u \to P_k \gamma(u)$ 有零点. 否则 ∂U 的亏格 $\leqslant k-1$, 矛盾. $P_k \gamma(u)$ 有零点说明存在 $u \in \partial U$, 使 $\gamma(u) \in N_k$, 即 $\gamma(B_k) \cap N_k \neq \varnothing$. 由此得 $\beta_k \geqslant b_k$.

如果定理结论不真, 由引理 6.4.5, 取 $S = \gamma(B_k)$, 设

$$\beta_k - 2\varepsilon > a_k,$$

定义 $\beta(u) := \eta(1, \gamma(u))$, 则对每个 $u \in \partial B_k$, 由 $\beta_k - 2\varepsilon > a_k$, 得

$$\beta(u) = \eta(1, \gamma(u)) = \eta(1, u) = u.$$

因此, 由 η 是奇的, 得 $\beta \in \Gamma_k$. 于是由 $\max\limits_{B_k} E \circ \gamma \leqslant \beta_k + \varepsilon$, 有

$$\max_{u \in B_k} E(\beta(u)) = \max_{u \in B_k} E(\eta(1, \gamma(u))) \leqslant \beta_k - \varepsilon.$$

同 β_k 的定义矛盾. ■

定理 6.8.20[146] (喷泉定理 (fountain theorem))　在定理 6.8.19 条件下, 假设

(A$_1$) $E \in C^1(V)$ 是偶泛函.

如果对每个 $k \in \mathbb{N}$, 存在 $\rho_k > r_k > 0$, 使

(A$_2$) $a_k := \max\limits_{u \in Y_k, \|u\| = \rho_k} E(u) \leqslant 0$;

(A$_3$) $b_k := \inf\limits_{u \in Z_k, \|u\| = r_k} E(u) \to \infty, k \to \infty$;

(A$_4$) E 满足 (PS)$_c$ 条件,$\forall c > 0$,

则 E 有一个无界临界值序列.

证明 对 k 足够大, $b_k > 0$, 定理 6.8.19 意味着存在序列 $\{u_n\} \subset V$ 满足 $E(u_n) \to \beta_k, E'(u_n) \to \theta$. 由 (A$_4$) 得 β_k 是 E 的临界值, 因为 $\beta_k \geqslant b_k$ 和 $b_k \to \infty$, $k \to \infty$, 定理获证. ∎

6.8.7 喷泉定理的应用: 椭圆 Dirichlet 问题

考虑

$$\begin{cases} -\Delta u = f(x, u), \ x \in \Omega, \\ u|_{\partial\Omega} = 0, \end{cases} \tag{6.8.6}$$

其中 Ω 是 $\mathbb{R}^n$ 中的区域, $|\Omega| < \infty$, 在 $H_0^1(\Omega)$ 中选 $\|u\| = \|\nabla u\|_2$, 定义泛函

$$E(u) := \int_\Omega \left(\frac{1}{2} |\nabla u|^2 - F(x, u) \right) dx,$$

其中

$$F(x, u) := \int_0^u f(x, s) ds.$$

众所周知, 泛函 $E(u)$ 在 $H_0^1(\Omega)$ 中的临界点对应于方程 (6.8.6) 的弱解.

定理 6.8.21 设 $|\Omega| < \infty$,

(f$_1$) $f \in C(\overline{\Omega} \times \mathbb{R})$ 和对某个 $p, 2 < p < 2^*, c > 0$,

$$|f(x, u)| \leqslant c(1 + |u|^{p-1});$$

(f$_2$) 存在 $\alpha > 2$ 和 $R > 0$, 使

$$|u| \geqslant R \Rightarrow 0 < \alpha F(x, u) \leqslant u f(x, u);$$

(f$_3$) $f(x, -u) = -f(x, u), \forall x \in \Omega, \forall u \in \mathbb{R}$,

则问题 (6.8.6) 有一个解序列 $\{u_k\}$, 使 $E(u_k) \to \infty, k \to \infty$.

证明 类似引理 6.6.5, 易证 $E \in C^1$ 满足 (PS)$_c$ 条件, $\forall c \in \mathbb{R}$.

由 (f$_2$), $\exists c_1 > 0$, 使

$$F(x, u) \geqslant c_1(|u|^\alpha - 1),$$

因此

$$E(u) \leqslant \frac{\|u\|^2}{2} - c_1\|u\|_\alpha^\alpha + c_1|\Omega|.$$

选取 $H_0^1(\Omega)$ 的完备正交基 $\{e_j\}$, 由于在有限维空间 $Y_k := \mathrm{span}\{e_1, \cdots, e_k\}$ 上所有范数皆等价, 对每个 $\rho_k > 0$ 足够大, 定理 6.8.20中的 (A_2) 成立.

由 (f_1), 有

$$|F(x, u)| \leqslant c_2(1 + |u|^p), \quad \text{对某个 } c_2 > 0.$$

定义 $\beta_k := \sup\limits_{u \in Z_k, \|u\|=1} \|u\|_p$, 则在 $Z_k := \mathrm{span}\{e_k, e_{k+1}, \cdots\}$ 上有

$$E(u) \geqslant \frac{\|u\|^2}{2} - c_2\|u\|_p^p - c_2|\Omega| \geqslant \frac{\|u\|^2}{2} - c_2\beta_k^p\|u\|^p - c_2|\Omega|.$$

选 $r_k := (c_2 p \beta_k^p)^{\frac{1}{2-p}}$, 如果 $u \in Z_k$, $\|u\| = r_k$, 则有

$$E(u) \geqslant \left(\frac{1}{2} - \frac{1}{p}\right)(c_2 p \beta_k^p)^{\frac{2}{2-p}} - c_2|\Omega|.$$

如果 $\beta_k \to 0, k \to \infty$, 则 (A_3) 成立. 由定理 6.8.20 即获证.

下证 $\beta_k \to 0, k \to \infty$. 显然 $0 < \beta_{k+1} \leqslant \beta_k$, 于是 $\beta_k \to \beta \geqslant 0, k \to \infty$. 对每个 $k \geqslant 0$, 存在 $u_k \in Z_k$, 使 $\|u_k\| = 1$ 和 $\|u_k\|_p > \frac{\beta_k}{2}$. 由 Z_k 的定义, 对于 $\forall e_j, j \geqslant 1$, 我们有 $(u_k, e_j) \to 0, k \to \infty$, 故 $u_k \rightharpoonup \theta$ 在 $H_0^1(\Omega)$ 中. Sobolev 嵌入定理意味着 $u_k \to \theta$ 在 $L^p(\Omega)$ 中. 于是我们得到 $\beta = 0$. ∎

6.9 临界点理论的其他应用

1. Dancer-Fučik 谱[150].

设 Ω 是 $\mathbb{R}^N, N \geqslant 1$ 上的有界区域, 设 A 是 $L^2(\Omega)$ 上的自共轭算子, 我们假设 A 有紧的预解集, λ_1 是单重的特征值, 对应几乎处处正的特征函数, $A \geqslant \lambda_1 > 0$ 且 $C_0^\infty(\Omega) \subset D := D(A^{1/2})$. 故 A 只包含孤立的有限重的特征值 λ_k, 相应特征函数为 φ_k, 满足

$$0 < \lambda_1 < \lambda_2 < \cdots < \lambda_k < \cdots. \tag{6.9.1}$$

A 的 Dancer-Fučik 谱 Σ 是点 $(b, a) \in \mathbb{R}^2$ 的集合, 满足

$$Au = bu^+ - au^-, \quad u \in D \tag{6.9.2}$$

有非平凡解, 其中 $u^{\pm} = \max\{\pm u, 0\}$. 这个概念 20 世纪 70 年代由 Fučik[54] 和 Dancer[34] 在研究以下方程非平凡解的存在性时引入, 是特征值的推广.

$$-\Delta u = bu^+ - au^- \quad x \in \Omega, \quad u|_{\partial\Omega} = 0.$$

这在以下跳跃非线性 (jumping nonlinearities) 问题中起着重要作用 (见 [53], [34]),

$$-\Delta u = f(x, u), \quad u \in D, \tag{6.9.3}$$

其中

$$\frac{f(x,t)}{t} \to a \ (t \to -\infty); \quad \frac{f(x,t)}{t} \to b \ (t \to +\infty). \tag{6.9.4}$$

Schechter[125] 应用临界点理论获得点 $(\lambda_k, \lambda_k), k \in \mathbb{N}$ 附近 Fučik 谱存在性, 其中 λ_k 是 $-\Delta$ 在 Ω 中的特征值. Cuesta 等[30] 应用临界点理论研究 $\mathbb{R}^N$ 中有界区域 Ω 上 p-Laplacian 的 Fučik 谱, 获得第一条谱线以及性质、特征函数的性质等. Bartsch, Wang 和 Zhang[8] 应用临界点理论率先研究 $\mathbb{R}^N$ 上 Schrödinger 算子的 Fučik 谱, 获得第一条谱线和性质, 以及特征函数的性质等. Li C 和 Li S J[83] 进一步对薛定谔算子讨论了 Fučik 谱, 把有界区域上 Schechter[125] 的结果推广到了无界区域上, 并研究渐近线性 Schrödinger 方程 4 个解的存在性. Liu, Luo 和 Zhang[102] 研究了分数阶 Schrödinger 算子的 Fučik 谱. 利用临界点理论、下降流方法研究跳跃非线性问题 (6.9.3), 获得解的存在性、解的性质等, 相关工作见 [42], [50], [79], [125], [150], [154], [156], [157].

2. 非局部问题.

应用临界点理论研究非局部问题, Perera 和 Zhang[116,159] 率先研究 Kirchhoff 方程, 获得解、多解、变号解的存在性定理, 也见 [131], [150] 等.

$$\begin{cases} -\left(a + b \int_\Omega |\nabla u|^2 dx\right) \Delta u = f(x, u), & x \in \Omega, \\ u = 0, & x \in \partial\Omega, \end{cases} \tag{6.9.5}$$

其中 $\Omega \subset \mathbb{R}^n$ 为有界光滑区域, $a, b > 0$, $f(x, t)$ 关于 $t \in \mathbb{R}$ 局部 Lipschitz 连续 (对 $x \in \overline{\Omega}$ 一致成立)、次临界:

$$|f(x,t)| \leqslant C\left(|t|^{p-1} + 1\right), \quad 2 < p < 2^* = \begin{cases} \dfrac{2n}{n-2}, & n \geqslant 3, \\ \infty, & n = 1, 2, \end{cases} \tag{6.9.6}$$

其中 $C > 0$.

$u \in H_0^1(\Omega)$ 称为方程(6.9.5)的弱解, 如果

$$\left(a + b\|u\|^2\right) \int_\Omega \nabla u \cdot \nabla v dx = \int_\Omega f(x, u)\, v dx, \quad \forall v \in H_0^1(\Omega). \tag{6.9.7}$$

方程(6.9.5)的弱解与以下 C^1 泛函的临界点对应

$$\Phi(u) = \frac{a}{2}\|u\|^2 + \frac{b}{4}\|u\|^4 - \int_\Omega F(x,u)dx, \quad u \in H_0^1(\Omega), \qquad (6.9.8)$$

其中 $F(x,t) = \int_0^t f(x,s)ds$. 如果 $f : \overline{\Omega} \times \mathbb{R} \to \mathbb{R}$ 局部 Lipschitz 连续, 它们也是古典解.

3. 临界增长问题.

Liu, Zhang 和 Huang[101] 应用临界点理论研究了临界增长的 Schrödinger-Poisson-Slater 非局部方程

$$-\Delta u + \left(u^2 \star \frac{1}{|4\pi x|}\right)u = \mu|u|^{p-1}u + |u|^4 u, \quad x \in \mathbb{R}^3, \qquad (6.9.9)$$

其中 $\mu > 0$, $p \in (11/7, 5)$.

4. 波方程周期解的存在性问题.

应用变分方法研究波方程周期解存在性, 见 [26]— [28], [45], [46], [122], [126] 等, 其中 Chen 和 Zhang[26-28] 研究了困难的高维波方程周期解的存在性:

$$\begin{cases} \Box u \equiv u_{tt} - \Delta u = \mu u + |u|^{p-1}u, & t \in \mathbb{R},\ x \in B_R, \\ u(t,x) = 0, & t \in \mathbb{R},\ x \in \partial B_R, \\ u(t+T,x) = u(t,x), & t \in \mathbb{R},\ x \in B_R, \end{cases} \qquad (6.9.10)$$

其中 $B_R = \{x \in \mathbb{R}^n : |x| < R\}$, $\partial B_R = \{x \in \mathbb{R}^n : |x| = R\}$, $n > 1$, $0 < p < 1$, μ 属于波算子 $\Box$ 的预解集.

5. 紧性缺失的问题.

例 6.9.1   研究无界区域 $\Omega \subseteq \mathbb{R}^N$, 特别是 $\mathbb{R}^N (N \geqslant 3)$ 上的椭圆方程

$$\begin{cases} -\Delta u + au = |u|^{p-2}u + \lambda|u|^{\gamma-2}u, x \in \mathbb{R}^N, \\ u \in H^1(\mathbb{R}^N), \end{cases} \qquad (6.9.11)$$

其中 $a > 0, \lambda \in \mathbb{R}, p, \gamma \in (2, 2^*), p > \gamma$.

由于 $H^1(\mathbb{R}^N) \hookrightarrow L^m(\mathbb{R}^N), 2 \leqslant m \leqslant 2^*, N \geqslant 3$, 嵌入是连续的, 但不是紧的, 可借助 Schwarz 对称化和紧嵌入 $H_r^1(\mathbb{R}^N) \hookrightarrow L^m(\mathbb{R}^N), 2 < m < 2^*, N \geqslant 3$, 在 Nehari 流形上证明相应泛函极小值点的存在性[5,Theorem 3.1.6].

例 6.9.2   利用无界位势 (unbounded potential) 克服失去紧性的困难.

研究

$$\begin{cases} -\Delta u + V(x)u = |u|^{p-2}u + \lambda|u|^{\gamma-2}u, x \in \mathbb{R}^N, \\ u \in H^1(\mathbb{R}^N), \end{cases} \qquad (6.9.12)$$

其中 $p, \gamma \in (2, 2^*), p > \gamma$.

假设 $\displaystyle\inf_{x \in \mathbb{R}^N} V(x) > 0, \lim_{|x| \to +\infty} V(x) = +\infty$. 则 $H^1(\mathbb{R}^N)$ 的子空间

$$X = \left\{ u \in H^1(\mathbb{R}^N) \,\middle|\, \int_{\mathbb{R}^N} V(x)u^2 dx < +\infty \right\}$$

在内积

$$(u, v) = \int_{\mathbb{R}^N} [\nabla u \cdot \nabla v + V(x)uv] dx$$

和范数

$$\|u\| = (u, u)^{1/2}$$

下是 Hilbert 空间, $X \hookrightarrow L^m(\mathbb{R}^N)(2 \leqslant m < 2^*, N \geqslant 3)$ 嵌入是紧的. 利用 Nehari 流形, 易证方程(6.9.12)在 X 中存在非平凡的非负弱解 u, 还可以证明 $u \in H^1(\mathbb{R}^N)$[5, Theorem 3.2.2, Theorem 3.2.3].

例 6.9.3 Prototype 问题

$$\begin{cases} -\Delta u = |u|^{2^*-2}u, \\ u \in D^{1,2}(\mathbb{R}^N) \end{cases} \tag{6.9.13}$$

与 Sobolev 常数 (1.1.8) 相关. 即使有界区域, 也存在嵌入不紧的问题. 需要使用集中紧性引理 (concentration-compactness lemma) 证明极小值点 S 的可达性 (见 [5, Theorem 3.4.1], 或 [146]).

6.10 Pohožaev 恒等式及应用

引理 6.10.1 设 $g : \mathbb{R} \to \mathbb{R}$ 连续, $G(u) = \displaystyle\int_0^u g(s)ds$, 设 $\Omega \subset\subset \mathbb{R}^n, u \in C^2(\Omega) \cap C^1(\overline{\Omega})$ 是以下方程的解

$$\begin{cases} -\Delta u = g(u), & x \in \Omega, \\ u = 0, & x \in \partial\Omega. \end{cases} \tag{6.10.1}$$

则以下 Pohožaev 恒等式成立

$$\frac{n-2}{2} \int_\Omega |\nabla u|^2 dx - n \int_\Omega G(u)dx + \frac{1}{2} \int_{\partial\Omega} \left| \frac{\partial u}{\partial \nu} \right|^2 x \cdot \nu d\sigma = 0, \tag{6.10.2}$$

其中 ν 是单位外法向量.

证明 (6.10.1) 乘以 $x \cdot \nabla u$, 计算得

$$0 = (\Delta u + g(u))(x \cdot \nabla u)$$

$$= \text{div}(\nabla u(x \cdot \nabla u)) - |\nabla u|^2 - x \cdot \nabla \left(\frac{|\nabla u|^2}{2} \right) + x \cdot \nabla G(u)$$

$$= \text{div} \left(\nabla u(x \cdot \nabla u) - x\frac{|\nabla u|^2}{2} + xG(u) \right) + \frac{n-2}{2}|\nabla u|^2 - nG(u).$$

在 Ω 上积分, 注意 $u|_{\partial\Omega} = 0$, 我们有 $x \cdot \nabla u = x \cdot \nu \dfrac{\partial u}{\partial \nu}, \forall x \in \partial\Omega$, 进而由散度定理得到(6.10.2). ∎

Pohožaev 恒等式可用于证明非存在性结果.

定理 6.10.2 [130] 假设 $\Omega \subset \mathbb{R}^n, \Omega \neq \mathbb{R}^n \left(n \geqslant 3, 2^* = \dfrac{2n}{n-2} \right)$ 是光滑区域 (可能无界), 而且是关于原点的严格星形区域 (即 $\forall x \in \Omega \Rightarrow \tau x \in \Omega, \forall \tau \in [0,1]$), $\lambda \leqslant 0$. 则以下临界增长 (critical nonlinearities) 方程(6.10.3)无解:

$$\begin{cases} -\Delta u = \lambda u + u|u|^{2^*-2}, x \in \Omega, \\ u > 0, x \in \Omega, \\ u|_{\partial\Omega} = 0. \end{cases} \tag{6.10.3}$$

证明 令 $g(u) = \lambda u + u|u|^{2^*-2}$, 其原函数为

$$G(u) = \frac{\lambda}{2}|u|^2 + \frac{1}{2^*}|u|^{2^*}.$$

根据 [130] 中的定理 1.2.1 及附录 B 的引理 B.3, (6.10.3) 的解在 $\bar{\Omega}$ 中是光滑的. 因此, 由 Pohožaev 恒等式可以得出

$$\int_\Omega |\nabla u|^2 dx - 2^* \int_\Omega G(u) dx + \frac{1}{n-2} \int_{\partial\Omega} \left| \frac{\partial u}{\partial \nu} \right|^2 x \cdot \nu d\sigma$$

$$= \int_\Omega \left(|\nabla u|^2 - |u|^{2^*} \right) dx + \frac{n|\lambda|}{n-2} \int_\Omega |u|^2 dx + \frac{1}{n-2} \int_{\partial\Omega} \left| \frac{\partial u}{\partial \nu} \right|^2 x \cdot \nu d\sigma$$

$$= 0.$$

然而, 用 u 乘以方程(6.10.3)可以得出

$$\int_\Omega \left(|\nabla u|^2 - \lambda|u|^2 - |u|^{2^*} \right) dx = 0,$$

从而有

$$2|\lambda| \int_\Omega |u|^2 dx + \int_{\partial\Omega} \left| \frac{\partial u}{\partial \nu} \right|^2 x \cdot \nu d\sigma = 0.$$

另外, 由于 Ω 是关于 $0 \in \mathbb{R}^n$ 严格星形的, 那么对于任意 $x \in \partial\Omega$ 有 $x \cdot \nu > 0$. 因此, 在 $\partial\Omega$ 上有 $\dfrac{\partial u}{\partial \nu} = 0$. 由唯一延拓原理可知 $u \equiv 0$. ∎

附注 6.10.3 本章可参见 [9], [26]—[28], [61], [89], [90], [92], [98], [116], [130], [146], [148], [150], [159] 等.

第 7 章 Morse 理论

7.1 引   言

临界点理论的基本方法通过考察函数 ϕ 的水平集 ϕ^a 随 a 变化时其拓扑结构的变化来证明临界点的存在性和个数估计. Morse 理论则更深刻地揭示临界点的性态是怎样影响水平集变化的.

我们先看一个例子.

例 7.1.1   任意一个小岛上总有: 所有山的峰数 − 岭数 + 池数 = 1.

小岛: 平面上光滑曲线围成的单连通区域, 具有拓扑性质, 用同调群 (Euler 示性数) 来描述. 岛上地形 M 用高度函数 J 表示.

峰点: 极大值点, Morse 指标为 2, 此时 $J''(u) < 0$; 岭数 = 鞍点数, 鞍点 Morse 指标为 1.

池底点: 极小值点, Morse 指标为 0, 此时 $J''(u) > 0$.

记: M_2——峰点的个数, Morse 指标为 2 的临界点的个数; M_1——鞍点的个数, Morse 指标为 1 的临界点的个数; M_0——池点的个数, Morse 指标为 0 的临界点的个数.

则有 $M_2 - M_1 + M_0 = 1$——Euler 示性数.

(1) 单峰情况: $1 - 0 + 0 = 1$;

(2) 双峰一岭情况: $2 - 1 + 0 = 1$;

(3) 双峰双岭单池情况: $2 - 2 + 1 = 1$.

上述例子给出的是紧流形上函数的临界值性质与流形自身拓扑性质 (Euler 示性数) 之间的关系. 20 世纪 20 年代美国数学家 Morse 建立了有限维空间的 Morse 理论揭示这种关系, 20 世纪 60 年代 Palais-Smale 将这一理论推广到无穷维流形. $J \in C^1$ 满足 (PS) 条件, Euler 示性数的抽象形式为 $\sum\limits_{q=0}^{\infty} (-1)^q \beta^q$, 其中 $\beta_q = \operatorname{rank} H_q(J^b, J^a)$ 是 M 的 Betti 数, $J^b := \{u; J(u) \leqslant b\}$ 为水平集. 在一定假设下 (见定理 7.4.12) 得到 Morse 不等式:

$$\sum_{q=0}^{\infty} (-1)^q M_q = \sum_{q=0}^{\infty} (-1)^q \beta^q,$$

其中 M_q 是 Morse 型数; $M_0 \geqslant \beta_0, \cdots, M_n + \cdots + (-1)^n M_0 \geqslant \beta_n + \cdots + (-1)^n \beta_0$. 这里允许临界点是退化的, 这时用临界群的秩代替原定义中的 Morse 指标为 q 的临界点个数.

7.2 代数拓扑回顾

代数拓扑的基本目的和思想是对拓扑空间赋予一些代数的量, 从而将拓扑问题转化为代数问题, 奇异同调群是其中之一.

设 X 是一个拓扑空间, 令

$$\Delta_q = \left\{ \sum_{j=0}^{q} \lambda_j e_j; \lambda_j \geqslant 0, \sum_{j=0}^{q} \lambda_j = 1 \right\}$$

是 **标准 q-单形** (simplex), $q = 1, 2, \cdots$. 这里 $e_0 = (0, \cdots, 0, \cdots)$, $e_j = (0, \cdots, \underbrace{1}_{\text{第 } j \text{ 个}}, 0, \cdots)$, $j = 1, 2, \cdots$ 是 $\mathbb{R}^\infty$ 中的向量.

一个**奇异 q-单形**定义为一个连续映射 $\phi: \Delta_q \to X$. 令 Σ_q 表示 X 上所有奇异 q-单形所构成的集合.

给定一个 Abelian 群 G, 我们定义形式线性组合 $\sigma := \sum g_i \sigma_i, g_i \in G, \sigma_i \in \Sigma_q$. 这些形式和称为奇异 **$q$-链**. 所有奇异 q-链的集合记为 $C_q(X, G)$.

设 X, X' 是两个拓扑空间, $f: X \to X'$ 是连续映射. 则

$$f: \sigma = \sum g_i \sigma_i \to \sum g_i f(\sigma_i)$$

诱导出一个同态: $C_q(X, G) \to C_q(X', G)$.

定义**边缘算子**, 对每个 $\sigma \in \Sigma_q$,

$$\partial \sigma = \sum_{j=0}^{q} (-1)^j \sigma^{(j)},$$

其中 $\sigma^{(j)} = \phi[e_0, \cdots, \hat{e}_j, \cdots, e_q]$, $[e_0, \cdots, \hat{e}_j, \cdots, e_q]$ 表示 $e_0, \cdots, e_j, \cdots, e_q$ 中除去 e_j 后其余向量构成的 $q - 1$ 维单形, $j = 0, \cdots, q$. 然后将 ∂ 线性扩张至 $C_q(X, G)$ 上去, 即

$$\partial \sum g_i \sigma_i = \sum g_i \partial \sigma_i.$$

易证:

(1) $\partial: C_q(X, G) \to C_{q-1}(X, G)(q = 1, 2, \cdots)$ 是一个同态;

(2) $\partial^2 c = \partial\partial c = 0, \forall c \in C_q(X, G)$.

事实上, 只需验证 $\partial^2 \sigma = 0, \forall \sigma \in \Sigma_q$. 而

$$\partial\sigma = \sum_{j=0}^{q}(-1)^j \partial\sigma^{(j)} = \sum_{j=0}^{q}(-1)^j \sum_{k=0}^{q}(-1)^k (\sigma \circ F_q^j) \circ F_{q-1}^k,$$

其中 F_q^l 表示略去第 l 个, 并依次往前递补的运算. 由于 $F_q^l \Delta_q = [e_0, \cdots, \hat{e}_l, \cdots, e_q]$, 从而

$$\partial\partial\sigma = \sum_{k=1}\sum_{k<j}(-1)^{j+k}\sigma \cap F_q^k F_{q-1}^{j-1} + \sum_{j=0}^{q-1}\sum_{j\leqslant k}(-1)^{j+k}\sigma \circ F_q^j F_{q-1}^{k-1} = 0.$$

对于 0-链上的边缘算子定义为: $\partial^{\sharp} \sum g_i\sigma_i = \sum g_i, \forall \sigma_i \in C_0(X,G), \forall i, \partial^{\sharp}\partial = 0$ 也成立.

再定义

$$Z_q(X,G) = \ker(\partial) = \{c \in C_q(X,G); \partial c = 0\},$$

称为**奇异 q-闭链群**.

$$B_q(X,G) = \text{Im}(\partial) = \{c \in C_q(X,G); \exists c' \in C_{q+1}(X,G), 使得\partial c' = c\},$$

称为**奇异 q-边缘群**. 而商群

$$H_q(X,G) = Z_q(X,G)/B_q(X,G)$$

则称为**奇异 q-同调群**. 对于 $q = 0$, 定义 $H_0^{\sharp}(X,G) = \ker(\partial^{\sharp})/\text{Im}(\partial)$.

现在引进相对性的概念.

设 $(X,Y),(X',Y')$ 是两个拓扑对 $(Y \subset X, Y' \subset X')$, 映射 $f : (X,Y) \to (X',Y')$ 称为**连续**的, 如果 $f : X \to X'$ 连续, 且 $f(Y) \subset Y'$. 两个连续映射 $f,g : (X,Y) \to (X',Y')$ 称为**同伦**的, 指 $\exists F \in C([0,1] \times X, X')$, 使得 $F(0,\cdot) = f, F(1,\cdot) = g$, 且 $F : [0,1] \times Y \to Y'$.

设 (X,Y) 是一个拓扑对, 由于

$$\partial : C_q(X,G) \to C_{q-1}(X,G) \Rightarrow \partial : C_q(Y,G) \to C_{q-1}(Y,G),$$

于是它诱导出一个新的同态

$$\bar{\partial} : C_q(X,G)/C_q(Y,G) \to C_{q-1}(X,G)/C_{q-1}(Y,G).$$

称 $C_q(X,Y;G) := C_q(X,G)/C_q(Y,G)$ 为**奇异 q-相对链群**.

同理, 定义

奇异 q-相对闭链群: $Z_q(X,Y;G) = \ker(\overline{\partial})$;

奇异 q-相对边缘群: $B_q(X,Y;G) = \mathrm{Im}(\overline{\partial})$;

奇异 q-相对同调群: $H_q(X,Y;G) = Z_q(X,Y;G)/B_q(X,Y;G)$;

奇异 Betti 数: $R_q(X,Y) = \mathrm{rank}\, H_q(X,Y;G)$.

特别地, 当 $Y = \varnothing$ 时, 定义 $H_q(X,Y;G) = H_q(X,G)$.

基本性质:

(1) 设 $f:(X,Y) \to (X',Y')$ 连续, 则存在一个群同态

$$f_*: H_q(X,Y;G) \to H_q(X',Y';G),$$

称为其**诱导同态**, 满足

(a) 若 $f = I$, 则 $f_* = I$;

(b) 又若 $g:(X',Y') \to (X'',Y'')$ 也是连续的, 则它诱导出的同态 g_* 满足

$$(gf)_* = g_* f_*;$$

(c) $\overline{\partial} f_* = f_* \overline{\partial}$.

(2) 同伦不变性: 若 $f,g:(X,Y) \to (X',Y')$ 是同伦等价的, 则 $f_* = g_*$.

两个拓扑对 $(X,Y),(X',Y')$ 称为同伦等价的, 如果存在连续映射

$$\phi:(X,Y) \to (X',Y')$$

及

$$\psi:(X',Y') \to (X,Y),$$

满足以下同伦关系: $\psi \circ \phi \simeq I|_{(X,Y)}, \phi \circ \psi \simeq I|_{(X',Y')}$. 因此, 若 $(X,Y),(X',Y')$ 同伦等价, 则以下同构成立

$$H_q(X,Y;G) \cong H_q(X',Y';G), \quad \forall q.$$

称拓扑对 (X',Y') 是拓扑对 (X,Y) 的一个**形变收缩核**, 如果 $X' \subset X, Y' \subset Y$, 且 $\exists \eta \in C([0,1] \times X, X)$ 满足

$$\eta(0,\cdot) = I|_X, \quad \eta(1,X) \subset X', \quad \eta(1,Y) \subset Y',$$

$$\eta(t,Y) \subset Y, \quad \eta(t,\cdot)|_{X'} = I|_{X'}, \quad \forall t \in [0,1].$$

因此, 当 (X',Y') 是 (X,Y) 的形变收缩核时,

$$H_q(X,Y;G) \cong H_q(X',Y';G).$$

(3) 切除性: 若 $U \subset X$ 满足 $\overline{U} \subset \text{int}(Y)$, 则

$$H_q(X \backslash U, Y \backslash U; G) \cong H_q(X, Y; G).$$

设 A, B, C, D 表示群, $\rightarrow$ 表示群同态, 一个序列 $A \rightarrow B \rightarrow C \rightarrow D \rightarrow \cdots$ 称为**正合** (exactness) 的, 是指前一个同态的象 $=$ 后一个同态的核, 即若有 $A \xrightarrow{h} B \xrightarrow{g} C$, 则 $\text{Im}(h) = \ker(g)$.

(4) 设 X, Y, Z 是三个拓扑空间, $Z \subset Y \subset X$, 我们定义内射 (injection) $i : (Y, Z) \rightarrow (X, Z), j : (X, Z) \rightarrow (X, Y)$, 都是拓扑对之间的连续映射. 则以下相对奇异同调群是正合列:

$$\cdots \rightarrow H_q(Y, Z; G) \xrightarrow{i_*} H_q(X, Z; G) \xrightarrow{j_*} H_q(X, Y; G) \xrightarrow{\partial} H_{q-1}(Y, Z; G) \rightarrow \cdots.$$

特别地, 因为 $H_q(X, G) = H_q(X, \varnothing; G)$, 所以还有 (取 $Z = \varnothing$)

$$\cdots \rightarrow H_q(Y, G) \xrightarrow{i_*} H_q(X, G) \xrightarrow{j_*} H_q(X, Y; G) \xrightarrow{\partial} H_{q-1}(Y, G) \rightarrow \cdots.$$

我们解释一下

$$H_q(X, Y; G) \xrightarrow{\partial} H_{q-1}(Y, G)$$

是同态的原因.

事实上, $\forall [c] \in H_q(X, Y; G), \exists c \in Z_q(X, Y; G), c \in [c]$. 从而

$$\partial c = 0 (\text{mod} Z_{q-1}(Y, G)),$$

即 $\partial c \in Z_{q-1}(Y, G)$. 若 $c_1, c_2 \in [c]$, 则 $c_1 = c_2 (\text{mod } B_q(X, Y; G))$, 或者说 $c_1 - c_2 = \partial w + r$, 其中 $w \in C_{q+1}(X), r \in C_q(Y)$, 推得 $\partial c_1 - \partial c_2 = \partial r \in B_{q-1}(Y, G)$. 所以 $\partial c_1, \partial c_2$ 属于同一个同调类, 因此 ∂ 诱导出同态

$$H_q(X, Y; G) \rightarrow H_{q-1}(Y, G).$$

(5) 设 X 是由一族道路连通的分支 $\{X_k\}$ 组成的, 则有同构

$$H_q(X, Y; G) \cong \oplus H_q(X_k, X_k \cap Y; G), \forall q.$$

(6) $H_q(X, X; G) \cong 0, \forall q$.

(7) $H_0(X, G)$ 是由 X 中与道路连通分支数目相同的生成元生成的自由群. 又若 $Y \neq \varnothing, Y \subset X$, 而 X 道路连通, 则 $H_0(X, Y; G) \cong 0$.

(8) Künneth 公式: 设 X 是一个拓扑空间, X_1, X_2 是其子空间, 记 $i_\nu : X_\nu \rightarrow X$ 为内射, $\nu = 1, 2$, 称 (X_1, X_2) 为一个**切除子空间对** (excisive couple of subspaces), 如果包含链映射

$$C_q(X_1, G) + C_q(X_2, G) \rightarrow C_q(X_1 \cup X_2, G)$$

诱导一个同调的同构 (i_{1*}, i_{2*}):

$$H_q(X_1, X_1 \cap X_2) \oplus H_q(X_2, X_1 \cap X_2) \cong H_q(X_1 \cup X_2, X_1 \cap X_2).$$

对给定的拓扑对 $(X, Y), (X', Y')$, 定义乘积 $(X, Y) \times (X', Y') := (X \times X', X \times Y' \cup Y \times X')$.

设 G 是一个域, 如果 $\{X \times Y', Y \times X'\}$ 是一个在 $X \times X'$ 中的切除对. 则叉积 (向量积, cross product) 是一个同构:

$$H_*(X, Y; G) \otimes H_*(X', Y'; G) \cong H_*((X, Y) \times (X', Y'); G),$$

即

$$H_q(X \times X', X \times Y' \cup Y \times X'; G)$$
$$\cong \bigoplus_{p=0}^{q} H_p(X, Y; G) H_{q-p}(X', Y'; G), \quad q = 1, 2, \cdots.$$

当 G 是一个有理数域 Q 时, 同调群事实上是域 Q 上的线性空间. 此时

$$\operatorname{rank} H_q(X, Y; Q) = \dim H_q(X, Y; Q).$$

记

$$\chi(X, Y; Q) := \sum_{q=0}^{\infty} (-1)^q \dim H_q(X, Y; Q),$$

称为拓扑对 (X, Y) 的 **Euler 示性数**.

利用上述性质可以计算出许多拓扑空间的奇异同调群.

例 7.2.1 n 维球面 $\mathbb{S}^n$.

$$H_q(\mathbb{S}^n, G) \cong \begin{cases} 0, & q \neq n, q, n \geqslant 1, \\ G, & q = n \geqslant 1 \text{或} q = 0, n \geqslant 1, \\ G^2, & q = n = 0. \end{cases}$$

例 7.2.2 相对同调群, $\mathbb{B}^n$ 为单位闭球, $\mathbb{S}^{n-1}$ 是其边界, $n \geqslant 1$.

$$H_q(\mathbb{B}^n, \mathbb{S}^{n-1}; G) \cong \begin{cases} 0, & q \neq n, \\ G, & q = n. \end{cases}$$

例 7.2.3 环面 $\mathbb{T}^n = \underbrace{\mathbb{S}^1 \times \cdots \times \mathbb{S}^1}_{n \uparrow}$.

$$H_q(\mathbb{T}^n, G) \cong \begin{cases} G^{\mathrm{C}_n^q}, & 0 \leqslant q \leqslant n, \\ 0, & q > n, \end{cases}$$

其中 C_n^q 是组合数.

例 7.2.4   实射影空间 $\mathbb{P}^n$.

$$H_q(\mathbb{P}^n, \mathbb{Z}_2) \cong \begin{cases} 0, & q > n, \\ \mathbb{Z}_2, & q \leqslant n. \end{cases}$$

例 7.2.5   复射影空间 $\mathbb{CP}^n$.

$$H_q(\mathbb{CP}^n, G) \cong \begin{cases} 0, & q > 2n \text{或} q \text{ 奇}, \\ G, & 0 \leqslant q \leqslant 2n \text{且} q \text{ 偶}. \end{cases}$$

7.3   第二形变定理

定理 7.3.1 (第二形变定理)   设 H 是 Banach 空间, $\phi \in C^1(H, \mathbb{R}^1)$, 满足 $(\mathrm{PS})_c$ 条件, $\forall c \in [a, b]$, a 是 ϕ 在 $[a, b)$ 中仅有的临界值. 若 K_a 的各个连通分支都是孤立点, 则 ϕ^a 是 $\phi^b \backslash K_b$ 的强形变收缩核 (其中 K_a, K_b 分别是临界值 a 和 b 相应的临界点集).

证明   [证明思路] (1) 定义伪梯度流如下 (V 是 ϕ' 的伪梯度场):

$$\begin{cases} \dot{\sigma}(t, x) = \dfrac{-V(\sigma(t, x))}{\|V(\sigma(t, x))\|^2}, \\ \sigma(0, x) = x \in \phi^{-1}[a, b] \backslash K_b. \end{cases} \tag{7.3.1}$$

(2) 证明 $\forall x \in \phi^{-1}((a, b]) \backslash K_b$, 存在时间 T_x, 使

$$\lim_{t \to T_x - 0} \phi(\sigma(t, x)) = a. \tag{7.3.2}$$

事实上,

$$\phi(\sigma(t, x)) - \phi(x) = \int_0^t \langle \phi'(\sigma(t, x)), \dot{\sigma}(\tau, x) \rangle d\tau < \frac{-t}{4}.$$

每个初始点 $x \in \phi^{-1}((a, b]) \backslash K_b$ 都存在有限时间 T_x, 使 (7.3.2) 成立, 称之为**到达时间**.

欲证明 $\lim\limits_{t \to T_x - 0} \sigma(t, x)$ 存在, 从而有 $\phi(\sigma(T_x - 0, x)) = a$. $(PS)_a$ 条件成立蕴含 K_a 是紧的, 从而分两种情况:

(a) $\inf\limits_{t \in [0, T_x)} \mathrm{dist}(\sigma(t, x), K_a) > 0$;

(b) $\inf\limits_{t \in [0, T_x)} \mathrm{dist}(\sigma(t, x), K_a) = 0$.

对情形 (a), 由 $(\mathrm{PS})_c$ 条件, $\forall c \in [a, b], \exists \alpha > 0$, 使

$$\inf_{t \in [0, T_x)} \|\phi'(\sigma(t, x))\| \geqslant \alpha.$$

于是 $\mathrm{dist}(\sigma(t_2,x),\sigma(t_1,x)) \leqslant \displaystyle\int_{t_1}^{t_2} \left\| \frac{d\sigma}{dt} \right\| dt \leqslant \displaystyle\int_{t_1}^{t_2} \frac{dt}{\|V(\sigma(t,x))\|} \leqslant \displaystyle\int_{t_1}^{t_2} \frac{dt}{\|\phi'(\sigma(t,x))\|}$

$\leqslant \dfrac{|t_2 - t_1|}{\alpha}$. 由于 T_x 有限, $\displaystyle\lim_{t \to T_x - 0} \sigma(t,x)$ 存在.

对于情形 (b) 要复杂一些. 将证 $\exists z \in K_a$ 使得 $\displaystyle\lim_{t \to T_x - 0} \sigma(t,x) = z$.

先证

$$\lim_{t \to T_x - 0} \mathrm{dist}(\sigma(t,x), K_a) = 0.$$

若不然, $\exists t_i \to T_x - 0, \varepsilon_0 > 0$, 使

$$\mathrm{dist}(\sigma(t_i,x), K_a) \geqslant \varepsilon_0 > 0,$$

但 (b) 又意味着 $\exists t_i' \to T_x - 0$, 使

$$\lim_{i \to \infty} \mathrm{dist}(\sigma(t_i',x), K_a) = 0.$$

于是有两个序列 $t_i^* < t_i^{**}$, 都收敛到 T_x, 使

$$\mathrm{dist}(\sigma(t_i^*,x), K_a) = \frac{\varepsilon_0}{2},$$

$$\mathrm{dist}(\sigma(t_i^{**},x), K_a) = \varepsilon_0$$

和

$$\sigma(t,x) \in (\overline{K_a})_{\varepsilon_0} - (K_a)_{\frac{\varepsilon_0}{2}}, \quad \forall t \in [t_i^*, t_i^{**}],$$

其中 $(K_a)_\delta$ 表示 K_a 的 δ 邻域. 由 $(\mathrm{PS})_c$ 条件, $\forall c \in [a,b]$, 有

$$\inf_{t \in [t_i^*, t_i^{**}]} \|\phi'(\sigma(t,x))\| \geqslant \alpha > 0.$$

因此,

$$\frac{\varepsilon_0}{2} \leqslant \mathrm{dist}(\sigma(t_i^{**},x), \sigma(t_i^*,x)) \leqslant \int_{t_i^*}^{t_i^{**}} \left\| \frac{d\sigma}{dt} \right\| dt \leqslant \frac{1}{\alpha} |t_i^{**} - t_i^*| \to 0.$$

矛盾. 于是 $\displaystyle\lim_{t \to T_x - 0} \mathrm{dist}(\sigma(t,x), K_a) = 0$. 因此, $\displaystyle\lim_{t \to T_x - 0} \phi'(\sigma(t,x)) = \theta$.

令 A 是 $\{\sigma(t,x); t \in [0, T_x)\}$ 轨道的极限集, 由 $(\mathrm{PS})_a$ 条件知 $A \neq \varnothing$, 且每个序列 $t_i \to T_x - 0$(即从 T_x 左边趋向它) 都存在子列 $\{\tilde{t}_i\}$, 使得 $\sigma(\tilde{t}_i, x)$ 收敛.

可证 A 是 K_a 中的紧连通子集 (紧性显然, A 闭, $A \subset K_a$). 由假设, A 是 K_a 中的单点集 $\{z\}$, 即 $\displaystyle\lim_{t \to T_x - 0} \sigma(t,x) = z$.

(3) 证明 T_x 对 x 连续, 分为两种情形.

(a) $\sigma(T_x - 0, x_0) \notin K_a$, 由隐函数定理 (定理 2.1.1) 即得.

(b) $\sigma(T_x - 0, x_0) = z \in K_a$: 如果 T_x 在 x_0 不连续, 则 $\exists x_n \to x_0$, 使

$$|T_{x_n} - T_{x_0}| \geqslant \varepsilon_0 > 0,$$

于是或者

$$T_{x_n} \leqslant T_{x_0} - \varepsilon_0,$$

或者

$$T_{x_n} \geqslant T_{x_0} + \varepsilon_0.$$

因为

$$\phi(\sigma(T_x - \varepsilon, x)) - \phi(\sigma(t, x)) = \int_t^{T_x - \varepsilon} \frac{d\phi(\sigma(s, x))}{ds} ds \leqslant -\frac{1}{4}(T_x - \varepsilon - t),$$

我们有

$$\phi(\sigma(t, x)) \geqslant a + \frac{1}{4}(T_x - t).$$

但是对固定的 ε, 由常微分方程知

$$\mathrm{dist}(\sigma(T_{x_0} - \varepsilon, x_n), \sigma(T_{x_0} - \varepsilon, x_0)) \to 0, \quad n \to \infty.$$

于是 $\phi(\sigma(T_{x_0} - \varepsilon, x_0)) = \lim\limits_{n\to\infty} \phi(\sigma(T_{x_0} - \varepsilon, x_n)) \geqslant \lim\limits_{n\to\infty} \left[a + \frac{1}{4}(T_{x_n} - T_{x_0} + \varepsilon) \right] \geqslant$ $a + \frac{1}{4}(\varepsilon_0 + \varepsilon)$(当 $T_{x_n} \geqslant T_{x_0} + \varepsilon_0$). 令 $\varepsilon \to 0$, 得 $a \geqslant a + \dfrac{\varepsilon_0}{4}$, 矛盾.

类似证 $T_{x_n} \leqslant T_{x_0} - \varepsilon_0$ 情形亦不可能.

(4) 定义形变收缩如下:

$$\eta(t, x) := \begin{cases} x, & (t, x) \in [0, 1] \times \phi^a, \\ \sigma(T_x t, x), & (t, x) \in [0, 1) \times (\phi^b \backslash (\phi^a \cup K_b)), \\ \sigma(T_x - 0, x), & (t, x) \in \{1\} \times (\phi^b \backslash (\phi^a \cup K_b)). \end{cases}$$

分为 4 种情况可验证 η 的连续性.

(a) $(t, x) \in [0, 1] \times \overset{\circ}{\phi^a}$;

(b) $(t, x) \in [0, 1) \times (\phi^{-1}(a, b] \backslash K_b)$;

(c) $(t, x) \in \{1\} \times (\phi^{-1}(a, b] \backslash K_b)$;

(d) $(t, x) \in [0, 1] \times \phi^{-1}(a)$.

7.4 临界群、Morse 型数和 Morse 不等式

Morse 理论包括: ①局部性质 (Morse 引理, 临界群); ②大范围性质 (Morse 型数及相应的 Morse 不等式).

设 C^1-Banach 流形 M 是正则的 (即 M 中每一点的任意邻域都包含一个闭邻域).

定义 7.4.1 设 p 是泛函 $\phi \in C^1(M, \mathbb{R})$ 的孤立临界点, 设 $c = \phi(p)$. 称

$$C_q(\phi, p) = H_q(\phi^c \cap U_p, (\phi^c \backslash \{p\}) \cap U_p, G)$$

是 ϕ 在 p 点 (具有系数群 G) 的 q 阶临界群, $q = 0, 1, 2, \cdots$, 其中 U_p 是 p 的一个邻域, 使得 $K \cap (\phi^c \cap U_p) = \{p\}$, K 是 ϕ 的临界点集, $H_*(X, Y; G)$ 表示具有 Abelian 系数群 G 的奇异相对同调群.

附注 7.4.2 由奇异相对同调群切除性质, 临界群定义合理, 这是因为它们不依赖于特殊邻域 U_p 的选取. 而且应用中的 M 经常是 Hilbert 空间, p 的开邻域 U_p 中总包含 p 的闭邻域, 定义中 p 的邻域 U_p 可取为闭邻域, 参见 [108, p174].

例 7.4.3 设 p 是 $\phi \in C^1(M, \mathbb{R}^1)$ 的孤立极小值点, M 是一流形, 则

$$C_q(\phi, p) = \begin{cases} G, & q = 0, \\ 0, & q \neq 0, \end{cases}$$

在有限维流形 M^n 中, 如果 p 是 $\phi \in C^1(M^n, \mathbb{R}^1)$ 的孤立极大值点, 则

$$C_q(\phi, p) = \begin{cases} G, & q = n, \\ 0, & q \neq n. \end{cases}$$

例 7.4.4 设 M 是一个 1 维流形, 如果 p 是 $\phi \in C^1(M, \mathbb{R}^1)$ 的一个孤立临界点, 它既不是局部极大值点, 也不是局部极小值点, 则有

$$C_0(\phi, p) = C_1(\phi, p) = 0.$$

例 7.4.5 (猴鞍点 (monkey saddle)) 如果 $\phi = x^3 - 3xy^2$ 是定义在 $\mathbb{R}^2$ 上的函数, 则我们有

$$C_0(\phi, \theta) = C_2(\phi, \theta) = 0 \quad 和 \quad C_1(\phi, \theta) = G \oplus G.$$

定义 7.4.6 设 M 是一个 Hilbert-Riemannian 流形, $\phi \in C^2(M, \mathbb{R}^1), p \in K$ 称为**非退化**的, 如果 $d^2\phi(p)$ 有有界逆. 否则, 称 p 是退化的. 注意 $A = d^2\phi(p)$ 是一个自伴算子 (self-adjoint operator), 我们称相应谱分解的负空间的维数为 p 的 **Morse 指标**, 记为 $\mathrm{ind}(\phi, p)$(可能等于 ∞).

由隐函数定理知, 若 p 非退化, 则 p 是孤立的临界点. 如果 ϕ 的所有临界点都是非退化的, 则称 ϕ 是一个 Morse 函数.

以下设 H 是一个实的、可分的 Hilbert 空间. 下面我们考虑通过 Morse 指标计算非退化临界点的临界群.

引理 7.4.7 (Morse 引理)　设 $\phi \in C^2(M, \mathbb{R}^1)$, p 是一个非退化临界点, 则存在 p 的一个邻域 U_p 和局部微分同胚 $\Phi : U_p \to T_p(M)$, $\Phi(p) = \theta$, 使得

$$\phi \cdot \Phi^{-1}(\xi) = \phi(p) + \frac{1}{2}(d^2\phi(p)\xi, \xi), \quad \forall \xi \in \Phi(U_p),$$

其中 $(\cdot, \cdot)$ 表示 Hilbert 空间 H 中的内积, Riemann 流形 M 采用 H 上的内积与模.

这个引理将在后面被包含在一个更一般的定理中加以证明.

定理 7.4.8　设 $\phi \in C^2(M, \mathbb{R}^1)$, p 是 ϕ 的非退化临界点, Morse 指标为 j, 则

$$C_q(\phi, p) = \begin{cases} G, & q = j, \\ 0, & q \neq j. \end{cases}$$

证明　由 Morse 引理, 只需考虑 ϕ 是限制在 Hilbert 空间 H 上的二次泛函 $\phi(x) = \frac{1}{2}(Ax, x)$, 其中 A 是一个有界可逆自伴算子, 设 $P_\pm$ 是到 A 的正负子空间 $H_\pm$ 上的正交投影算子, 我们有

$$\phi(x) = \frac{1}{2}(\|(AP_+)^{\frac{1}{2}}x\|^2 - \|(-AP_-)^{\frac{1}{2}}x\|^2).$$

这里设 B_ε 是以 θ 为心, ε 为半径的闭球, 易见

$$B_\varepsilon \cap \phi^0 = \{x \in H; \|x\| \leqslant \varepsilon, \|y_+\| \leqslant \|y_-\|, y_\pm = (\pm AP_\pm)^{\frac{1}{2}}x\}.$$

定义形变

$$\eta(t, x) = y_- + ty_+, \quad \forall (t, x) \in [0, 1] \times (B_\varepsilon \cap \phi^0),$$

它是从 $(B_\varepsilon \cap \phi^0, B_\varepsilon \cap (\phi^0 \backslash \{\theta\}))$ 到 $(H_- \cap B_\varepsilon, (H_- \backslash \{\theta\}) \cap B_\varepsilon)$ 的强形变收缩, 于是

$$C_q(\phi, p) \cong H_q(\phi^0 \cap B_\varepsilon, (\phi^0 \backslash \{\theta\}) \cap B_\varepsilon) \cong H_q(H_- \cap B_\varepsilon, (H_- \backslash \{\theta\}) \cap B_\varepsilon)$$

$$\cong H_q(B^j, \mathbb{S}^{j-1}) \cong \begin{cases} G, & q = j, \\ 0, & q \neq j. \end{cases}$$

其中 j 是有限的.

但当 $j = +\infty$ 时, 由于 $\mathbb{S}^\infty$ 是可缩的, 我们总有

$$C_q(\phi, p) \cong 0.$$ ∎

设 $\phi \in C^1(H, \mathbb{R}^1)$, 仅有孤立临界值, 每个临界值相应地有有限个临界点. 设这些临界值为

$$\cdots < c_{-2} < c_{-1} < c_0 < c_1 < c_2 < \cdots,$$

相应的临界点集为 $K_{c_i} = \{z_j^i\}_{j=1}^{m_i}, i = 0, \pm 1, \pm 2, \cdots$. 我们选取

$$0 < \varepsilon_i < \min\{c_{i+1} - c_i, c_i - c_{i-1}\}, \quad i = 0, \pm 1, \pm 2, \cdots.$$

定义 7.4.9 对每对正则值 $a < b$, 称

$$M_q(a, b) = \sum_{a < c_i < b} \operatorname{rank} H_q(\phi^{c_i + \varepsilon_i}, \phi^{c_i - \varepsilon_i}, G)$$

为 ϕ 关于 (a, b) 的 q 阶 **Morse 型数** (Morse type number), $q = 0, 1, 2, \cdots$.

若 ϕ 满足 (PS) 条件, 由形变定理知, Morse 型数定义合理, 即它们不依赖于 ε_i 的特殊选取.

定理 7.4.10 如果 $\phi \in C^1(H, \mathbb{R})$, c 是 ϕ 的孤立临界值, $K_c = \{z_j\}_{j=1}^m$, 则对充分小的 $\varepsilon > 0$, 有

$$H_*(\phi^{c+\varepsilon}, \phi^{c-\varepsilon}; G) \cong H_*(\phi^c, \phi^c \backslash K_c; G) \cong \bigoplus_{j=1}^m C_*(\phi, z_j).$$

证明 由第二形变定理 (定理 7.3.1) 和奇异同调群的同伦不变性, 我们有

$$H_q(\phi^{c+\varepsilon}, \phi^{c-\varepsilon}; G) \cong H_q(\phi^c, \phi^{c-\varepsilon}; G)$$

和

$$H_q(\phi^c \backslash K_c, \phi^{c-\varepsilon}; G) \cong H_q(\phi^{c-\varepsilon}, \phi^{c-\varepsilon}; G) \cong 0.$$

对 $(\phi^c, \phi^c \backslash K_c, \phi^{c-\varepsilon})$ 用奇异同调群的正合性, 有

$$\cdots \to H_q(\phi^c \backslash K_c, \phi^{c-\varepsilon}) \to H_q(\phi^c, \phi^{c-\varepsilon})$$
$$\to H_q(\phi^c, \phi^c \backslash K_c) \to H_{q-1}(\phi^c \backslash K_c, \phi^{c-\varepsilon}) \to \cdots.$$

于是

$$0 \to H_q(\phi^c, \phi^{c-\varepsilon}) \to H_q(\phi^c, \phi^c \backslash K_c) \to 0,$$

即

$$H_q(\phi^{c+\varepsilon}, \phi^{c-\varepsilon}; G) \cong H_q(\phi^c, \phi^{c-\varepsilon}) \cong H_q(\phi^c, \phi^c \backslash K_c).$$

由切除性, 我们可以分解相对奇异同调群为一些临界群:

$$H_*(\phi^c, \phi^c \backslash K_c) \cong H_* \left(\phi^c \cap \bigcup_{j=1}^{m} B(z_j, \varepsilon), \phi^c \cap \bigcup_{j=1}^{m} (B(z_j, \varepsilon) \backslash \{z_j\}) \right) \cong \bigoplus_{j=1}^{m} C_*(\phi, z_j),$$

这里只需选 ε 足够小, 其中 $B(z_j, \varepsilon)$ 是以 z_j 为中心, ε 为半径的闭球. ∎

推论 7.4.11 $M_q(a, b) = \sum_{a < c_i < b} \sum_{j=1}^{m_i} \operatorname{rank} C_q(\phi, z_j^i), q = 0, 1, 2, \cdots$.

这个推论将临界群同 Morse 型数联系起来.

下证 Morse 不等式.

定义

$$\beta_q := \beta_q(a, b) = \operatorname{rank} H_q(\phi^b, \phi^a; G), \quad q = 0, 1, 2, \cdots,$$

其中 $a < b$ 是 ϕ 的正则值.

定理 7.4.12 设 $\phi \in C^1(H, \mathbb{R})$, 满足 $(\mathrm{PS})_c$ 条件, $\forall c \in [a, b]$, 其中 $a < b$ 是 ϕ 的正则值. 设 $K \cap \phi^{-1}([a, b]) = \{z_1, \cdots, z_l\}$, 则

$$\sum_{q=0}^{\infty} M_q t^q = \sum_{q=0}^{\infty} \beta_q t^q + (1+t) Q(t), \tag{7.4.1}$$

其中 Q 是一个具有非负系数的形式级数, $M_q = M_q(a, b) = \sum_{j=1}^{l} \operatorname{rank} C_q(\phi, z_j)$, $\beta_q = \beta_q(a, b) = \operatorname{rank} H_q(\phi^b, \phi^a)$, $q = 0, 1, 2 \cdots$. 如果所有 $M_q, \beta_q, q = 0, 1, 2, \cdots$ 都是有限的且下述(7.4.2)中的级数收敛, 注意 (7.4.1) 的含义是 Morse 不等式

$$\sum_{j=0}^{q} (-1)^{q-j} M_j \geqslant \sum_{j=0}^{q} (-1)^{q-j} \beta_j, \quad q = 0, 1, 2, \cdots$$

和

$$\sum_{q=0}^{\infty} (-1)^q M_q = \sum_{q=0}^{\infty} (-1)^q \beta_q. \tag{7.4.2}$$

证明 (7.4.1) 可由下述函数的次可加性推出. 设

$$S_q(X, Y) := \sum_{j=0}^{q} (-1)^{q-j} \operatorname{rank} H_j(X, Y).$$

对三元组 $(X, Y, Z), X \supset Y \supset Z$, 我们有

$$S_q(X, Z) \leqslant S_q(X, Y) + S_q(Y, Z). \tag{7.4.3}$$

我们后边再证明 (7.4.3).

设 $c_1 < c_2 < \cdots < c_n$ 是 ϕ 在 (a, b) 中的临界值, 选 $a_0, \cdots, a_n$, 使得

$$a = a_0 < c_1 < a_1 < c_2 < \cdots < c_n < a_n = b.$$

如果 M_q 和 β_q 是有限的, 则由推论 7.4.11, $\operatorname{rank} H_q(\phi^{a_i}, \phi^{a_{i-1}}), i = 1, \cdots, n, q = 0, 1, \cdots$ 都是有限的. 由 (7.4.3), 有

$$\sum_{i=1}^{n} \sum_{j=0}^{q} (-1)^{q-j} \operatorname{rank} H_j(\phi^{a_i}, \phi^{a_{i-1}}) \geqslant \sum_{j=0}^{q} (-1)^{q-j} \operatorname{rank} H_j(\phi^{a_n}, \phi^{a_0}).$$

于是, 由推论 7.4.11 和定理 7.4.10,

$$\sum_{j=0}^{q} (-1)^{q-j} M_j \geqslant \sum_{j=0}^{q} (-1)^{q-j} \beta_j.$$

由假设级数收敛知, 存在 q_0, 使得 $M_q = \beta_q = 0, \forall q \geqslant q_0$. 由两个接连的不等式推出下述恒等式

$$\sum_{q=0}^{\infty} (-1)^q M_q = \sum_{q=0}^{\infty} (-1)^q \beta_q.$$

下证 (7.4.3). 考虑正合列 (exact sequence)

$$\cdots \xrightarrow{i} A \xrightarrow{j} B \to \cdots,$$

由于 $\ker j = \operatorname{Im} i$,

$$\operatorname{rank} A = \operatorname{rank} \operatorname{Im} j + \operatorname{rank} \operatorname{Im} i.$$

记 $\operatorname{rank} \operatorname{Im} i = \varepsilon(A)$, 则

$$\operatorname{rank} A = \varepsilon(B) + \varepsilon(A).$$

对三元组 $(Z, Y, X), Z \subset Y \subset X$, 有正合列

$$\cdots \to H_q(Y, Z) \to H_q(X, Z) \to H_q(X, Y) \to H_{q-1}(Y, Z) \to \cdots,$$

于是

$$\operatorname{rank} H_q(X, Y) = \varepsilon_q(X, Y) + \varepsilon_{q-1}(Y, Z),$$

$$\operatorname{rank} H_q(X, Z) = \varepsilon_q(X, Z) + \varepsilon_q(X, Y),$$

$$\operatorname{rank} H_q(Y, Z) = \varepsilon_q(Y, Z) + \varepsilon_q(X, Z).$$

从而我们有

$$\operatorname{rank} H_q(X,Y) + \operatorname{rank} H_q(Y,Z) - \operatorname{rank} H_q(X,Z) = \varepsilon_q(Y,Z) + \varepsilon_{q-1}(Y,Z).$$

于是进一步得到

$$S_q(Y,Z) + S_q(X,Y) - S_q(X,Z) = \varepsilon_q(Y,Z) \geqslant 0, \quad q = 0,1,2,\cdots.$$

(7.4.3) 得证.　　　　　　　　　　　　　　　　　　　　　　　　　　■

7.5　Grómoll-Meyer 理论

设 V 是 Hilbert 空间, U 是 $u \in V$ 的开邻域, $\phi \in C^2(U,\mathbb{R})$. 定义线性算子 $L : V \to V$ 为

$$(Lv,w) = \phi''(u)(v,w).$$

则 L 是一个自共轭算子, 我们把 L 与 $\phi''(u)$ 等同起来. 如果 $\phi''(u)$ 是 Fredholm 算子, 则 V 是 $\ker(\phi''(u))$ 和 $R(\phi''(u))$ 的正交和.

定理 7.5.1[108] (广义 Morse 引理, Grómoll-Meyer 分裂定理)　设 U 是 Hilbert 空间 V 中原点 θ 的一个开邻域, $\phi \in C^2(U,\mathbb{R})$, θ 是 ϕ 的临界点, 设 $L := \phi''(\theta)$ 是 Fredholm 算子满足 $V = \ker(L) \oplus R(L)$. 令 $N = \ker L$, 设其空间维数是正数. $u = w + v, w \in N, v \in N^{\perp}$ 是 $u \in V = N \oplus N^{\perp}$ 相应的直和分解.

则存在 θ 点在 V 中的一个开邻域 A, 以及 C^1 映射 $g : B = A \cap N \to N^{\perp}$, 从 A 到 U 内的局部同胚 h, 以及函数 $\hat{\phi} = \phi(w + g(w)) \in C^2(B,\mathbb{R})$, 使得

$$h(\theta) = \theta, \quad \hat{\phi}'(\theta) = \theta, \quad \hat{\phi}''(\theta) = \theta$$

和

$$\phi(h(u)) = \frac{1}{2}(Lv,v) + \hat{\phi}(w), \quad \forall u \in A.$$

证明　(1) 设 $Q : V \to N^{\perp}$ 是正交投影, 由隐函数定理, $\exists r_1 > 0$ 和 C^1 映射

$$g : B_{r_1}(\theta) \cap N \to N^{\perp},$$

使得 $g(\theta) = \theta, g'(\theta) = \theta$ 和

$$Q\nabla\phi(w + g(w)) = \theta. \tag{7.5.1}$$

在 $B = B_{r_1}(\theta) \cap N$ 上定义 $\hat{\phi}(w) = \phi(w + g(w))$, 直接计算并由 (7.5.1) 有

$$\nabla\hat{\phi}(w) = (I - Q)\nabla\phi(w + g(w))$$

和

$$\hat{\phi}''(w) = (I - Q)\phi''(w + g(w))(I + g'(w)).$$

特别地,

$$\nabla\hat{\phi}(\theta) = (I - Q)\nabla\phi(\theta) = \theta,$$

$$\hat{\phi}''(\theta) = (I - Q)\phi''(\theta) = (I - Q)L = \theta.$$

在 $[0,1] \times \{\theta\}$ 附近定义函数

$$\Phi(t, v, w) = (1 - t)\left(\hat{\phi}(w) + \frac{1}{2}(Lv, v)\right) + t\phi(v + w + g(w)). \tag{7.5.2}$$

定义向量场

$$f(t, v, w) := \begin{cases} \theta, & v = \theta, \\ -\Phi_t(t, v, w)|\Phi_v(t, v, w)|^{-2}\Phi_v(t, v, w), & v \neq \theta. \end{cases}$$

如果 $\eta(t) = \eta(t, v, w)$ 是下述 Cauchy 问题

$$\begin{cases} \dot{\eta} = f(t, v, w), \\ \eta(\theta) = v \end{cases} \tag{7.5.3}$$

的解, 则有

$$\frac{d}{dt}\Phi(t, \eta(t), w) = \Phi_t(t, \eta(t), w) + (\Phi_v(t, \eta(t), w), \dot{\eta}(t)) = 0.$$

特别地, 由 (7.5.2) 知

$$\hat{\phi}(w) + \frac{1}{2}(Lv, v) = \Phi(0, v, w) = \Phi(1, \eta(1, v, w), w) = \phi(\eta(1, v, w) + w + g(w)).$$

如果(7.5.3)的解 (流)$\eta(t, v, w)$ 有定义, 且在 $[0,1] \times A$ 上连续, 其中 A 是 θ 在 V 中的一个开邻域, 则局部同胚 h 可由下述式子给出

$$h(u) = h(v, w) = w + g(w) + \eta(1, v, w).$$

由 $\eta(1, \cdot, w)$ 的局部可逆性知, h 是局部可逆的.

(2) 以下证明 η 有定义且连续. 定义 ψ 如下

$$\psi(v, w) := \phi(v + w + g(w)) - \hat{\phi}(w) - \frac{1}{2}(Lv, v) = \Phi_t'(t, v, w).$$

由 (7.5.1) 得

$$\psi(\theta, w) = \theta, \quad \psi_v(\theta, w) = \theta, \quad \psi_v''(\theta, \theta) = \theta.$$

于是由 Taylor 公式 (定理 1.5.2) 得

$$\psi(v,w) = \int_0^1 (1-s)(\psi_v''(sv,w)v,v)ds,$$

$$\psi_v(v,w) = \int_0^1 \psi_v''(sv,w)vds.$$

因此对每个 $\varepsilon > 0$, 存在 $\delta(\varepsilon) \in (0, r_1)$, 使得只要 $|v+w| \leqslant \delta(\varepsilon)$, 就有

$$|\psi(v,w)| \leqslant \varepsilon|v|^2, \quad |\psi_v(v,w)| \leqslant \varepsilon|v|, \tag{7.5.4}$$

由于 $L: N^\perp \to N^\perp$ 是连续可逆的, $\exists c > 0$ 使对 $v \in N^\perp$, 有

$$c^{-1}|v| \leqslant |Lv| \leqslant c|v|. \tag{7.5.5}$$

对 $v \neq \theta$, 我们有

$$f(t,v,w) = -\psi(v,w)\,|Lv+t\psi_v(v,w)|^{-2}(Lv+t\psi_v(v,w)).$$

应用 (7.5.4) 和 (7.5.5), 当 $|v+w| \leqslant \delta(\varepsilon)$ 时, 有 $c_0 > 0$, 使

$$|f(t,v,w)| \leqslant c_0\varepsilon|v|. \tag{7.5.6}$$

因为 $f(t,0,w) = 0, f$ 在 $v = 0$ 处连续, 设 $\rho \in (0, \delta(\varepsilon))$, 使得

$$|\psi_v''(v,w)| \leqslant 1 \tag{7.5.7}$$

当 $|v+w| \leqslant \rho$ 和 $v \neq 0$ 时成立. 由 (7.5.4),(7.5.5) 和 (7.5.7), 容易验证 $\exists c_1(v)$, 使

$$|f_v(t,v,w)| \leqslant c_1(v) \tag{7.5.8}$$

当 $|v+w| \leqslant \rho$ 和 $v \neq 0$ 时成立. 而且当 $v \to 0$ 时, $c_1(v) \to 0$. 由中值定理和 (7.5.8), 存在 $c_2 > 0$ 使得

$$|f(t,v_1,w) - f(t,v_2,w)| \leqslant c_2|v_1 - v_2|$$

当 $|v_i+w| \leqslant \rho, i = 1,2$ 时成立. 于是 η 局部有定义, 且连续. 而且由 $\eta(t,\theta,w) = 0$ 知, η 在 $[0,1] \times A$ 上有定义, 其中 A 是 θ 在 V 中的一个开邻域. 由 (7.5.4) 和 (7.5.8), 容易验证 h 限制在 $N^\perp$ 上是局部微分同胚的, 因为 $f_v(t,v,\theta)$ 是连续的. ∎

上述定理中 $N = \ker L$, 若其空间维数是 0, 即 $\ker L = 0$ 证明仍有效, 从而有如下定理.

定理 7.5.2 (Morse 引理)   设 U 是 p 点在 Hilbert 空间 H 中的一个邻域, 设 $\phi \in C^2(U, \mathbb{R})$, 使得 p 是 ϕ 的一个非退化临界点, 则存在一个 p 在 H 中的开邻域 U_p 和一个局部微分同胚 $h : U_p \to U$, 使 $h(p) = p$ 和

$$\phi(h(u)) = \phi(p) + \frac{1}{2}(\phi''(p)u, u).$$

定理 7.5.3 (平移定理)   在定理 7.5.1 假设之下, 如果 θ 是 ϕ 在 U 中唯一的临界点, 且 θ 的 Morse 指标为 $k < \infty$, 则

$$C_q(\phi, \theta) = C_{q-k}(\hat{\phi}, \theta), \quad q = 0, 1, \cdots.$$

证明   见 [22, Theorem 5.4], 或 [108, Theorem 8.4].   ∎

由此, 设 $\nu = \dim \ker \phi''(\theta) < \infty$, 则我们可得

(1) 如果 $q \notin [k, k+\nu]$, 则 $\operatorname{rank} C_q(\phi, \theta) = 0$.

(2) 如果 θ 是 $\hat{\phi}$ 的局部极小, 则 $C_q(\phi, \theta) = \delta_{q,k}G$.

(3) 如果 θ 是 $\hat{\phi}$ 的局部极大, 则 $C_q(\phi, \theta) = \delta_{q,k+\nu}G$.

(4) 如果 θ 既不是 $\hat{\phi}$ 的局部极小也不是局部极大, 则

$$C_k(\phi, \theta) = C_{k+\nu}(\phi, \theta) = 0.$$

(5) 如果存在 $q_1 \neq q_2$, 使 $C_{q_1}(\phi, \theta) \neq 0$ 和 $C_{q_2}(\phi, \theta) \neq 0$, 则 $|q_1 - q_2| \leqslant \nu - 2$.

定理 7.5.4   设 H 是一个 Hilbert 空间, $\phi \in C^2(H, \mathbb{R})$. 设存在 $e_0 \in H$, $e_1 \in H$, e_0 的一个有界开邻域 Ω, 使 $e_1 \in H \backslash \overline{\Omega}$ 和

$$\inf_{\partial\Omega} \phi > \max\{\phi(e_0), \phi(e_1)\}.$$

设 $\Gamma := \{\gamma \in C([0,1], H); \gamma(0) = e_0, \gamma(1) = e_1\}$ 和

$$c := \inf_{\gamma \in \Gamma} \max_{s \in [0,1]} \phi(\gamma(s)),$$

如果 ϕ 满足 (PS) 条件, 且 ϕ 在 K_c 中的临界点都在 H 中是孤立的, 则存在 $u \in K_c$, 使得 $\operatorname{rank} C_1(\phi, u) \geqslant 1$.

证明   取 $\varepsilon > 0$, 使 $c - \varepsilon > \max\{\phi(e_0), \phi(e_1)\}$, 且 c 是 ϕ 在 $[c-\varepsilon, c+\varepsilon]$ 中的仅有临界值, 考虑正合列

$$\cdots \to H_1(\phi^{c+\varepsilon}, \phi^{c-\varepsilon}) \xrightarrow{\partial} H_0(\phi^{c-\varepsilon}, \varnothing) \xrightarrow{i_*} H_0(\phi^{c+\varepsilon}, \varnothing) \to \cdots,$$

其中 i_* 是包含映射 $i : (\phi^{c-\varepsilon}, \varnothing) \to (\phi^{c+\varepsilon}, \varnothing)$ 诱导的同态. c 的定义意味着 e_0, e_1 在 $\phi^{c+\varepsilon}$ 中是道路连通的, 但在 $\phi^{c-\varepsilon}$ 中则不是. 于是 $\ker i_* \neq \{\theta\}$. 于是由正合性, $H_1(\phi^{c+\varepsilon}, \phi^{c-\varepsilon}) \neq \{\theta\}$. 由定理 7.4.10, 有

$$H_1(\phi^{c+\varepsilon}, \phi^{c-\varepsilon}) \simeq \bigoplus_{j=1}^{m} C_1(\phi, u_j), \quad u_j \in K_c,$$

即

$$\operatorname{rank} H_1(\phi^{c+\varepsilon}, \phi^{c-\varepsilon}) = \sum_{j=1}^{m} \operatorname{rank} C_1(\phi, u_j).$$

于是 $\exists u \in K_c$, 使得 $\operatorname{rank} C_1(\phi, u) \geqslant 1$. ∎

定理 7.5.5　在定理 7.5.4 假设条件下, 若对每个 $u \in K_c$, 满足下述条件:

(a) 当 u 的 Morse 指标为 0 时, $\phi''(u)$ 是 Fredholm 算子;

(b) $\ker \psi''(u)$ 的维数 $\leqslant 1$,

则存在 $u \in K_c$, 使

$$\operatorname{rank} C_q(\phi, u) = \delta_{q,1}, \quad q \in \mathbb{N}.$$

证明　记 u 的 Morse 指标为 k, $\dim \ker \phi''(u) = \nu$. 设 $u \in K_c$, 使得 $\operatorname{rank} C_1(\phi, u) \geqslant 1$, 由定理 7.5.3 知, $k \leqslant 1$. 或当 $k = 0$ 时, $\nu \geqslant 1$.

当 $k = 0$ 时, 由假设 (b), 又意味着 $\nu < 2$, 于是 $\nu = 1$. 从而由定理 7.5.3, θ 是 $\hat{\phi}$ 的局部极大值点, 且有

$$C_q(\phi, \theta) = \delta_{q,k+\nu} G = \delta_{q,1} G.$$

当 $k = 1$ 时, 由定理 7.5.3, 或 $\nu = 0$, 或 θ 是 $\hat{\phi}$ 的局部极小值点. 在每种情况下都有

$$C_q(\phi, \theta) = \delta_{q,k} G = \delta_{q,1} G.$$

∎

定理 7.5.6　在定理 7.5.5 假设之下, 如果 $H = \mathbb{R}^p$, 则存在 $u \in K_c$, 使得

$$\operatorname{ind}(\nabla\phi, u) := \deg(\nabla\phi, B(u, r), \theta) = -1,$$

其中 $B(u, r)$ 是以 u 为心、$r > 0$ 为半径的开球.

证明　$\phi \in C^2(U, \mathbb{R}), U \subset \mathbb{R}^p$ 为开子集, 则 $\operatorname{rank} C_q(\phi, u) < +\infty (\forall q \in \mathbb{N})$. 当 $q \geqslant p + 1$ 时, $\operatorname{rank} C_q(\phi, u) = 0$. 由 [108, 定理 8.5], 我们知道

$$\operatorname{ind}(\nabla\phi, u) = \sum_{q=0}^{p} (-1)^q \operatorname{rank} C_q(\phi, u).$$

从而 $\operatorname{ind}(\nabla\phi, u) = -1$ 成立. ∎

附注 7.5.7　一个泛函 ϕ 的梯度在 ϕ 的孤立临界点处的指标与该点的临界群之间的关系 (见 [22, Theorem 3.2]): 若 H 是 Hilbert 空间, $\phi \in C^2(H, \mathbb{R})$ 满足 (PS) 条件, $\nabla\phi = I - T, T$ 紧, u 是孤立临界点, 则

$$\operatorname{ind}(\nabla\phi, u) = \sum_{q=0}^{\infty} (-1)^q \operatorname{rank} C_q(\phi, u).$$

从而在定理 7.5.5 假设之下, 若 $u \in K_c$, 则 $\operatorname{ind}(\nabla\phi, u) = -1$ 仍成立. ∎

附注 7.5.8 定理 7.5.6 是 Poincaré-Hopf 定理的一种特殊情况, Li C, Li S J 和 Liu J Q 在 [78] 中把该定理光滑性减弱至 $\phi \in C^1$. Li 在 [76] 中进一步讨论了临界点是非孤立情形的 Poincaré-Hopf 定理. ∎

7.6 超线性椭圆方程的多解问题

考虑超线性椭圆方程

$$\begin{cases} -\Delta u = g(x, u), x \in \Omega, \\ u|_{\partial\Omega} = 0, \end{cases} \tag{7.6.1}$$

其中 Ω 是 $\mathbb{R}^n$ 中的有界光滑区域, $g \in C^1(\overline{\Omega} \times \mathbb{R}^1, \mathbb{R}^1)$ 满足

(g_1) $|g(x, t)| \leqslant C(1 + |t|^\alpha), C > 0, 0 < \alpha < \dfrac{n+2}{n-2}, n \geqslant 3$ (如果 $n \leqslant 2, \alpha$ 没限制);

(g_2) $\exists \theta > 2, M > 0$ 使得 $0 < \theta G(x, t) \leqslant t g(x, t), \forall x \in \Omega$, 对于 $|t| \geqslant M$, 其中 $G(x, t) = \displaystyle\int_0^t g(x, s) ds$;

(g_3) $g(x, 0) = g_t'(x, 0) = 0$.

例 7.6.1

$$g(x, t) = \begin{cases} t^{\alpha_1}, & t \geqslant 0, \\ -(-t)^{\alpha_2}, & t < 0, \end{cases}$$

其中 $\alpha_i \in \left(1, \dfrac{n+2}{n-2}\right), i = 1, 2$. g 满足上述条件 (g_1)—(g_3).

我们定义 $H_0^1(\Omega)$ 上的泛函

$$J(u) = \frac{1}{2} \int_\Omega |\nabla u|^2 dx - \int_\Omega G(x, u(x)) dx, \tag{7.6.2}$$

则方程(7.6.1)的弱解 $u \in H_0^1(\Omega)$ 就是泛函 J 的临界点, 即

$$(J'(u), v) = \int_\Omega [\nabla u \cdot \nabla v - g(x, u(x)) \cdot v(x)] dx = 0, \quad \forall v \in H_0^1(\Omega).$$

由正则性理论, 只要 g 关于 t Lipschitz 连续, 则方程(7.6.1)的弱解都是古典解.

首先证明两个引理.

引理 7.6.2 在 (g_1), (g_2) 的条件下, 泛函(7.6.2)在 $H_0^1(\Omega)$ 上满足 (PS) 条件.

证明 设序列 $\{u_k\} \subset H_0^1(\Omega)$ 满足 $|J(u_k)| \leqslant C_1, J'(u_k) \to \theta$. 先证明 $\{u_k\}$ 有界, 由假设条件可知, $\exists C_2, C_3, C_4$ 使得

$$C_1 \geqslant \frac{1}{2}\|u_k\|^2 - \int_{|u_k(x)| \geqslant M} G(x, u_k(x)) dx - C_2$$

$$\geqslant \frac{1}{2}\|u_k\|^2 - \frac{1}{\theta}\int_{|u_k(x)|\geqslant M} u_k(x)g(x,u_k(x))dx - C_2$$

$$\geqslant \left(\frac{1}{2}-\frac{1}{\theta}\right)\|u_k\|^2 + \frac{1}{\theta}\int_{\Omega}(\nabla u_k \nabla u_k - u_k g(x,u_k))dx - C_3$$

$$\geqslant \left(\frac{1}{2}-\frac{1}{\theta}-\varepsilon\right)\|u_k\|^2 + \frac{1}{\theta}(J'(u_k),u_k) - C_4, \tag{7.6.3}$$

由 $J'(u_k) \to \theta$ 知, $|(J'(u_k),u_k)| \leqslant \varepsilon\|u_k\|$. 选取 $2\varepsilon < \frac{1}{2}-\frac{1}{\theta}$, 易知 $\|u_k\|$ 有界. 令 $p = \alpha+1$, 我们有

$$H_0^1(\Omega) \xrightarrow{i} L^p(\Omega) \xrightarrow{g(x,\cdot)} L^{p'}(\Omega) \xrightarrow{i^*} H^{-1}(\Omega) \xrightarrow{(-\Delta)^{-1}} H_0^1(\Omega),$$

其中 $\frac{1}{p}+\frac{1}{p'}=1, i, i^*$ 都是紧嵌入, $g(x,\cdot), (-\Delta)^{-1}$ 都连续.

$\|u_k\|$ 有界性蕴含 $(-\Delta)^{-1}\cdot i^*\cdot g(\cdot,u_k)$ 有收敛子列 $(-\Delta)^{-1}\cdot i^*\cdot g(\cdot,u_{k'})$. 在 $H_0^1(\Omega)$ 中, 由 $J'(u_{k'}) = u_{k'} - (-\Delta)^{-1}\cdot i^*\cdot g(\cdot,u_{k'}) \to \theta$ 知, $\{u_{k'}\}$ 收敛. ∎

引理 7.6.3　假设 (g_1)—(g_3) 成立, 则存在一常数 $A>0$, 使得当 $a<-A$ 时, $J^a \simeq S^\infty$, 其中 S^∞ 为 $H_0^1(\Omega)$ 中的单位球面.

证明　由 (g_2) 知 $\exists C>0$, 使得

$$G(x,t) \geqslant C|t|^\theta, \quad \forall t, \quad |t| \geqslant M. \tag{7.6.4}$$

从而 $\forall u \in S^\infty, J(tu) \to -\infty$ (当 $t \to +\infty$ 时).

以下证明 $\exists A>0$ 使得 $\forall a<-A$, 如果 $J(tu) \leqslant a$, 则 $\dfrac{dJ(tu)}{dt} < 0$.

事实上, 令

$$A = 2M|\Omega|\max_{(x,t)\in\overline{\Omega}\times[-M,M]}|g(x,t)| + 1.$$

如果 $J(tu) = \dfrac{t^2}{2} - \int_\Omega G(x,tu(x))dx \leqslant a$, 则

$$\frac{dJ(tu)}{dt} = (J'(tu),u) = t - \int_\Omega u(x)\cdot g(x,tu(x))dx$$

$$\leqslant \frac{2}{t}\left\{\int_\Omega G(x,tu(x))dx - \frac{1}{2}\int_\Omega tu(x)\cdot g(x,tu(x))dx + a\right\}$$

$$\leqslant \frac{2}{t}\left\{\left(\frac{1}{\theta}-\frac{1}{2}\right)\int_{|tu(x)|\geqslant M} tu(x)g(x,tu(x))dx + (A-1) + a\right\}$$

$$\leqslant \frac{2}{t}\left\{\left(\frac{1}{\theta}-\frac{1}{2}\right)C\theta\int_{|tu(x)|\geqslant M}|tu(x)|^\theta dx - 1\right\} < 0. \tag{7.6.5}$$

由隐函数定理 (定理 2.2.1) 知, $\exists T(u) \in C(S^\infty, \mathbb{R}^1)$ 使得

$$J(T(u)u) = a, \quad \forall u \in S^\infty.$$

由 (g_3) 知 $J(tu) = \dfrac{t^2}{2} - o(t^2), \forall u \in S^\infty$. 故 $\|T(u)\|$ 有一个正的下界 $\delta > 0$.

定义形变收缩 $\eta : [0,1] \times H_0^1(\Omega) \backslash B_\delta(\theta) \to H_0^1(\Omega) \backslash B_\delta(\theta), B_\delta(\theta)$ 是以 θ 为心、半径为 δ 的开球,

$$\eta(s, u) = (1-s)u + sT(u)u, \quad \forall u \in H_0^1(\Omega) \backslash B_\delta(\theta).$$

故 $H_0^1(\Omega) \backslash B_\delta(\theta) \simeq J^a$, 即 $J^a \simeq S^\infty$. ■

定理 7.6.4[143] 假设 (g_1)—(g_3) 成立, 则方程(7.6.1)至少有 3 个非平凡解.

证明 (1) 由 (g_3) 知

$$J(u) = \frac{1}{2}\|u\|^2 + o(\|u\|^2), \tag{7.6.6}$$

故 θ 是 J 的局部极小值点, $C_q(J, \theta) = \delta_{q0}G$.

(2) 证明一个正解、一个负解的存在性.

定义

$$g_+(x, t) = \begin{cases} g(x, t), & t \geqslant 0, \\ 0, & t < 0, \end{cases}$$

$$J_+(u) = \frac{1}{2}\int_\Omega |\nabla u|^2 dx - \int_\Omega G_+(x, u(x))dx, \tag{7.6.7}$$

其中 $G_+(x, t) = \displaystyle\int_0^t g_+(x, s)ds$.

由引理 7.6.2 知 $J_+ \in C^2(H_0^1(\Omega), \mathbb{R}^1)$ 满足 (PS) 条件由(7.6.4)知

$$J_+(t\varphi_1) \to -\infty \quad (t \to +\infty),$$

其中 $\varphi_1 > 0$ 是 $-\Delta$ 在 Dirichlet 边值条件下的第一特征函数.

另一方面, 由 (7.6.6) 知 $\exists\delta > 0$ 使得 $J_+|_{\partial B_\delta(\theta)} \geqslant \dfrac{1}{4}\delta^2$. 由定理 6.5.3 知 J_+ 存在临界点 $u_+ \in H_0^1(\Omega)$, 具有正的临界值 $c_+ > 0$, 满足

$$\begin{cases} -\Delta u_+ = g_+(x, u_+), \\ u_+|_{\partial\Omega} = 0. \end{cases}$$

由极大值原理知 $u_+ \geqslant 0$ 也是 J 的临界点.

类似定义

$$g_-(x, t) = \begin{cases} g(x, t), & t \leqslant 0, \\ 0, & t > 0, \end{cases}$$

获得负的临界点 $u_- \in H_0^1(\Omega)$, 其具有正的临界值 $c_- > 0$. 由定理 7.5.5(或 [149] 第二章定理 1.6) 和附注 7.6.5(Kato-Hess 定理) 得 $C_q(J_\pm, u_\pm) = \delta_{q1}G$. 由 [149, Palais 定理] 得

$$C_q(J_\pm, u_\pm) = C_q(\tilde{J}_\pm, u_\pm) = C_q(\tilde{J}, u_\pm),$$

其中 $\tilde{J} = J|_{C_0^1(\Omega)}$; 又 $C_q(\tilde{J}, u_\pm) = C_q(J, u_\pm)$, 故

$$C_q(J, u_\pm) = \delta_{q1}G.$$

(3) 假设 J 没有其他的临界点, 拓扑对 $(H_0^1(\Omega), J^a)$ 的 Morse 型数是

$$M_0 = 1, \quad M_1 = 2, \quad M_q = 0, \quad q \geqslant 2,$$

但由 $H_q(H_0^1(\Omega), J^a) \cong H_q(H_0^1(\Omega), S^\infty) \cong 0$ 知其 Betti 数为

$$\beta_q = 0, \quad q = 0, 1, 2, \cdots.$$

由 Morse 不等式 (定理 7.4.12) 知这是一个矛盾.

故 J 至少有 3 个非平凡的临界点, 从而方程(7.6.1)至少有 3 个非平凡解. ■

附注 7.6.5[66] (Kato-Hess 定理)　设 $m \in C(\overline{\Omega})$, 存在 $x_0 \in \Omega$ 使得 $m(x_0) > 0$, 则方程

$$\begin{cases} -\Delta u = \lambda m(x)u, x \in \Omega, \lambda \in \mathbb{R}^1, \\ u|_{\partial\Omega} = 0 \end{cases} \tag{7.6.8}$$

的第一特征值 $\lambda_1(m) > 0$, 它是唯一对应正特征函数的正特征值. 而且 $\lambda_1(m) > 0$ 具有以下性质:

(a) 如果 $\hat{\lambda} \in \mathbb{C}$ 是特征值, 且 $\text{Re}\hat{\lambda} > 0$, 则 $\text{Re}\hat{\lambda} \geqslant \lambda_1(m)$.

(b) $\dfrac{1}{\lambda_1(m)}$ 是算子 $(-\Delta)^{-1} \cdot (m\cdot) : L^2(\Omega) \to L^2(\Omega)$ 的特征值, 其代数重数为 1.

附注 7.6.6　关于超线性椭圆方程, 最早的开创性工作是 Ambrosetti 和 Rabinowitz 的工作[2], 用山路定理给出一正一负两个解. 寻求第三个解的工作历经 10 余年, Wang[143] 给出 3 个解的存在性, Li C 和 Li S J[82] 在一定条件下给出 4 个解的存在性, 在原点不是局部极小的情况下, Li 和 Liu[84] 给出两个解的存在性, Zhang 和 Li[154,156] 给出 p-Laplacian 方程相应 3 个解的存在性结果.

附注 7.6.7　Zhang[151] 研究了椭圆方程的分歧以及各个分支的 Morse 指标、临界群, 是 Morse 理论与分歧理论的结合.

$$\begin{cases} -\Delta u = \lambda f(u), x \in \Omega, \\ u|_{\partial\Omega} = 0. \end{cases} \tag{7.6.9}$$

附注 7.6.8 练习:

1. 令

$$\beta_k = \inf_{A \in \mathcal{F}_k} \sup_{u \in A} (Ku, u), \lambda_k = \min_{U' \subset \mathbb{R}^n, \dim U' = k} \max_{u \in U', \|u\| = 1} (Ku, u),$$

这里 $K : \mathbb{R}^n \to \mathbb{R}^n$ 是一个对称算子, $\mathcal{F}_k = \{A \in \mathcal{A}; A \subset \mathbb{R}^n, r(A) \geqslant k\}, r$ 是 Krasnoselskii 亏格, $\mathcal{A}$ 是 Banach 空间 V 中所有对称闭子集构成的集族, i.e., $\mathcal{A} = \{A \subset V; A \text{ 是闭集}, -A = A\}$. 证明 $\beta_k = \lambda_k$.

2. 证明 Morse 型数

$$M_q(a, b) := \sum_{a < c_i < b} \operatorname{rank} H_q(\phi^{c_i + \varepsilon_i}, \phi^{c_i - \varepsilon_i}, G)$$

不依赖于 ε_i 的选取.

3. 用流的方法证明 Morse 引理.

附注 7.6.9 本章内容参见 [22], [25], [108], [143], [149]—[151] 等.

第 8 章 非线性 Schrödinger 方程组的解

8.1 非线性耦合的 Schrödinger 方程组

研究 Bose-Einstein(波色-爱因斯坦) 凝聚态的非线性 Schrödinger 系统 (2 种态)

$$
\begin{cases}
-i\dfrac{\partial}{\partial t}\Phi_1 = \Delta\Phi_1 + \mu_1|\Phi_1|^2\Phi_1 + \beta|\Phi_2|^2\Phi_1, \quad y\in\mathbb{R}^n, t>0, \\[2mm]
-i\dfrac{\partial}{\partial t}\Phi_2 = \Delta\Phi_2 + \mu_2|\Phi_2|^2\Phi_2 + \beta|\Phi_1|^2\Phi_2, \quad y\in\mathbb{R}^n, t>0, \\[2mm]
\Phi_j = \Phi_j(y,t)\in\mathbb{C}, \quad j=1,2, \\[2mm]
\Phi_j(y,t)\to 0, \quad |y|\to\infty, t>0, j=1,2.
\end{cases}
\tag{8.1.1}
$$

Bose-Einstein 凝聚态是限制于外部电场和冷却至绝对零度 (0K 或 −273.15℃) 的由弱相互作用的玻色子构成的稀薄气体存在的一种物态, 此时大部分玻色子占据外势的最低量子态, 量子效应在宏观尺度上变得明显.

这种物质状态最初是由 Satyendra Nath Bose 和 Albert Einstein 在 1924—1925 年预言的. Bose 首先向 Einstein 发送了一篇关于光量子 (现在称为光子) 的量子统计的论文. Einstein 印象深刻, 把这篇论文从英语翻译成德语, 并把它提交给 *Zeitschrift für Phytick* 发表. 后来 Einstein 在另外两篇论文中将玻色的思想扩展到物质粒子 (或物质).

七十年后, 1995 年埃里克 • 康奈尔和卡尔 • 维曼 (Eric Cornell and Carl Wieman) 在科罗拉多大学博尔德尼斯特-吉拉实验室 (Boulder NIST-JILA lab) 使用冷却到 1.7×10^{-7}K 的铷原子气体产生了第一个凝聚态现象. 由于这一成就康奈尔、维曼和麻省理工学院的沃尔夫冈 • 凯特尔 (Wolfgang Ketterle) 获得了 2001 年诺贝尔物理学奖, 科学家于 2010 年 11 月又观察到了第一个光子凝聚态.

这个系统也出现在许多物理领域, 例如在非线性光学中物理上的解 Φ_i 表示在类似 Kerr 光折射介质中光束的第 i 分量, 其中 $\mu_j>0, j=1,2$, 在光束的两个分量中都有自聚焦现象, 非线性耦合常数 β 是光束的两个分量之间的相互作用.

近 20 年来许多著名数学家关注研究这个 Schrödinger 系统, 见 [3], [7], [36], [40], [52], [95], [96], [100], [103], [135] 等.

为了获得 (8.1.1)的孤立波解, 我们令 $\Phi_j(y,t)=e^{i\lambda_j t}u_j(y)$, $j=1,2$, 把系统 (8.1.1) 转化为耦合的椭圆系统

$$\begin{cases} -\Delta u_1 + \lambda_1 u_1 = \mu_1 u_1^3 + \beta u_2^2 u_1, \ x \in \mathbb{R}^n, \\ -\Delta u_2 + \lambda_2 u_2 = \mu_2 u_2^3 + \beta u_1^2 u_2, \ x \in \mathbb{R}^n, \\ u_1, u_2 \in W^{1,2}(\mathbb{R}^n). \end{cases} \tag{8.1.2}$$

下面我们介绍几个结果.

1. Ambrosetti-Colorado[3] 研究以下系统

$$\begin{cases} -\Delta u_1 + \lambda_1 u_1 = \mu_1 u_1^3 + \beta u_2^2 u_1, \ x \in \mathbb{R}^n, \\ -\Delta u_2 + \lambda_2 u_2 = \mu_2 u_2^3 + \beta u_1^2 u_2, \ x \in \mathbb{R}^n, \\ u_1, u_2 \in W^{1,2}(\mathbb{R}^n), \end{cases} \tag{8.1.3}$$

其中 $n = 2, 3, \lambda_j, \mu_j > 0, j = 1, 2$, $\beta \in \mathbb{R}$.

他们证明存在依赖于 λ_j, μ_j 的 $\Lambda' \geqslant \Lambda > 0$, 使得当 $\beta \in (0, \Lambda) \cup (\Lambda', +\infty)$ 时 (8.1.3) 有径向对称解 $(u_1, u_2) \in W^{1,2}(\mathbb{R}^n) \times W^{1,2}(\mathbb{R}^n)$, $u_1, u_2 > 0$. 而且当 $\beta > \Lambda'$ 时, 这是基态解, 即具有最小能量 Morse 指标为 1 的解. 显然对于任意 β, (8.1.3) 有半平凡解 $(U_1, 0), (0, U_2)$, 其中 U_j 是下述方程的唯一径向对称正解 (在平移不变意义下唯一, 参见 [10], [71]), 它在 $W^{1,2}(\mathbb{R}^n)$ 的对称函数子空间是非退化的.

$$-\Delta u + \lambda_j u = \mu_j u^3, \quad u \in W^{1,2}(\mathbb{R}^n). \tag{8.1.4}$$

对于纯量方程

$$-\Delta W + W = W^3, \quad W \in W^{1,2}(\mathbb{R}^n), \tag{8.1.5}$$

Bartsch 和 Willem [10] 证明任给 $h \in \mathbb{N}$, (8.1.5) 有恰好变 $h - 1$ 次号的径向对称解.

我们记 U 是 (8.1.5) 唯一径向对称正解[10,71], 则 $U_j = \sqrt{\dfrac{\lambda_j}{\mu_j}} U(\sqrt{\lambda_j} x)$, $j = 1, 2$.

我们要找两个分量都不为 0 的解, 用半平凡解 $(U_1, 0), (0, U_2)$ 来找非平凡解. 实际上, $(U_1, 0)$ 和 $(0, U_2)$ 的 Morse 指标依赖于 β: 当 $\beta < \Lambda$ 时, 它们的 Morse 指标为 1; 当 $\beta > \Lambda'$ 时, 它们的 Morse 指标为 2.

我们记:

$E = W^{1,2}(\mathbb{R}^n)$, 具有以下内积和范数的标准的 Sobolev 空间:

$$(u, v)_j = \int_{\mathbb{R}^n} [\nabla u \cdot \nabla v + \lambda_j uv] \ dx, \quad \|u\|_j^2 = (u, u)_j, \quad j = 1, 2;$$

$\mathbb{E} = E \times E$, $\mathbb{E}$ 的元素记为 $\mathbf{u} = (u_1, u_2)$, $\|\mathbf{u}\|^2 = \|u_1\|_1^2 + \|u_2\|_2^2$;

令 $\mathbf{0} = (0, 0)$;

对于 $u \in \mathbb{E}$, $\mathbf{u} \geqslant 0$ 和 $\mathbf{u} > 0$ 分别意味着 $u_j \geqslant 0$ 和 $u_j > 0$, $j = 1, 2$;

H 代表 E 中径向对称函数构成的空间;

$\mathbb{H} = H \times H$.

$\forall u \in E$, $\forall \mathbf{u} \in \mathbb{E}$, 定义

$$I_j(u) = \frac{1}{2} \int_{\mathbb{R}^n} (|\nabla u|^2 + \lambda_j u^2) dx - \frac{1}{4} \mu_j \int_{\mathbb{R}^n} u^4 dx,$$

$$F(\mathbf{u}) = F(u_1, u_2) = \frac{1}{4} \int_{\mathbb{R}^n} (\mu_1 u_1^4 + \mu_2 u_2^4) dx,$$

$$G(\mathbf{u}) = G(u_1, u_2) = \frac{1}{2} \int_{\mathbb{R}^n} u_1^2 u_2^2 dx,$$

$$\Phi(\mathbf{u}) = \Phi(u_1, u_2) = I_1(u_1) + I_2(u_2) - \beta G(u_1, u_2)$$
$$= \frac{1}{2} \|\mathbf{u}\|^2 - F(\mathbf{u}) - \beta G(\mathbf{u}).$$

F 和 G 有意义, 因为 $E \hookrightarrow L^4(\mathbb{R}^n)$ 连续, $n = 2, 3$. Φ 在 $\mathbb{E}$ 中的任意临界点 $\mathbf{u}$ 是 (8.1.3) 的一个解. 若 $\mathbf{u} \neq \mathbf{0}$, 我们称这样的临界点非平凡. 如果 $\mathbf{u} > \mathbf{0}$, 称 (8.1.3) 的解 $\mathbf{u}$ 是正的.

令

$$\Psi(\mathbf{u}) = (\Phi'(\mathbf{u}), \mathbf{u}) = \|\mathbf{u}\|^2 - 4F(\mathbf{u}) - 4\beta G(\mathbf{u}),$$

应用 Nehari 流形, 有

$$\mathcal{M} = \{\mathbf{u} \in \mathbb{H} \setminus \{\mathbf{0}\} : \Psi(\mathbf{u}) = 0\}.$$

另外, $\mathcal{N}_j$ 代表相应于泛函 I_j, $j = 1, 2$ 的 Nehari 流形

$$\mathcal{N}_j = \{u \in H \setminus \{0\} : (I_j'(u), u) = 0\} = \left\{u \in H \setminus \{0\} : \|u\|_j^2 = \mu_j \int_{\mathbb{R}^n} u^4 dx\right\}.$$

$\mathcal{M}$ 包含 Φ 在 $\mathbb{H}$ 中的所有非平凡临界点. 结合限制泛函方法获得基态解、束缚态解的存在性. 证明略, 主要步骤如下, 详见 [3].

引理 8.1.1[3]　(i) $\mathcal{M}$ 同胚于 $\mathbb{H}$ 的单位球面, $\exists \rho > 0$ 使得 $\|\mathbf{u}\| \geqslant \rho$, $\forall \mathbf{u} \in \mathcal{M}$.

(ii) $\mathcal{M}$ 是 $\mathbb{H}$ 中余维数为 1 的 $\mathcal{C}^1$ 完备流形.

(iii) $\mathbf{u} \in \mathbb{H}$ 是 Φ 的非平凡临界点当且仅当 $\mathbf{u}$ 是限制泛函 $\Phi|_{\mathcal{M}}$ 在 $\mathcal{M}$ 上的临界点.

(iv) $\Phi|_{\mathcal{M}}$ 满足 (PS) 条件 (任意 $\{\mathbf{u}_n\} \in \mathcal{M}$ 满足 $\Phi(\mathbf{u}_n) \to c$ 和 $\nabla_{\mathcal{M}} \Phi(\mathbf{u}) \to 0$ 的序列有收敛子列: $\exists \mathbf{u}_0 \in \mathcal{M}$ 使得 $\mathbf{u}_n \to \mathbf{u}_0$).

附注 8.1.2　上述引理意味着 $\inf_{\mathbf{u} \in \mathcal{M}} \Phi(\mathbf{u})$ 的极小值点能达到, 对应 (8.1.3) 的非负解. $\forall \beta \in \mathbb{R}$, (8.1.3) 有两个显然的解 $\mathbf{u}_1 = (U_1, 0)$, $\mathbf{u}_2 = (0, U_2)$, 其中 U_j 是 $-\Delta u + \lambda_j u = \mu_j u^3$ 的唯一径向对称正解. 极小值点需要与这两个解区分开.

为了证明 (8.1.3) 存在与 $\mathbf{u}_1$ 和 $\mathbf{u}_2$ 不同的非平凡解, 令

$$\gamma_1^2 = \inf_{\varphi \in H \setminus \{0\}} \frac{\|\varphi\|_2^2}{\displaystyle\int_{\mathbb{R}^n} U_1^2 \varphi^2 dx}, \quad \gamma_2^2 = \inf_{\varphi \in H \setminus \{0\}} \frac{\|\varphi\|_1^2}{\displaystyle\int_{\mathbb{R}^n} U_2^2 \varphi^2 dx}$$

且

$$\Lambda = \min\{\gamma_1^2, \gamma_1^2\}, \quad \Lambda' = \max\{\gamma_1^2, \gamma_1^2\}.$$

命题 8.1.3[3]　(i) $\forall \beta < \Lambda$, $\mathbf{u}_j$, $j = 1, 2$ 是 Φ 在 $\mathcal{M}$ 上的严格极小值点.

(ii) 若 $\beta > \Lambda'$, $\mathbf{u}_j$ 是 Φ 在 $\mathcal{M}$ 上的鞍点. 特别地, $\inf_{\mathcal{M}} \Phi < \min\{\Phi(\mathbf{u}_1), \Phi(\mathbf{u}_2)\}$.

引理 8.1.4[3]　$\mathbf{h} = (h_1, h_2) \in T_{\mathbf{u}_j} \mathcal{M} \Leftrightarrow h_j \in T_{U_j} \mathcal{N}_j$, $j = 1, 2$.

引理 8.1.5[3]　(i) 若 $\beta < \Lambda$, 则 Φ 在 $\mathcal{M}$ 上有一个山路型临界点 $\mathbf{u}^*$, 满足 $\Phi(\mathbf{u}^*) > \max\{\Phi(\mathbf{u}_1), \Phi(\mathbf{u}_2)\}$.

(ii) 若 $\beta > \Lambda'$, 则 Φ 在 $\mathcal{M}$ 上有一个全局极小值点 $\mathbf{u}$, 且 $\Phi(\mathbf{u}) < \min\{\Phi(\mathbf{u}_1), \Phi(\mathbf{u}_2)\}$.

定理 8.1.6[3]　若 $\beta > \Lambda'$, 则 (8.1.3) 有一个正的径向对称的基态解 $\mathbf{u}$.

定理 8.1.7[3]　若 $\beta < \Lambda$, 则 (8.1.3) 有一个正的径向对称的束缚态解 $\mathbf{u}^*$ 使得 $\mathbf{u}^* \neq \mathbf{u}_j$, $j = 1, 2$. 而且, 若 $\beta \in (0, \Lambda)$, 则 $\mathbf{u}^* > \mathbf{0}$.

2. Bartsch, Dancer 和 Wang[7] 在一个可能无界的区域 $\Omega \subset \mathbb{R}^n, n \leqslant 3$ 上研究了以下系统解的分歧结构

$$\begin{cases} -\Delta u + \lambda_1 u = \mu_1 u^3 + \beta v^2 u, \\ -\Delta v + \lambda_2 v = \mu_2 v^3 + \beta u^2 v, \\ u, v > 0, x \in \Omega, u, v \in H_0^1(\Omega). \end{cases} \tag{8.1.6}$$

当 $\lambda_1 = \lambda_2$ 时 (可假设 $\lambda_1 = \lambda_2 = 1$), 固定 $\mu_1, \mu_2 > 0$, $n = 1$, Ω 可以有界或无界; 若 $n = 2$ 或 $n = 3$, 区域 Ω 有界或径向对称 (可能无界). 若 $w \in H_0^1(\Omega)$ 是以下方程的解

$$-\Delta w + w = w^3, \quad w > 0, \quad x \in \Omega,$$

直接计算知 $\forall \beta \in (-\sqrt{\mu_1 \mu_2}, \mu_1) \cup (\mu_2, \infty)$,

$$u_\beta = \left(\frac{\mu_2 - \beta}{\mu_1 \mu_2 - \beta^2}\right)^{1/2} w, \quad v_\beta = \left(\frac{\mu_1 - \beta}{\mu_1 \mu_2 - \beta^2}\right)^{1/2} w$$

是 (8.1.6) 的解 (当 $\lambda_1 = \lambda_2 = 1$).

若 $\mu_1 = \mu_2 := \mu$, 其为

$$u_\beta = v_\beta = \left(\frac{1}{|\mu + \beta|}\right)^{1/2} w$$

(对于 $\beta \neq -\mu$). 所以若 $0 < \mu_1 < \mu_2$ 我们有一个 (8.1.6)的平凡的解分支:

$$\mathcal{T}_w := \{(\beta, u_\beta, v_\beta) \in \mathbb{R} \times H_0^1(\Omega) \times H_0^1(\Omega) : \beta \in (-\sqrt{\mu_1\mu_2}, \mu_1) \cup (\mu_2, \infty)\}.$$

Bartsch, Dancer 和 Wang 利用常微分方程分歧理论获得从这个分支分歧出来的非平凡解: 在这个平凡分支上有无穷多分歧点, 在 $n = 1$ 或 Ω 径向对称时, 每个分歧出的分支沿着 β 方向向左是全局的无界的.

进一步的相关分歧研究成果见 [32], [33], [137] 等.

3. Dancer, Wei 和 Weth[40] 研究有界光滑区域 $\Omega \subset \mathbb{R}^n, n \leqslant 3$ 上 Schrödinger 方程组

$$\begin{cases} -\Delta u + \lambda_1 u = \mu_1 u^3 + \beta v^2 u, \\ -\Delta v + \lambda_2 v = \mu_2 v^3 + \beta u^2 v, \\ u, v > 0, x \in \Omega, u, v \in H_0^1(\Omega), \end{cases} \tag{8.1.7}$$

其中耦合系数 $\beta \in \mathbb{R}$. 他们证明值 $\beta = -\sqrt{\mu_1\mu_2}$ 对于 (8.1.7)的解的界的先验估计是临界的. 而且, 对于 $\beta > -\sqrt{\mu_1\mu_2}$, (8.1.7)的解是有先验界的. 作为对照, 当 $\lambda_1 = \lambda_2, \mu_1 = \mu_2$ 时, 若 $\beta \leqslant -\sqrt{\mu_1\mu_2}$, (8.1.7)有一个无界解序列.

4. Qi 和 Zhang[117] 研究具有外源项的非线性 Schrödinger 系统

$$\begin{cases} -\Delta u + \lambda_1 u = \mu_1 u^3 + \beta u v^2 + f(x), & x \in \Omega, \\ -\Delta v + \lambda_2 v = \mu_2 v^3 + \beta u^2 v + g(x), & x \in \Omega, \\ u = v = 0, & x \in \partial\Omega, \end{cases} \tag{8.1.8}$$

其中 Ω 是 $\mathbb{R}^N$ ($N \leqslant 3$) 中有界光滑区域, $\lambda_1, \lambda_2, \mu_1, \mu_2$ 和 β 是正常数, $f(x), g(x)$ 是外源项.

(8.1.8)是以下系统的扰动

$$\begin{cases} -\Delta u + \lambda_1 u = \mu_1 u^3 + \beta u v^2, & x \in \Omega, \\ -\Delta v + \lambda_2 v = \mu_2 v^3 + \beta u^2 v, & x \in \Omega, \\ u = v = 0, & x \in \partial\Omega. \end{cases} \tag{8.1.9}$$

令 S_4 是 Sobolev 最佳嵌入常数: $H_0^1(\Omega) \hookrightarrow L^4(\Omega)$, 我们有如下定理.

定理 8.1.8[117]　假设 $f(x), g(x) \in L^{\frac{4}{3}}(\Omega)$ 均非零. 则存在正常数 $\Lambda = \Lambda(\lambda_1, \lambda_2, \mu_1, \mu_2, \beta, S_4)$, 使得 $\max\{\|f\|_{\frac{4}{3}}, \|g\|_{\frac{4}{3}}\} < \Lambda$, (8.1.8) 至少有两个非平凡解. 进一步, 若 f 和 g 都是正的, (8.1.8)至少有一个正的基态解, 一个正的束缚态解.

令 $H := H_0^1(\Omega) \times H_0^1(\Omega)$, 其范数为

$$\|(u, v)\| := \left(\int_\Omega (|\nabla u|^2 + \lambda_1 u^2)dx + \int_\Omega (|\nabla v|^2 + \lambda_2 v^2)dx\right)^{\frac{1}{2}}.$$

$(u, v) \in H$ 称为(8.1.8)的弱解, 若

$$\int_{\Omega} [\nabla u \nabla \varphi + \nabla v \nabla \psi - \lambda_1 u \varphi - \lambda_2 v \psi - \mu_1 u^3 \varphi - \mu_2 v^3 \psi$$

$$-\beta u v^2 \varphi - \beta u^2 v \psi - f\varphi - g\psi] dx = 0$$

对所有 $(\varphi, \psi) \in H$ 成立. (8.1.8) 的弱解对应于下列 C^1 泛函的临界点

$$J(u, v) = \frac{1}{2} \|(u, v)\|^2 - \frac{1}{4} \left(\mu_1 \|u\|_4^4 + \mu_2 \|v\|_4^4 + 2\beta \int_{\Omega} u^2 v^2 dx \right) - \int_{\Omega} (fu + gv) dx. \tag{8.1.10}$$

记 Nehari 流形为

$$\mathcal{N} := \{(u, v) \in H : \langle J'(u, v), (u, v) \rangle = 0\}.$$

我们的方法是把 Nehari 流形分为非退化的两部分, 分别获得极小值点, 证明详见 [117].

5. Schrödinger 方程组的正解唯一性.

$$\begin{cases} -\Delta u + \lambda u = \mu_1 u^3 + \beta u v^2, & x \in \mathbb{R}^N, \\ -\Delta v + \lambda v = \mu_2 v^3 + \beta u^2 v, & x \in \mathbb{R}^N, \\ u, v > 0, x \in \mathbb{R}^N, u, v \in H^1(\mathbb{R}^N). \end{cases} \tag{8.1.11}$$

其中 $N \leqslant 3, \lambda > 0, \mu_1 > 0, \mu_2 > 0$. Wei 和 Yao [145] 在 $\beta > \max\{\mu_1, \mu_2\}$ 时或 $\beta > 0$ 充分小时获得 (8.1.11) 的正解唯一性.

Zhang 和 Wang[163] 研究了非线性耦合的 Schrödinger 方程组的正解唯一性:

$$\begin{cases} -\Delta u + \mu_1 u^3 = \lambda u + \beta u v^2, & x \in \Omega, \\ -\Delta v + \mu_2 v^3 = \lambda v + \beta u^2 v, & x \in \Omega, \\ u, v > 0, x \in \Omega, u, v = 0, x \in \partial\Omega, \end{cases} \tag{8.1.12}$$

其中 $\Omega \subset \mathbb{R}^N (N \geqslant 1)$ 为有界光滑区域, $\lambda > 0, 0 < \mu_1 \leqslant \mu_2, \beta \in \mathbb{R}^1$ 是耦合常数.

设 λ_0 为 Laplacian 算子 $-\Delta$ 在 $H_0^1(\Omega)$ 中的第一特征值, 相应特征函数为 $\phi > 0$. 我们记 w_- 为(8.1.13)当 $\lambda > \lambda_0$ 时的唯一正解

$$-\Delta w = \lambda(w - w^3), \ x \in \Omega, \quad u|_{\partial\Omega} = 0; \tag{8.1.13}$$

w_+ 为(8.1.14)当 $\lambda < \lambda_0, \Omega \subset \mathbb{R}^N (N = 1, 2, 3, 4)$ 是球时的唯一正解

$$-\Delta w = \lambda(w + w^3), \ x \in \Omega, \quad u|_{\partial\Omega} = 0. \tag{8.1.14}$$

首先考虑 $\mu_1 \neq \mu_2$ 的情形, 不妨假设 $\mu_1 < \mu_2$.

定理 8.1.9[163]　假设 $\Omega \subset \mathbb{R}^N$ 是一个球 ($N = 1, 2, 3, 4$). 则

(a) 当 $(\beta, \lambda) \in (-\mu_1, \sqrt{\mu_1\mu_2}) \times (\lambda_0, +\infty) \cup (\sqrt{\mu_1\mu_2}, +\infty) \times (0, \lambda_0) \cup (-\infty, -\mu_2) \times (\lambda_0, +\infty)$ 时, (8.1.12) 有一个同步解

$$(u, v) = \left(\sqrt{\lambda \left| \frac{\beta + \mu_2}{\beta^2 - \mu_1\mu_2} \right|} w_\sigma, \sqrt{\lambda \left| \frac{\beta + \mu_1}{\beta^2 - \mu_1\mu_2} \right|} w_\sigma \right), \tag{8.1.15}$$

其中 $\sigma = \text{sgn}(\lambda_0 - \lambda)$.

而且, 当 $(\beta, \lambda) \in (-\mu_1, \sqrt{\mu_1\mu_2}) \times (\lambda_0, +\infty) \cup (\sqrt{\mu_1\mu_2}, +\infty) \times (0, \lambda_0)$ 时, (8.1.15)是 (8.1.12) 的唯一解.

(b) 当 $(\beta, \lambda) \in (-\infty, \sqrt{\mu_1\mu_2}] \times (0, \lambda_0] \cup [-\mu_2, -\mu_1] \times (0, +\infty) \cup [\sqrt{\mu_1\mu_2}, +\infty) \times [\lambda_0, +\infty) \backslash \{(\sqrt{\mu_1\mu_2}, \lambda_0)\}$ 时, (8.1.12) 无解.

(c) 当 $(\beta, \lambda) = (\sqrt{\mu_1\mu_2}, \lambda_0)$ 时, (8.1.12) 有无穷多解, 解集为

$$\left\{ (\mu_2^{\frac{1}{4}} \rho\phi, \mu_1^{\frac{1}{4}} \rho\phi) : \rho > 0 \right\}. \tag{8.1.16}$$

见图 8.1.

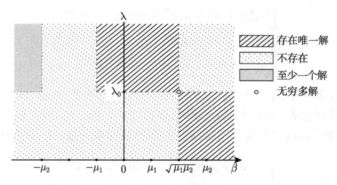

图 8.1　(8.1.12) 在 $N = 1, 2, 3, 4$ 时解的分布

证明　略, 详见 [163].

附注 8.1.10　条件 "$\Omega \subset \mathbb{R}^N, N = 1, 2, 3, 4$ 是球" 保证纯量方程正解唯一.

定理 8.1.11[163]　假设 $\Omega \subset \mathbb{R}^N$ 是有界光滑区域, $N \geqslant 1$. 则

(a) 当 $(\beta, \lambda) \in (-\mu_1, \sqrt{\mu_1\mu_2}) \times (\lambda_0, +\infty) \cup (-\infty, -\mu_2) \times (\lambda_0, +\infty)$ 时, (8.1.12) 有同步解 (8.1.15);

而且, 当 $(\beta, \lambda) \in (-\mu_1, \sqrt{\mu_1\mu_2}) \times (\lambda_0, +\infty)$ 时, (8.1.15) 是 (8.1.12) 的唯一解.

(b) 当 $(\beta, \lambda) \in (-\infty, \sqrt{\mu_1\mu_2}] \times (0, \lambda_0] \cup [-\mu_2, -\mu_1] \times (0, +\infty) \cup [\sqrt{\mu_1\mu_2}, +\infty) \times [\lambda_0, +\infty) \backslash \{(\sqrt{\mu_1\mu_2}, \lambda_0)\}$ 时, (8.1.12) 无解.

(c) 当 $(\beta, \lambda) = (\sqrt{\mu_1\mu_2}, \lambda_0)$ 时, (8.1.12) 有无穷多解, 解集为 (8.1.16).

见图 8.2.

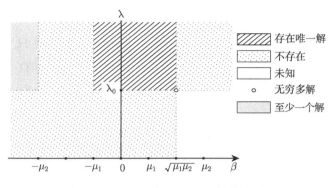

图 8.2　(8.1.12) 在 $N \geqslant 1$ 时解的分布

证明　略, 详见 [163].　　　　　　　　　　　　　　　　　　　　　■

附注 8.1.12　定理 8.1.9 与定理 8.1.11 结论不同之处在于区域 $(\beta, \lambda) \in (\sqrt{\mu_1 \mu_2}, +\infty) \times (0, \lambda_0)$.

对于 $\mu_1 = \mu_2$ 的情形, 我们有如下结论.

推论 8.1.13　当 $\mu_1 = \mu_2 := \mu$ 时, 定理 8.1.9 与定理 8.1.11 仍成立, 除了在 $\beta\lambda$-平面的开射线 $\{-\mu\} \times (\lambda_0, +\infty)$ 上解集为

$$\left\{ (\sqrt{\lambda/\mu}\cos\theta\, w_-, \sqrt{\lambda/\mu}\sin\theta\, w_-) : \theta \in (0, \pi/2) \right\}.$$

附注 8.1.14　Lou, Weth 和 Zhang[103] 利用 Morse 指标刻画获得 Hénon-Schrödinger 系统的正解对称性的破坏. 对称性、部分对称性相关工作见 [8], [18], [128], [129].

8.2　具有线性和非线性耦合项的 Schrödinger 方程组

我们研究来源于 Bose-Einstein 凝聚态的具有线性和非线性耦合项的 Schrödinger 方程组 (见 [43])

$$\begin{cases} -i\dfrac{\partial \Phi}{\partial t} = \dfrac{1}{2}\Delta\Phi - V(x)\Phi + \mu_1|\Phi|^2\Phi + \beta|\Psi|^2\Phi - \kappa\Psi, \ t > 0, x \in \Omega, \\ -i\dfrac{\partial \Psi}{\partial t} = \dfrac{1}{2}\Delta\Psi - V(x)\Psi + \mu_2|\Psi|^2\Psi + \beta|\Phi|^2\Psi - \kappa\Phi, \ t > 0, x \in \Omega, \\ \Phi = \Phi(t, x) \in \mathbb{C}, \Psi = \Psi(t, x) \in \mathbb{C}, \end{cases} \quad (8.2.1)$$

其中 V 是势函数, Φ 和 Ψ 代表凝聚态的波函数. 同态和异态相互影响分别由参数 μ_1, μ_2 和 β 描述, 而 κ 代表无线电频率的强度 (或电场强度) 的耦合.

为了获得 (8.2.1) 孤立波解 $\Phi = e^{i\lambda_1 t}u(x)$ 和 $\Psi = e^{i\lambda_2 t}v(x)$, $\lambda_1 = \lambda_2$ 时 (8.2.1) 转化为 Dirichlet 边值条件下关于 u, v 的椭圆系统:

$$\begin{cases} -\Delta u + (\lambda_1 + V(x))u = \mu_1 u^3 + \beta uv^2 - \kappa v, x \in \Omega, \\ -\Delta v + (\lambda_2 + V(x))v = \mu_2 v^3 + \beta u^2 v - \kappa u, x \in \Omega, \\ u|_{\partial\Omega} = v|_{\partial\Omega} = 0 \ (或当 \ \Omega = \mathbb{R}^N 时, \ u, v \in H^1(\mathbb{R}^N)), \end{cases} \quad (8.2.2)$$

这里的系数 μ_1, μ_2 和 β 分别是 (8.2.1) 相应系数的 Ω 倍.

若 $V \equiv 0$, 则 (8.2.2) 成为

$$\begin{cases} -\Delta u + \lambda_1 u + \kappa v = \mu_1 u^3 + \beta uv^2, x \in \Omega, \\ -\Delta v + \kappa u + \lambda_2 v = \mu_2 v^3 + \beta u^2 v, x \in \Omega, \\ u|_{\partial\Omega} = v|_{\partial\Omega} = 0 \ (或当 \ \Omega = \mathbb{R}^N 时, \ u, v \in H^1(\mathbb{R}^N)). \end{cases} \quad (8.2.3)$$

我们主要研究 (8.2.2) 和 (8.2.3), 包括 $\lambda_1 \pm \lambda_2$ 的情形.

假设 Ω 是 $\mathbb{R}^N$ 中的光滑区域, $N \leqslant 3$, $\lambda_1, \lambda_2, \mu_1, \mu_2$ 为正常数, κ, β 分别是线性和非线性耦合系数.

当 $\kappa = 0$ 时, 上一节介绍了不同区域上的解的存在性、正解唯一性、多重性、分歧等, 更多结果还见 [3], [4], [7], [36], [38]— [40], [112], [134], [135], [150]. 多个方程构成的方程组和极限状态 $(\beta \to -\infty)$ 可见 [36]— [38], [112], [113], [144] 等, 其中 Dancer, Wang 和 Zhang[37,38] 解决了著名的 S. Terracini 猜想.

当 $\kappa \neq 0, \beta = 0$ 时, Ambrosetti 等[4] 利用扰动方法研究 (8.2.3) 的多包解的存在性、渐近行为.

当 $\kappa \neq 0$ 且 $\beta \neq 0$ 时, 线性和非线性耦合同时存在, 据我们所知这方面之前研究几乎是空白的, Belmonte 等在 [11] 中用拓扑方法获得一般条件下 (8.2.2) 的束缚态正解的存在性, 田如顺和张志涛[137] 应用变分方法和分歧理论获得 (8.2.3) 的解的存在性. 与上一节的方程组相比较, 数学上看现在就是更一般的方程组.

若 (8.2.2) 的解 (u, v) 满足 $u(x) > 0$ 和 $v(x) > 0$, $\forall x \in \Omega$, 我们称之为正解; 若 $u(x) \equiv 0$ 和 $v(x) \equiv 0$, 我们称之为平凡解.

我们定义乘积空间 $\mathcal{H} := H_0^1(\Omega) \times H_0^1(\Omega) \subseteq H^1(\Omega) \times H^1(\Omega)(\Omega \subset \mathbb{R}^N$ 有界), 或 $\mathcal{H} := H^1(\mathbb{R}^N) \times H^1(\mathbb{R}^N)(\Omega = \mathbb{R}^N)$ 的新内积、新范数, 首先应用 Nehari 流形证明 (8.2.3) 的基态解的存在性: 当 Ω 有界时, 使用 Sobolev 紧嵌入定理获得 (PS) 条件; 当 $\Omega = \mathbb{R}^N$ 时, 使用集中紧性原理获得极小化序列的收敛性.

在 $H^1(\Omega) \times H^1(\Omega)$ 上, 我们定义内积: $\forall (u_1, v_1), (u_2, v_2) \in H^1(\Omega) \times H^1(\Omega)$,

$$
\begin{aligned}
((u_1, v_1), (u_2, v_2)) = &\int_\Omega [\nabla u_1(x) \nabla u_2(x) + \lambda_1 u_1(x) u_2(x)] dx \\
&+ \int_\Omega [\nabla v_1(x) \nabla v_2(x) + \lambda_2 v_1(x) v_2(x)] dx \\
&+ \kappa \int_\Omega u_1(x) v_2(x) dx \\
&+ \kappa \int_\Omega u_2(x) v_1(x) dx.
\end{aligned}
$$

当 $|\kappa| < \sqrt{\lambda_1 \lambda_2}$ 时, $\|(u, v)\| = ((u, v), (u, v))^{\frac{1}{2}}$ 是相应的范数, 这等价于 $H^1(\Omega) \times H^1(\Omega)$ 通常的范数. $\forall (u, v) \in \mathcal{H}$, (8.2.3) 相应的能量泛函为

$$
\begin{aligned}
I(u, v) = &\frac{1}{2} \int_\Omega [|\nabla u(x)|^2 + \lambda_1 u^2(x)] dx + \frac{1}{2} \int_\Omega [|\nabla v(x)|^2 + \lambda_2 v^2(x)] dx \\
&+ \kappa \int_\Omega u(x) v(x) dx - \frac{1}{4} \mu_1 \int_\Omega u^4(x) dx - \frac{1}{4} \mu_2 \int_\Omega v^4(x) dx \\
&- \frac{1}{2} \beta \int_\Omega u^2(x) v^2(x) dx \\
= &\frac{1}{2} \|(u, v)\|^2 - \frac{1}{4} \mu_1 \int_\Omega u^4(x) dx - \frac{1}{4} \mu_2 \int_\Omega v^4(x) dx \\
&- \frac{1}{2} \beta \int_\Omega u^2(x) v^2(x) dx.
\end{aligned}
$$

令

$$
\begin{aligned}
F(u, v) := &(I'(u, v), (u, v)) \\
= &\int_\Omega [|\nabla u(x)|^2 + \lambda_1 u^2(x)] dx + \int_\Omega [|\nabla v(x)|^2 + \lambda_2 v^2(x)] dx \\
&+ 2\kappa \int_\Omega u(x) v(x) dx - \mu_1 \int_\Omega u^4(x) dx \\
&- \mu_2 \int_\Omega v^4(x) dx - 2\beta \int_\Omega u^2(x) v^2(x) dx \\
= &\|(u, v)\|^2 - \mu_1 \int_\Omega u^4(x) dx - \mu_2 \int_\Omega v^4(x) dx - 2\beta \int_\Omega u^2(x) v^2(x) dx.
\end{aligned}
$$

Nehari 流形为

$$
\mathcal{N} = \{(u, v) \in \mathcal{H} \setminus \{(0, 0)\} : F(u, v) = 0\}.
$$

主要结果如下.

定理 8.2.1[85] 假设 $\lambda_1, \lambda_2, \mu_1, \mu_2 > 0$, $\beta \in \mathbb{R}$, $\kappa \in (-\sqrt{\lambda_1 \lambda_2}, 0) \cup (0, \sqrt{\lambda_1 \lambda_2})$, $\Omega \subset \mathbb{R}^N$ 是有界光滑区域或 $\Omega = \mathbb{R}^N$. 则 (8.2.3) 至少有一个基态解 (u, v). 而且,

当 $\kappa \in (-\sqrt{\lambda_1\lambda_2}, 0)$ 时, $u > 0$, $v > 0$; 当 $\kappa \in (0, \sqrt{\lambda_1\lambda_2})$ 时, $u > 0$, $v < 0$ 或 $u < 0$, $v > 0$.

附注 8.2.2　当 Ω 有界时, 条件 $\lambda_1, \lambda_2 > 0$ 可减弱为 $\lambda_1 > -\lambda_1(\Omega)$, $\lambda_2 > -\lambda_1(\Omega)$, $0 < |\kappa| < \sqrt{(\lambda_1 + \lambda_1(\Omega))(\lambda_2 + \lambda_1(\Omega))}$, 定理 8.2.1 结论成立, 其中 $\lambda_1(\Omega)$ 是 $-\Delta$ 在 Ω 上 Dirichlet 边值条件下的第一特征值.

下面给出在 $V \not\equiv 0$, $\Omega = \mathbb{R}^N$, $\beta \in (-\sqrt{\mu_1\mu_2}, +\infty)$ 时基态解的存在性.

定理 8.2.3[85]　假设 $\Omega = \mathbb{R}^N$, $\lambda_1, \lambda_2, \mu_1, \mu_2 > 0$, $\beta \in (-\sqrt{\mu_1\mu_2}, +\infty)$, $\kappa \in (-\sqrt{\lambda_1\lambda_2}, 0) \cup (0, \sqrt{\lambda_1\lambda_2})$, 且 $\displaystyle\sup_{x\in\mathbb{R}^N} V(x) = \lim_{|x|\to+\infty} V(x) = \Lambda > 0$, $\displaystyle\inf_{x\in\mathbb{R}^N} V(x) \geqslant 0$, 则 (8.2.2) 至少有一个基态解 (u, v). 而且, 若 $\kappa \in (-\sqrt{\lambda_1\lambda_2}, 0)$, 则 $u > 0$, $v > 0$; 若 $\kappa \in (0, \sqrt{\lambda_1\lambda_2})$, 则 $u > 0$, $v < 0$ 或 $u < 0$, $v > 0$.

最后研究对称情况 $\lambda_1 = \lambda_2 = \lambda > 0$, $\mu_1 = \mu_2 = \mu > 0$, $V = 0$, $\Omega = \mathbb{R}^N$. 则 (8.2.3) 变为

$$\begin{cases} -\Delta u + \lambda u + \kappa v = \mu u^3 + \beta u v^2, & x \in \mathbb{R}^N, \\ -\Delta v + \kappa u + \lambda v = \mu v^3 + \beta u^2 v, & x \in \mathbb{R}^N, \\ u \in H^1(\mathbb{R}^N), v \in H^1(\mathbb{R}^N). \end{cases} \tag{8.2.4}$$

(8.2.4) 在反射变换 $\sigma(u, v) = (v, u)$ 下不变, 这个不变性在应用指标理论证明以下依赖于 β 的定理时是本质的.

定理 8.2.4[85]　假设 $\Omega = \mathbb{R}^N$, $\lambda_1 = \lambda_2 = \lambda > 0$, $\mu_1 = \mu_2 = \mu > 0$, $\beta < 0$, $\kappa \in (-\lambda, 0)$. 则当 $\beta \leqslant -\mu$ 时, (8.2.4) 有无穷多个正解 $\{(u_i, v_i)\}_{i=1}^\infty$ 和 $\{(v_i, u_i)\}_{i=1}^\infty$, $u_i \neq v_i$; 当 $\beta \in (-\mu, 0)$ 时, $\forall k \in \mathbb{N}$, 存在 $\beta_k \in (-\mu, 0)$ 使得 $\forall \beta \in (-\mu, \beta_k)$, (8.2.4) 至少有 $2k$ 个正解 $\{(u_i, v_i)\}_{i=1}^k$ 和 $\{(v_i, u_i)\}_{i=1}^k$, $u_i \neq v_i$.

附注 8.2.5　若 Ω 有界, $\lambda > 0$, $\kappa \in (-\lambda, 0)$ 可减弱为

$$\lambda > -\lambda_1(\Omega), \quad -\sqrt{(\lambda + \lambda_1(\Omega))(\lambda + \lambda_1(\Omega))} < \kappa < 0,$$

定理 8.2.4 仍成立.

当 Ω 是对称无界光滑区域 (如果有边界) 时, 定理 8.2.4 仍成立.

附注 8.2.6　张志涛与合作者率先在具有线性和非线性耦合 Schrödinger 方程组方面开展研究, 取得一系列重要成果, 见 [33], [85], [104], [105], [114], [137], [158], [164] 等文献.

附注 8.2.7　Li 和 Zhang[86] 证明了 3 维空间的著名 Hénon-Lane-Emden 猜想, 关于 Schrödinger 方程组的 Lane-Emden 猜想 (4 维以上空间) 及 Hénon-Lane-Emden 猜想仍需继续研究. 相关工作见 [87] 和 [86] 所引文献等.

附注 8.2.8　除了我们介绍的拓扑与变分方法, 半序方法也是一种有效的非线性泛函分析的工具, 包括增算子、减算子、混合单调算子及相应的不动点定

理、锥上的不动点指数理论及方程的正解存在性等, 可参见 [1], [61], [132], [150], [153] 等.

附注 8.2.9 关于无对称性的超线性椭圆方程无穷多解存在性的 Rabinowitz 公开问题及相关的 Bahri 猜想[6]、Banach 空间 Morse 理论及应用, 特别是临界群 的计算仍是值得研究的重要课题; 非光滑泛函的临界点理论也是具有重要意义的 需要进一步研究的领域.

参 考 文 献

[1] Amann H. Fixed point equations and nonlinear eigenvalue problems in ordered Banach spaces. SIAM Rev., 1976, 18: 620-709.

[2] Ambrosetti A, Rabinowitz P H. Dual variational methods in critical point theory and applications. J. Functional Analysis, 1973, 14: 349-381.

[3] Ambrosetti A, Colorado E. Standing waves of some coupled nonlinear Schrödinger equations. J. Lond. Math. Soc., 2007, 75(1): 67-82.

[4] Ambrosetti A, Colorado E, Ruiz D. Multi-bump solitons to linearly coupled systems of nonlinear Schrödinger equations. Calculus of Variations and Partial Differential Equations, 2007, 30(1): 85-112.

[5] Badiale M, Serra E. Semilinear Elliptic Equations for Beginners. London: Springer-Verlag, 2011.

[6] Bahri A. Topological results on a certain class of functionals and application. J. Functional Analysis, 1981, 41(3): 397-427.

[7] Bartsch T, Dancer N, Wang Z Q. A Liouville theorem, a-priori bounds, and bifurcating branches of positive solutions for a nonlinear elliptic system. Calc. Var. Partial Differential Equations, 2010, 37(3-4): 345-361.

[8] Bartsch T, Wang Z Q, Zhang Z T. On the Fučik point spectrum for Schrödinger operators on $\mathbb{R}^n$. J. Fixed Point Theory Appl., 2009, 5(2): 305-317.

[9] Bartsch T, Peng S J, Zhang Z T. Existence and non-existence of solutions to elliptic equations related to the Caffarelli-Kohn-Nirenberg inequalities. Calc. Var. Partial Differential Equations, 2007, 30(1): 113-136.

[10] Bartsch T, Willem M. Infinitely many radial solutions of a semilinear elliptic problem on $\mathbb{R}^N$. Arch. Rational Mech. Anal., 1993, 124(3): 261-276.

[11] Belmonte-Beitia J, Pérez-García V M, Torres P J. Solitary waves for linearly coupled nonlinear Schrödinger equations with inhomogeneous coefficients. Journal of Nonlinear Science, 2009, 19(4): 437-451.

[12] Brezis H. Functional Analysis, Sobolev Spaces and Partial Differential Equations. New York: Springer, 2011.

[13] Brezis H. Opérateurs Maximaux Monotones. Lecture Notes, Vol. 5. Amsterdam, London: North-Holland Publishing Co., 1973.

[14] Brezis H, Nirenberg L. Positive solutions of nonlinear elliptic equations involving critical Sobolev exponents. Comm. on Pure and Applied Mathematics, 1983, 36(4): 437-477.

[15] Brezis H, Nirenberg L. Remarks on finding critical points. Communications on Pure and Applied Mathematics, 1991, 44: 939-963.

[16] Browder F E. Nonlinear elliptic boundary value problems. Bull. AMS, 1963, 69: 862-874.

[17] Browder F E. Multi-valued monotone nonlinear mappings and duality mappings in Banach spaces. Trans. Amer. Math. Soc., 1965, 118: 338-351.

[18] Busca J, Sirakov B. Symmetry results for semilinear elliptic systems in the whole space. J. Differential Equations, 2000, 163: 41-56.

[19] Caffarelli L, Gidas B, Spruck J. Asymptotic symmetry and local behavior of semilinear elliptic equations with critical Sobolev growth. Comm. Pure Appl. Math., 1989, 42: 271-297.

[20] Chang K C. Solutions of asymptotically linear operator equations via Morse theory. Comm. Pure Appl. Math. 1981, 34(5): 693-712.

[21] Chang K C. Methods in Nonlinear Analysis. Berlin: Springer, 2005.

[22] Chang K C. Infinite Dimentional Morse Theory and Multiple Solution Problems. Boston: Birkhäuser, 1993.

[23] Chang K C. A variant mountain pass lemma. Sci. Sinica, Ser A, 1983, 26: 1241-1255.

[24] Chang K C. Variational methods and sub- and super-solutions. Sci. Sinica, Ser A, 1983, 26: 1256-1265.

[25] 陈吉象. 代数拓扑基础讲义. 北京: 高等教育出版社, 1991.

[26] Chen J Y, Zhang Z T. Existence of multiple periodic solutions to asymptotically linear wave equations in a ball. Calc. Var., 2017, 56(3): 58.

[27] Chen J Y, Zhang Z T. Existence of infinitely many periodic solutions for the radially symmetric wave equation with resonance. J. Differential Equations, 2016, 260: 6017-6037.

[28] Chen J Y, Zhang Z T. Infinitely many periodic solutions for a semilinear wave equation in a ball in $\mathbb{R}^n$. J. Differential Equations, 2014, 256(4): 1718-1734.

[29] Chow S N, Hale J K. Methods of Bifurcation Theory. New York, Berlin: Springer-Verlag, 1982.

[30] Cuesta M, de Figueiredo D, Gossez J P. The beginning of the Fučik spectrum for the p-Laplacian. Jour. Diff. Equ., 1999, 159: 212-238.

[31] 陈文嵊. 非线性泛函分析. 兰州: 甘肃人民出版社, 1982.

[32] Dai G W, Sun Y M, Wang Z Q, et al. The structure of positive solutions for a Schrödinger system. Topological Methods in Nonlinear Analysis, 2020, 550: 343-367.

[33] Dai G W, Tian R S, Zhang Z T. Global bifurcations and a priori bounds of positive solutions for coupled nonlinear Schrödinger systems. Discrete Contin. Dyn. Syst. Ser. S, 2019, 12(7): 1905-1927.

[34] Dancer E N. On the Dirichlet problem for weakly non-linear elliptic partial differential equations. Proc. Royal Soc. Edinburgh, 1977, 76(4): 283-300.

[35] Dancer E N, Wang K L, Zhang Z T. Dynamics of strongly competing systems with many species. Transactions of the American Mathematical Society, 2012, 364(2): 961-1005.

[36] Dancer E N, Wang K L, Zhang Z T. Uniform Hölder estimate for singularly perturbed parabolic systems of Bose-Einstein condensates and competing species. J. Differential Equations, 2011, 251: 2737-2769.

[37] Dancer E N, Wang K L, Zhang Z T. The limit equation for the Gross-Pitaevskii equations and S. Terracini's conjecture. J. Functional Analysis, 2012, 262: 1087-1131.

[38] Dancer E N, Wang K L, Zhang Z T. Addendum to "The limit equation for the Gross-Pitaevskii equations and S. Terracini's conjecture" [J. Funct. Anal., 2012, 262(3): 1087-1131]. J. Funct. Anal., 2013, 264(4): 1125-1129.

[39] Dancer E N, Wei J C. Spike solutions in coupled nonlinear Schrödinger equations with attractive interaction. Trans. Amer. Math. Soc., 2009, 361(3): 1189-1208.

[40] Dancer E N, Wei J C, Weth T. A priori bounds versus multiple existence of positive solutions for a nonlinear Schrödinger system. Ann. Inst. H. Poincaré Anal. Non Linéaire, 2010, 27(3): 953-969.

[41] Dancer E N, Zhang Z T. Dynamics of Lotka-Volterra competition systems with large interaction. J. Differential Equations, 2002, 182(2): 470-489.

[42] Dancer E N, Zhang Z T. Fucik spectrum, sign-changing and multiple solutions for semilinear elliptic boundary value problems with resonance at infinity. Journal of Mathematical Analysis and Applications, 2000, 250: 449-464.

[43] Deconinck B, Kevrekidis P G, Nistazakis H E, et al. Linearly coupled Bose-Einstein condensates: From Rabi oscillations and quasiperiodic solutions to oscillating domain walls and spiral waves. Physical Review A, 2004, 70(6): 063605.

[44] Deimling K. Nonlinear Functional Analysis. Berlin: Springer, 1985.

[45] Ding Y H, Li S J. Periodic solutions of a superlinear wave equation. Nonlinear Anal., 1997, 29(3): 265-282.

[46] Ding Y H, Li S J, Willem M. Periodic solutions of symmetric wave equations. J. Differential Equations, 1998, 145: 217-241.

[47] Ekland I. On the variational principle. J. Math. Anal. Appl., 1974, 47: 324-353.

[48] Egorov Y, Kondratiev V. On Spectral Theory of Elliptic Operators. Basel, Boston, Berlin: Birkhäuser Verlag, 1996.

[49] Figalli A. The Monge-Ampère Equation and Its Applications. Zuerich: European Mathematical Society, 2017.

[50] De Figueiredo D G, Gossez J P. On the first curve of the Fučik spectrum of an elliptic operator. Differential Integral Equations, 1994, (7): 1285-1302.

[51] De Figueiredo D G, Lions P L. Nussbaum R D. A priori estimates and existence of positive solutions of semilinear elliptic equations. J. Math. Pures Appl., 1982, 61(9): 41-63.

[52] De Figueiredo D G, Lopes O. Solitary waves for some nonlinear Schrödinger systems. Ann. Inst. H. Poincaré Anal. Non Linéaire, 2008, 25(1): 149-161.

[53] Fučik S. Boundary value problems with jumping nonlinearities. Časopis Pěst. Mat., 1916, 101: 69-87.

[54] Fučik S. Solvability of Nonlinear Equations and Boundary Value Problems. Dordrecht: Reidel, 1980.

[55] Gaines R E, Mawhin J L. Coincidence Degree, and Nonlinear Differential Equations. Berlin, Heidelberg, New York: Springer-Verlag, 1977.

[56] Gidas B, Ni W M, Nirenberg L. Symmetry and related properties via the maximum principle. Comm. Math. Phys., 1979, 68: 209-243.

[57] Gidas B, Spruck J. A priori bounds for positive solutions of nonlinear elliptic equations. Comm. in Partial Diff. Eqs. 1981, 6: 883-901.

[58] Gilbarg D, Trudinger N S. Elliptic Partial Differential Equations of Second Order. Berlin, Heidelberg: Springer-Verlag, 2001.

[59] 关肇直. 泛函分析讲义. 北京: 高等教育出版社, 1958.

[60] 关肇直, 张恭庆, 冯德兴. 线性泛函分析入门. 上海: 上海科学技术出版社, 1979.

[61] 郭大钧. 非线性泛函分析. 济南: 山东科学技术出版社, 1985.

[62] 郭大钧, 黄春朝, 梁方豪. 实变函数与泛函分析. 济南: 山东大学出版社, 1986.

[63] 郭大钧, 孙经先. 抽象空间常微分方程. 济南: 山东科学技术出版社, 1987.

[64] Guo Z M, Zhang Z T. $W^{1,p}$ versus C^1 local minimizers and multiplicity results for quasilinear elliptic equations. J. Math. Anal. Appl., 2003, 286(1): 32-50.

[65] Han Q, Lin F H. Elliptic Partial Differential Equations. Providence: AMS, 2000.

[66] Hess P, Kato T. On some linear and nonlinear eigenvalue problems with an indefinite weight function. Communications in Partial Differential Equations, 1980, 5(10): 999-1030.

[67] Hormander L. The analysis of linear partial differential operators, Vol. III. Berlin: Springer-Verlag, 1984.

[68] Ize J. Bifurcation theory for Fredholm operators. Mem. Amer. Math. Soc., 1976, 174(7): viii+128.

[69] Kato T. Perturbation Theory for Linear Operators. Berlin: Springer, 1995.

[70] 柯尔莫戈洛夫 A H, 佛明 C B. 函数论与泛函分析初步. 7 版. 段虞荣, 郑洪深, 郭思旭, 译. 北京: 高等教育出版社, 2006.

[71] Kwong M K. Uniqueness of positive solutions of $\Delta u - u + u^p = 0$ in $\mathbb{R}^n$. Arch. Rat. Mech. Anal., 1989, 105: 243-266.

[72] Ladyzhenskaya O A, Ural'tseva N N. Linear and Quasilinear Elliptic Equations. New York, London: Academic Press, 1968.

[73] Li C. The existence of infinitely many solutions of a class of nonlinear elliptic equations with Neumann boundary condition for both resonance and oscillation problems. Nonlinear Anal., 2003, 54(3): 431-443.

[74] Li C, Li S J. Multiple solutions and sign-changing solutions of a class of nonlinear elliptic equations with Neumann boundary condition. J. Math. Anal. Appl., 2004, 298(1): 14-32.

[75] Li C. The existence of solutions of elliptic equations with Neumann boundary condition for superlinear problems. Acta Math. Sin. (Engl. Ser.), 2004, 20(6): 965-976.

[76] Li C. Generalized Poincaré-Hopf theorem and application to nonlinear elliptic problem. J. Funct. Anal., 2014, 267(10): 3783-3814.

[77] Li C, Ding Y H, Li S J. Multiple solutions of nonlinear elliptic equations for oscillation problems. Journal of Mathematical Analysis and Applications, 2005, 303(2): 477-485.

[78] Li C, Li S J, Liu J Q. Splitting theorem, Poincaré-Hopf theorem and jumping nonlinear problems. J. Funct. Anal., 2005, 221(2): 439-455.

[79] Li C, Li S J, Liu Z L, et al. On the Fučik spectrum. J. Differential Equations, 2008, 244(10): 2498-2528.

[80] Li C, Li S J, Liu Z L. Bifurcation surfaces stemming from the Fučik spectrum. Journal of Functional Analysis, 2012, 263(12): 4059-4080.

[81] 李翀, 李树杰. 关于临界点理论的几个注记. 中国科学 (数学), 2016, 46(5): 1-9.

[82] Li C, Li S J. Gaps of consecutive eigenvalues of Laplace operator and the existence of multiple solutions for superlinear elliptic problem. J. Functional Analysis, 2016, 271: 245-263.

[83] Li C, Li S J. The Fučik spectrum of Schrödinger operator and the existence of four solutions of Schrödinger equations with jumping nonlinearities. J. Differential Equations, 2017, 263(10): 7000-7097.

[84] Li C, Liu Y Y. Multiple solutions for a class of semilinear elliptic problems via Nehari-type linking theorem. Calc. Var. Partial Differential Equations, 2017, Paper No. 20, 56(2): 14.

[85] Li K, Zhang Z T. Existence of solutions for a Schrödinger system with linear and nonlinear couplings. J. Math. Phys., 2016, 57: 081504.

[86] Li K, Zhang Z T. Proof of the Hénon-Lane-Emden conjecture in $\mathbb{R}^3$. J. Differential Equations, 2019, 266(1): 202-226.

[87] Li K, Zhang Z T. A monotonicity theorem and its applications to weighted elliptic equations. Sci. China Math., 2019, 62(10): 1925-1934.

[88] Li S J. Some existence theorems of critical points and applications. IC/86/90 Report, ICTP, Trieste.

[89] Li S J, Liu J Q. Morse theory and asymptotic linear Hamiltonian system. J. Differential Equations, 1989, 78(1): 53-73.

[90] Li S J, Liu J Q. Nontrivial critical points for asymptotically quadratic function. J. Math. Anal. Appl., 1992, 165(2): 333-345.

[91] Li S J, Wang Z Q. Mountain pass theorem in order intervals and multiple solutions for semilinear elliptic Dirichlet problems. Journal d'Analyse Mathématique, 2000, 81: 373-396.

[92] Li S J, Willem M. Applications of local linking to critical point theory. J. Math. Anal. Appl., 1995, 189(1): 6-32.

[93] Li S J, Zhang Z T. Sign-changing and multiple solutions theorems for semilinear elliptic boundary value problems with jumping nonlinearities. Acta Math. Sin. (Engl. Ser.), 2000, 16(1): 113-122.

[94] Lieb E H, Loss M. Analysis. 2nd ed. Providence: American Mathematical Society, 2001: xxii+346.

[95] Lin T C, Wei J C. Ground state of N coupled nonlinear Schrödinger equations in $\mathbb{R}^n, n \leqslant 3$. Comm. Math. Phys., 2005, 255(3): 629-653.

[96] Lin T C, Wei J C. Spikes in two coupled nonlinear Schrödinger equations. Ann. Inst. H. Poincaré Anal. Non Linéaire, 2005, 22(4): 403-439.

[97] Lions P L. The concentration-compactness principle in the Calculus of Variations. The locally compact case, part I. and part II. Annales de I'Institut Henri Poincaré-Analyse non linéaire, 1984, 1(2): 109-145.

[98] Liu J Q, Li S J. An existence theorem for multiple critical points and its application. (Chinese) Kexue Tongbao, 1984, 29(17): 1025-1027.

[99] Liu Z L, Van Heerden F A, Wang Z Q. Nodal type bound states of Schrödinger equations via invariant set and minimax methods. Journal of Differential Equations, 2015, 214: 358-390.

[100] Liu Z L, Wang Z Q. Multiple bound states of nonlinear Schrödinger systems. Comm. Math. Phys., 2008, 282(3): 721-731.

[101] Liu Z S, Zhang Z T, Huang S B. Existence and nonexistence of positive solutions for a static Schrödinger-Poisson-Slater equation. Journal of Differential Equations, 2019, 266: 5912-5941.

[102] Liu Z S, Luo H J, Zhang Z T. Dancer-Fučik spectrum for fractional Schrödinger operators with a steep potential well on $\mathbb{R}^N$. Nonlinear Anal., 2019, 189: 111565, 26pp.

[103] Lou Z L, Weth T, Zhang Z T. Symmetry breaking via Morse index for equations and systems of Hénon-Schrödinger type. Z. Angew. Math. Phys., 2019, 70(2019): 35.

[104] Luo H J, Zhang Z T. Existence and nonexistence of bound state solutions for Schrödinger systems with linear and nonlinear couplings. J. Math. Anal. Appl., 2019, 475(1): 350-363.

[105] Luo H J, Zhang Z T. Limit configurations of Schrödinger systems versus optimal partition for the principal eigenvalue of elliptic systems. Adv. Nonlinear Stud., 2019, 19: 693-715.

[106] Mawhin J. Topological degree methods in nonlinear boundary value problems. Expository lectures from the CBMS Regional Conference held at Harvey Mudd College, Claremont, Calif., June 9-15, 1977. CBMS Regional Conference Series in Mathematics, 40. Providence: American Mathematical Society, 1979: v+122.

[107] Mawhin J. Continuation theorems and periodic solutions of ordinary differential equations. Topological methods in differential equations and inclusions (Montreal, PQ, 1994), 291-375, NATO Adv. Sci. Inst. Ser. C Math. Phys. Sci., 472. Dordrecht: Kluwer Acad. Publ., 1995.

[108] Mawhin J, Willem M. Critical Point Theory and Hamiltonian Systems. New York: Springer, 1989.

[109] Minty G. Monotone(nonlinear) operators in Hilbert space. Duke Math. J., 1962, 29: 341-346.

[110] Minty G. On a "monotonicity" method for the solution of nonlinear equations in Banach spaces. Proc. Nat. Acad. Sci. USA, 1963, 50: 1038-1041.

[111] Nirenberg L. Topics in Nonlinear Functional Analysis. Rhode Island: AMS, 2001.

[112] Noris B, Terracini S, Tavares H, et al. Uniform Hölder bounds for nonlinear Schrödinger systems with strong competition. Comm. Pure Appl. Math., 2010, 63(3): 267-302.

[113] Noris B, Terracini S, Tavares H, et al. Convergence of minimax and continuation of critical points for singularly perturbed systems. JEMS, 2012, 14(3): 1245-1273.

[114] Perera K, Tintarev C, Wang J, et al. Ground and bound state solution for a Schrödinger system with linear and nonlinear couplings in $\mathbb{R}^N$. Advances in Differential Equations, 2018, 23(7-8): 615-648.

[115] Perera K, Yang Y, Zhang Z T. Asymmetric critical p-Laplacian problems. Calc. Var. PDE, 2018, 57: 131.

[116] Perera K, Zhang Z T. Nontrivial solutions of Kirchhoff-type problems via the Yang index. J. Differential Equations, 2006, 221(1): 246-255.

[117] Qi Z X, Zhang Z T. Existence of multiple solutions to a class of nonlinear Schrödinger system with external sources terms. J. Math. Anal. Appl., 2014, 420(2): 972-986.

[118] Rabinowitz P H. Some aspects of nonlinear eigenvalue problems. Rocky Mount. J. Math., 1973, 3: 161-202.

[119] Rabinowitz P H. On bifurcation from infinity. J. Differential Equations, 1973, 14(4): 462-475.

[120] Rabinowitz P H. Some global results for nonlinear eigenvalue problems. J. Functional Analysis, 1971, 7: 487-513.

[121] Rabinowitz P H. Minimax Methods in Critical Point Theory with Applications to Differential Equations. Rhode Island: American Mathematical Society, 1986.

[122] Rabinowitz P H. Free vibrations for a semilinear wave equation. Comm. Pure Appl. Math., 1978, 31(1): 31-68.

[123] Rudin W. Real and Complex Analysis. 3rd ed. New York: McGraw-Hill Companies, Inc., 1987.

[124] Schwartz J T. Nonlinear Functional Analysis. New York, London, Paris: Gordon and Breach Science Publishers, 1969.

[125] Schecher M. The Fucik spectrum. Indiana University Mathematics Journal, 1994, 43(4): 1139-1157.

[126] Schechter M. Rotationally invariant periodic solutions of semilinear wave equations. Abstr. Appl. Anal., 1998, 3: 171-180.

[127] Smale S. An infinite dimensional version of Sard's theorem. Amer. J. Math., 1965, 87: 861-867.

[128] Smets D, Willem M. Partial symmetry and asymptotic behavior for some elliptic variational problems. Calc. Var., 2003, 18: 57-75.

[129] Smets D, Willem M, Su J. Non-radial ground states for the Hénon equation. Comm. in Contemporary Math., 2002, 4: 467-480.

[130] Struwe M. Variational Methods. 3rd ed. Berlin: Springer-Verlag, 2000.

[131] Sun D D, Zhang Z T. Existence and asymptotic behaviour of ground state solutions for Kirchhoff-type equations with vanishing potentials. Z. Angew. Math. Phys., 2019, 70, no. 1, Paper No. 37, 18 pp.

[132] 孙经先. 非线性泛函分析及其应用. 北京: 科学出版社, 2008.

[133] Sun J X, Liu Z L. Calculus of variations and super- and sub-solution in reverse order. Acta Mathematica Sinica, 1994, 37(4): 512-514(In Chinese).

[134] Tavares H, Terracini S. Sign-changing solutions of competition-diffusion elliptic systems and optimal partition problems, Ann. I. H. Poincaré-AN, 2012, 29: 279-300.

[135] Terracini S, Verzini G. Multipulse phases in k-mixtures of Bose-Einstein condensates. Arch. Ration. Mech. Anal., 2009, 194(3): 717-741.

[136] Tian G. Canonical Metrics in Kahler Geometry. Basel: Birkhäuser Verlag, 2000.

[137] Tian R S, Zhang Z T. Existence and bifurcation of solutions for a double coupled system of Schrödinger equations. Science China Mathematics, 2015, 58(8): 1607-1620.

[138] Tso K. On a real Monge-Ampère functional. Inventiones Mathematicae, 1990, 101: 425-448.

[139] Uhlenbeck K. Generic properties of eigenfunctions. Amer. J. Math., 1976, 98: 1059-1078.

[140] Vazquez J L. A strong maximum principle for some quasilinear elliptic equations. Appl. Math. Optim., 1984, 12: 191-202.

[141] Wang K L, Zhang Z T. Some new results in competing systems with many species. Annales Institut Henri Poincaré Analyse Non Linéaire, 2010, 27: 739-761.

[142] Wang X J. A class of fully nonlinear elliptic equations and related functionals. Indiana Univ. Math. J., 1994, 43(1): 25-54.

[143] Wang Z Q. On a superlinear elliptic equation. Ann. Inst. Henri Poincaré, Analyse Non Linéaire, 1991, 8: 43-57.

[144] Wei J C, Weth T. Radial solutions and phase separation in a system of two coupled Schrödinger equations. Arch. Rational Mech. Anal., 2008, 190: 83-106.

[145] Wei J C, Yao W. Uniqueness of positive solutions to some coupled nonlinear Schrödinger equations. Commun. Pure Appl. Anal., 2012, 11(3): 1003-1011.

[146] Willem M. Minimax Theorems. Boston: Birkhäuser, 1996.

[147] Yosida K. Functional Analysis. 4th ed. New York: Fourth edition, 1974.

[148] 张恭庆. 变分学讲义. 北京：高等教育出版社, 2011.

[149] 张恭庆. 临界点理论及其应用. 上海: 上海科学技术出版社, 1986.

[150] Zhang Z T. Variational, Topological, and Partial Order Methods with Their Applications. Heidelberg: Springer, 2013.

[151] Zhang Z T. On bifurcation, critical groups and exact multiplicity of solutions to semilinear elliptic boundary value problems. Nonlinear Anal., 2004, 58(5-6): 535-546.

[152] Zhang Z T. Existence of non-trivial solution for superlinear system of integral equations and its applications. Acta Math. Appl. Sinica, 1999, 15(2): 153-162.

[153] Zhang Z T. New fixed point theorems of mixed monotone operators and applications. J. Math. Anal. Appl., 1996, 204(1): 307-319.

[154] Zhang Z T, Chen J Q, Li S J. Construction of pseudo-gradient vector field and sign-changing multiple solutions involving p-Laplacian. J. Differential Equations, 2004, 201: 287-303.

[155] Zhang Z T, Cheng X Y. Existence of positive solutions for a semilinear elliptic system. Topol. Methods Nonlinear Anal., 2011, 37: 103-116.

[156] Zhang Z T, Li S J. On sign-changing and multiple solutions of the p-Laplacian. J. Funct. Anal., 2003, 197(2): 447-468.

[157] Zhang Z T, Li S J, Liu S B, et al. On an asymptotically linear elliptic Dirichlet problem. Abstr. Appl. Anal., 2002, 7(10): 509-516.

[158] Zhang Z T, Luo H J. Symmetry and asymptotic behavior of ground state solutions for Schrödinger systems with linear interaction. Commun. Pure Appl. Anal., 2018, 17(3): 787-806.

[159] Zhang Z T, Perera K. Sign changing solutions of Kirchhoff type problems via invariant sets of descent flow. J. Math. Anal. Appl., 2006, 317(2): 456-463.

[160] Zhang Z T, Qi Z X. On a power-type coupled system of Monge-Ampère equations. Topological Methods in Nonlinear Analysis, 2015, 46(2): 717-729.

[161] Zhang Z T, Ruf B, Calanchi M. Elliptic equations in $\mathbb{R}^2$ with one-sided exponential growth. Communiactions in Contemporary Mathematics, 2004, 6(6): 947-971.

[162] Zhang Z T, Wang K L. Existence and non-existence of solutions for a class of Monge-Ampère equations. J. Differential Equations, 2009, 246(7): 2849-2875.

[163] Zhang Z T, Wang W. Structure of positive solutions to a Schrödinger system. J. Fixed Point Theory Appl., 2017, 19(1): 877-887.

[164] Zhang X Q, Zhang Z T. Distribution of positive solutions to Schrödinger systems with linear and nonlinear couplings. J. Fixed Point Theory Appl., 2020, 22: 33.

[165] 钟承奎, 范先令, 陈文嵋. 非线性泛函分析引论. 兰州: 兰州大学出版社, 1998.

[166] 周宝熙. Gagliardo-Nirenberg 不等式的注记. 上海师范大学学报 (自然科学版), 1994, 23(2): 117-120.

索　引

《现代数学基础丛书》已出版书目

（按出版时间排序）